# 近代における地域漁業の形成と展開

片岡千賀之

九州大学出版会

# 目　次

序　章　本書の目的・方法と構成 …………………………………………… 1
　　1. 目的と方法　1
　　2. 本書の構成　5

第1章　古賀辰四郎の八重山水産開発 …………………………………… 9
　第1節　沖縄への進出と採貝業 ………………………………………… 9
　　1. 沖縄への進出　9
　　2. 沖縄の採貝業　10
　第2節　尖閣列島の探検と八重山漁業の形成 ………………………… 13
　　1. 尖閣列島の探検　13
　　2. 八重山漁業の形成　15
　第3節　尖閣列島の開発 ………………………………………………… 19
　第4節　古賀の事業の衰退 ……………………………………………… 23
　第5節　結　語 …………………………………………………………… 24

第2章　那覇の漁業発展と鮮魚販売 ……………………………………… 31
　第1節　那覇の漁業の特質と地理 ……………………………………… 31
　　1. 那覇の漁業の特質　31
　　2. 那覇の歴史地理　33
　第2節　明治中期～大正中期の漁業制度と漁業 ……………………… 34
　　1. 漁業制度の変遷　34
　　2. 那覇の漁業生産　37
　第3節　那覇の鮮魚販売と糸満漁業 …………………………………… 43
　　1. 那覇の小売り市場と鮮魚販売　43
　　2. 糸満漁業の構造　44

第4節　昭和初期以降の企業的漁業の発展 ………………………… 48
    1. 深海釣りとマグロ延縄漁業の発展　48
    2. 企業的漁業の発展とその条件　50
  第5節　那覇の鮮魚市場と垣花漁家の就業形態 ………………………… 56
    1. 那覇の鮮魚販売の展開　56
    2. 垣花漁家の就業形態　59
  第6節　戦時体制下の水産業 ………………………………………… 61

## 第3章　沖縄県のカツオ漁業の発展と水産団体 ………………… 67
　　　　──照屋林顕の事績を中心に──

  第1節　沖縄県のカツオ漁業と照屋林顕 ………………………………… 67
    1. 沖縄県のカツオ漁業とカツオ節生産　67
    2. 照屋林顕の略歴　68
  第2節　動力船カツオ漁業の導入 ………………………………………… 70
  第3節　沖縄県水産組合の発展 …………………………………………… 73
    1. 沖縄県水産組合の創設と展開　73
    2. 県水産組合の事業　76
  第4節　沖縄県水産会への改編 …………………………………………… 82
    1. 沖縄県水産会への改編　82
    2. カツオ節の検査事業　83
  第5節　沖縄県漁業組合連合会の設立と活動 …………………………… 83
  第6節　昭和戦前期の県水産会とカツオ節流通 ………………………… 85
    1. カツオの不漁と不況対策　85
    2. カツオ節流通の戦時統制　87
  第7節　要　　約 ………………………………………………………… 87

## 第4章　奄美大島におけるカツオ漁業の展開過程 ……………… 95

  第1節　奄美の社会とカツオ漁業 ………………………………………… 95
    1. 奄美の社会　95
    2. 奄美のカツオ漁業　96

第2節　カツオ漁業の勃興とその特徴 ……………………………………… 98
　　1．カツオ漁業の伝搬と普及　98
　　2．奄美カツオ漁業の特質　100
　第3節　漁船動力化の過程 …………………………………………………… 103
　第4節　奄美カツオ漁業の爛熟 ……………………………………………… 107
　第5節　昭和恐慌以後のカツオ漁業の衰退 ………………………………… 110

## 第5章　宮崎県におけるカツオ・マグロ漁業の発展 ……………… 119
　第1節　統計による概観 ……………………………………………………… 119
　第2節　無動力船による「沖合化」とマグロ漁業の勃興 ………………… 121
　　1．カツオ漁業の「沖合化」と技術，経営　121
　　2．カツオ節製造とその経営　126
　　3．マグロ延縄漁業の勃興　129
　　4．商人資本の支配と後退　130
　第3節　漁船の動力化と企業的経営群の形成 ……………………………… 132
　　1．漁船の動力化　132
　　2．カツオ漁業の再編　135
　　3．マグロ延縄漁業の基地化　140
　第4節　第二次漁船動力化と二極分化 ……………………………………… 143
　　1．カツオ・マグロ漁業の動向　143
　　2．カツオ漁業の二極分化　145
　　3．マグロ漁業の転機　145
　　4．大型漁船の出現　147
　第5節　漁業賃金の変遷 ……………………………………………………… 149
　　1．明　治　期　149
　　2．漁船動力化の初期＝大正期　150
　　3．昭和戦前期　153

## 第6章　宮崎県におけるイワシ漁業の展開 …………………………… 157
　第1節　イワシ漁業の概要 …………………………………………………… 157

第 2 節　イワシ漁法の変遷 …………………………………………… 159
　　第 3 節　イワシ漁業の経営 …………………………………………… 170

第 7 章　宮崎県を中心としたブリ定置網漁業の発達と
　　　　漁場利用 ……………………………………………………………… 177
　　第 1 節　ブリ定置網漁業とその発展段階 …………………………… 177
　　　　1. ブリ定置網漁業　177
　　　　2. ブリ定置網漁業の発展段階　179
　　第 2 節　宮崎県におけるブリ定置網漁業の展開 …………………… 183
　　　　1. 第Ⅰ期：明治 24 年以前　183
　　　　2. 第Ⅱ期：明治 25〜42 年　186
　　　　3. 第Ⅲ期：明治 43 年〜大正 7 年　189
　　　　4. 第Ⅳ期：大正 8 年以降　190
　　第 3 節　ブリ定置網における漁場利用の変遷 ……………………… 191
　　第 4 節　宮崎県におけるブリ定置網と漁場利用 …………………… 194
　　　　1. 第Ⅰ期：ブリ沖廻し刺網による漁場利用　195
　　　　2. 第Ⅱ期：日高式大敷網による漁場利用　195
　　　　3. 第Ⅲ〜Ⅳ期：明治漁業法体制下におけるブリ定置網の漁場利用　199

第 8 章　長崎県・野母崎のカツオ漁業とイワシ漁業の変遷 …… 209
　　第 1 節　明治前期 ── 漁業の成熟 ── ……………………………… 210
　　　　1. カツオ釣り漁業の「沖合化」　210
　　　　2. イワシ漁業 ── 縫切網への転換 ──　213
　　第 2 節　明治後期 ── 漁業の資本主義化 ── ……………………… 214
　　　　1. 明治後期の漁業と漁業経営　214
　　　　2. カツオ漁業の限界　220
　　　　3. イワシ漁業の展開と紛争　223
　　第 3 節　大正期 ── イワシ漁業への特化 ── ……………………… 226
　　　　1. 各村の漁業・水産加工業の展開　226
　　　　2. イワシ漁業の発達 ── 揚繰網の導入 ──　232

目　次　　　　　　　　　　　　v

　第4節　昭和戦前期 ── 揚繰網の動力化 ── ……………………………… 234
　　1．漁船の動力化と電気集魚灯の普及　*234*
　　2．各村の漁業・水産加工業の展開　*235*
　　3．戦時統制と野母崎の漁業　*240*

# 第9章　長崎市における漁業の発達と魚市場 ……………………… 247
　第1節　本章の課題 ……………………………………………………… 247
　第2節　明治期の漁業と鮮魚流通 ……………………………………… 248
　　1．長崎の漁業と鮮魚流通環境の変化　*248*
　　2．明治期の魚市場　*250*
　第3節　汽船トロール漁業の勃興と魚市場の移転 …………………… 254
　　1．汽船トロール漁業の勃興と魚市場　*254*
　　2．鮮魚の集散状況　*257*
　　3．魚類共同販売所の移転と取引き　*259*
　第4節　以西底曳網漁業の発達と大型産地市場の確立 ……………… 261
　　1．主力漁業の交替 ── 汽船トロールから以西底曳網へ ──　*261*
　　2．商業資本の漁業投資と関連産業の発達　*265*
　　3．鮮魚の集散状況　*267*
　　4．魚類共同販売所の取扱いと運営　*269*
　第5節　昭和戦前期における動力船漁業の広がり …………………… 271
　　1．漁業の展開と集積　*271*
　　2．関連産業の自営化　*275*
　　3．鮮魚の集散状況　*277*
　　4．水産物卸売市場の動向と取引き　*280*
　第6節　戦時統制下の漁業と魚市場 …………………………………… 285
　　1．漁業生産の崩壊　*285*
　　2．漁業の統制　*286*
　　3．鮮魚流通の統制　*288*

あとがき …………………………………………………………………… 297

## 序　章

# 本書の目的・方法と構成

## 1. 目的と方法

### ⑴　目的

　明治初年から第二次世界大戦までの約75年間にわたる近代は漁業の目覚ましい発展期であり，沖合・遠洋漁業が形成され，それを担う経営群が叢生した時代である。沿岸漁業でも定置網は画期的な漁法の改良をみた。水産物流通も，大型魚市場の形成，鮮度保持技術や交通手段の発達によって様変わりした。

　漁業発達の技術的基盤は，漁労分野では動力漁船の登場，綿糸網の採用，漁具・漁法の導入と改良をあげることができるし，流通分野では製氷冷蔵事業や鉄道・汽船輸送の発達があげられる。漁業制度では，明治漁業法の制定で漁業権，漁業許可制度の確立，漁業組合の設立と経済団体化が漁業発展の基盤となった。魚市場の整備と大型化，市場業者の専門分化，取引き方法の近代化も発展の条件であった。船主・網主と船子・網子の関係が人格的支配の関係から資本・賃労働関係に，流通資本は漁業の前期的支配から商業資本としての活動へと移行した。

　近代における漁業発展は，九州各地でもみられた。九州は黒潮，対馬海流に洗われ，大陸棚の発達した東シナ海を眼前にして，カツオ・マグロ漁業，イワシ漁業，大型底曳網漁業が発達し，その他にも離島やリアス式海岸，干潟を利用した定置網や養殖業などの沿岸漁業が発達した。

　本書は，九州各地の漁業の発展過程を，発展の著しい沖合・遠洋漁業，定置網，鮮魚流通の拠点である産地市場，牽引役を果たした漁業界のリーダー

に焦点をあてて，9編にまとめたものである。すなわち，沖縄県・八重山の水産開発，那覇のマグロ延縄・深海一本釣り漁業と鮮魚流通，沖縄県のカツオ漁業と水産団体，奄美大島のカツオ漁業，宮崎県のカツオ・マグロ漁業，イワシ漁業，およびブリ定置網漁業，長崎県・野母崎のカツオ漁業とイワシ漁業，長崎市の汽船トロール・以西底曳網・まき網漁業と魚市場についての論考である。

逆にいうと，沿岸漁業にかかわる家族経営や漁業組合（漁業協同組合），あるいは近代の漁業を特徴づける海外出漁や植民地漁業は取りあげていない[1]。

表題の地域漁業とは地域の基幹的漁業（水産物流通・加工を含む）を指し，地域社会を基盤としながらも地域の社会や経済に大きな影響を及ぼす漁業である。企業的経営であるか否かを問わない。地域漁業は，地域資源を対象とするので対象魚種とその資源量によって漁業種類・漁法が限定され，資源変動にともなって漁業動向も大きく左右される。当該漁業の盛衰だけでなく，水産加工や他の漁業，関連産業にも大きな影響を及ぼす。地域漁業の主体も地域の地理的社会の条件に規定されて個性的となり，隣り合う集落でも漁業形態を異にすることもある。

本書は，地域漁業を漁業ごと，経営主体ごとに記述することで，その生成，発展，直面した課題とその克服，あるいは挫折の過程を分析し，漁業の系譜，漁業展開や組織における地域個性を考察する。各地域の漁業を9編集めたことで，漁業における資本主義的発展の多様な形態を理解することを目的としている。これらの事例は，現在においても地域の基幹漁業であることが多く，こうした地域漁業の起源，原型，発展コースを示すことは，地域漁業の再生が課題になっている今日，再生を模索するにあたって多くの示唆を与える。

(2) 方法と視点

9つの地域漁業事例には，産業論の観点から3つの側面からアプローチする。

第一は，漁業生産から水産物の流通・加工に至る一連の商品化の過程を産業システムとして一体的に把握することである。水産物の商品化のプロセス

とその商品生産を生み出す機構，すなわち産業システムの形成とその地域特性を考察する。近代漁業史の研究は漁業技術や漁業生産に限定したものが多く，産業としての発展にアプローチする視点が弱かった。そうした反省に立って，漁業生産の拡大を，餌料供給や水産加工との社会的分業，造船・機械，燃料供給，輸送手段の発達と魚市場の整備による販路の拡大との関連で分析する。生業的な漁業にあっては，家族内での男女別，世代別の漁労と販売・加工，沿岸漁業と沖合漁業という形の分業と協働を注視する。

第二は，漁業組織，編成原理という経営側面についてである。地域漁業は，スタート時点で移植漁業でなければ，地域の資金，労働力を集結して経営組織を作る以外にはない。それは必然的に様々な形の共同経営となった。南西諸島（薩南諸島から先島諸島に至る島嶼群）では，商品経済化が未発達であったため，この共同経営がプリミティブな形で現れた。

漁業の経験に乏しい農業地帯へのカツオ一本釣り漁業の導入にあたっては，餌料採捕，漁労，カツオ節加工の一貫経営を行う村落共同経営が主体で，その組織原理は平等出資・平等就労・平等分配であった（第4章）。伝統的な漁業地の糸満では，サバニ（小舟）と数名の「雇い子」（年季奉公）を有する親方が，大量生産を可能とする追込網漁業の編成にあたっては，それぞれのサバニと「雇い子」を持ち寄って操業する親方制模合(もあい)経営という共同経営とし，女子の鮮魚販売を伴った（第2章）[2]。那覇の釣り漁業は，血縁関係を基礎に家族内で分業しながら進められた（第2章）。

南西諸島における大規模漁業・企業的漁業の編成はこれら3つの方法で行われた。それ以外の地域（本土）でも，在来漁業が発展したものは，資本，労働，技術を編成するため，多かれ少なかれ地縁血縁的な結合を基盤にしていた。徳島県からの出稼ぎ漁業で始まった以西底曳網漁業もその典型である（第9章）。

漁業組織とその編成原理は地域漁業のその後の経営展開を規制していく。カツオ漁業での村落共同経営は資本蓄積機能を内部に持たないために，不漁と昭和恐慌によって破綻し，個人経営に転換し，海外出漁に転じる者が多かった。糸満の追込網漁業は，漁法の乱獲的性格と技能を基礎にした人の組織であるために，企業的経営とはならなかったし，本土でみられる網元経営が成

立しなかった。

　第三は，漁業の創業者・リーダーについての考察である。沖縄・八重山の水産開発を行った古賀辰四郎（第1章），沖縄の動力船カツオ漁業の操業とカツオ漁業の組織化を図った照屋林顕（第3章），ブリ定置網の改良を行った宮崎県の日高亀市・栄三郎（第7章）を取り上げた。彼らは，水産資源の開発，技術革新とともに，販路の確保，販売組織の確立を行っている。古賀は福岡出身で，糸満漁民を使いながら販売拠点を那覇と大阪においた。照屋は師範学校卒業で，カツオ漁業の将来有望性を確信して参入し，動力漁船を建造するとともにカツオ節の共同販売に向かった。日高栄三郎は水産講習所を卒業して，漁業に科学を持ち込んだ。三者は，高学歴か，他地域・他漁業に対する見聞が広いか，販路の開拓を行ったことで共通している。

　こうした産業システム論からのアプローチは，地域漁業の叢生や資本蓄積，技術の伝承，再生産メカニズムを明らかにするうえでも，現代の地域漁業の再生を考える際にも重要である。

　なお，本書が対象とする九州・沖縄は大都市の消費地市場から遠隔であるため，交通・運輸手段の発達が決定的な重要性をもった。この点を確認しておきたい。本土・消費地から隔絶された南西諸島の漁業は，保存性のある貝殻，鳥製品，カツオ節で先行したし，鮮魚の場合は那覇の人口と経済力によって漁業の発達は大きく制約された。一方，長崎の魚市場は鉄道出荷によって無限の市場を確保し，企業的漁業の集積とそれによる水揚げの飛躍的伸び，市場業者の問屋，仲買人，小売り人の分化が進行した。また，那覇のマグロ延縄漁業は島内消費に限られて，宮崎県のマグロ延縄とは著しい対称をなした。

　一般に，汽船は水産加工品の販売（冬場は鮮魚輸送にも）に，鉄道は鮮魚販売に大きな役割を果たしたといわれる。その例を明治24年の状況でみると，長崎市では鮮魚や塩乾魚の他府県への移出は熊本だけであったし，牛馬や和船で日時と労力を費やし，利益は少なかったが，明治6年頃から汽船の便が開け，熊本，佐賀，福岡に販路が拡大したし，明治17・18年から水産加工品を京・大阪方面へ輸送するようになって大きな利益を得た。西彼杵郡では，漁業者が各自の漁船で輸送販売するのが例で，豊漁に際しては鮮魚で

は販売しきれないので,塩乾魚や肥料に加工して販売する状況であった。

　宮崎県では水産物の出荷先は大阪が主で,往事はカツオ節,塩乾魚を輸送するのに和船便に頼っていたが,リスクが高いので生産者は廉価でも近隣の地方で販売する向きがあった。そのため,豊漁になると,価格下落が著しかったが,汽船の便が開けてからは計画出荷が可能となり,廉価で投げ売りする必要もなく,価格も安定した。冬季には汽船により鮮魚を遠隔地に輸送し,依託販売することもできるようになった[3]。

　大正初期は鉄道による鮮魚輸送が発達し,販路は大都市向けを中心に全国各地に拡大し,鮮魚の需要は著しく増加した。それは漁業生産を刺激し,漁船の動力化,漁具の改良をもたらした。また,豊漁に際しても販売に苦しんで塩乾魚に加工する必要がなくなったばかりか,魚価も上昇した。産地魚問屋も各都市の需要,価格に合わせた出荷体制を組むようになった[4]。

　大正元年までは年間30万トンに過ぎなかった鉄道による活鮮魚の輸送が,その後増加を続け,第一次大戦好況に増幅されて大正14年には64万トンに達した。輸送設備は冷蔵貨車1,000車を有し,下関,長崎,青森,塩釜などの主要漁港に常備して専ら鮮魚輸送にあたった[5]。

　輸送手段の発達により,九州・沖縄地区は食料基地として位置づけされるようになったともいえる。

## 2. 本書の構成

　9編の事例を9章に収録した。初出論文と簡単な概要を記しておく。

　「第1章　古賀辰四郎の八重山水産開発」は,拙稿「古賀辰四郎の事蹟 ── 八重山の水産開発と尖閣列島の開拓 ──」『西日本漁業経済論集　第29巻』(1989年1月)を加筆修正したものである。古賀は,明治初期に沖縄に渡った海産物商で,八重山を舞台に内地や外国に移輸出する貝殻,海鳥採取,カツオ漁業・カツオ節加工を興した。漁業は糸満漁業に立脚し,販売拠点は那覇と大阪に置いた。古賀による水産開発は,近代沖縄漁業の幕開けといえる。

　「第2章　那覇の漁業発展と鮮魚販売」は,片岡千賀之・上田不二夫「戦前における那覇の漁業構造 ── 地域漁業史論 ──」『鹿児島大学水産学部紀要　第36巻』(1987年12月)を圧縮したものである。那覇の深海一本釣り

やマグロ延縄漁業の発達，漁獲物の流通販売の発展過程を糸満漁民の追込網漁業と糸満婦人によるその販売と対比して論述した。また，集落によって漁業の形態が異なること，親族による企業的漁業の編成と家族員の役割分担に注目した。

「第3章 沖縄県のカツオ漁業の発展と水産団体 ── 照屋林顕の事績を中心に ── 」は，新たに書き下したものである。照屋は漁業出身ではないが，いち早く動力船カツオ漁業の有望性に注目して事業を興したばかりか，カツオ漁業の組織ともいえる沖縄県水産組合（後の県水産会）と沖縄県漁業組合連合会の運営に携わって，沖縄県のカツオ漁業の振興と近代化に貢献した。餌料漁場の確保をめぐって糸満漁業と対立し，カツオ節の販売では商人支配を脱して共同販売を推進した。

「第4章 奄美大島におけるカツオ漁業の展開過程」は，拙稿「奄美大島におけるカツオ漁業の展開過程」『漁業経済研究 第25巻第2号』(1980年5月) をほぼそのまま掲載した。宮崎県などからカツオ漁業が伝搬して奄美大島，沖縄は主要カツオ漁業地として成長するが，そこでの経営形態は村落共同経営であり，餌料採捕，カツオ漁労，カツオ節加工を一貫経営した。経営原理を平等出資，平等就労，平等分配とした点も沖縄のカツオ漁業と共通する。

「第5章 宮崎県におけるカツオ・マグロ漁業の発展」は，拙稿「宮崎県におけるカツオ・マグロ漁業の発展構造 ── 戦前篇 ── 」『鹿児島大学水産学部紀要 第27巻第1号』(1978年12月) を圧縮したものである。宮崎県でも県南部のカツオ漁業は，漁船を大型化し，漁場を拡大して，餌料供給，カツオ節製造と分化しながら，マグロ延縄と結びつくのに対し，県北部のカツオ漁業は小型漁船による沿岸操業にとどまり，イワシ漁業，カツオ節製造との結びつきを維持する方向に二極分化した。漁業賃金の形態変化についても詳述した。

「第6章 宮崎県におけるイワシ漁業の展開」は，拙稿「宮崎県におけるイワシ漁業の展開」『西日本漁業経済論集 第20巻』(1980年9月) をほぼそのまま収録した。イワシ漁業は一方ではカツオ漁業の餌料を供給しながら，他方で刺網の台頭，揚繰網（まき網）の導入とイワシ加工業の発達で，基幹

漁業として成長した。各種イワシ漁法の並存と競合が家族経営と企業的経営の対抗関係をまといつつ展開した。

「第7章　宮崎県を中心としたブリ定置網漁業の発達と漁場利用」は、片岡千賀之・伊藤康宏・M・S・ロシルダ「近代におけるブリ漁業の発達と漁場利用」『鹿児島大学水産学部紀要　第31巻』(1982年12月)に加筆修正したものである。宮崎県は、日高亀市・栄三郎によってブリ定置網の考案、改良が進められ、主産地となったが、改良定置網の普及に伴う生産動向とともに漁場利用の変化を漁業制度、漁場紛争を通して考察した。日高家のブリ漁業地は一時、西日本各地に拡大するが、その後不漁によって経営を縮小した。明治漁業法制定以後、定置漁業権は漁業組合の所有に収斂していくが、網と網の間隔、網の設置をめぐってしばしば対立、紛争が生じた。

「第8章　長崎県・野母崎のカツオ漁業とイワシ漁業の変遷」は、拙稿『長崎県・野母崎町水産史』(長崎大学、平成8年9月)のうち、近代のカツオ漁業とイワシ漁業、及び水産加工の部分を抜き出したものである。カツオ漁業は漁船動力化の過程で衰退し、イワシ漁業は家族経営の刺網と縫切網から転換した揚繰網が対抗しながら発展をとげる。イワシ加工は大正期に魚肥製造から食用加工向けに転換した。集落によって漁業形態を異にしながら発展する。

「第9章　長崎市における漁業の発達と魚市場」は、拙稿「近世・近代における長崎の鮮魚流通と魚市場」『長崎大学水産学部研究報告　第80号』(平成11年3月)を圧縮したものである。長崎市の漁業は、汽船トロール、以西底曳網、沿岸のまき網が継起的に発展し、企業的漁業の形成とともに魚市場の移転、氷の使用、鉄道輸送が始まる。魚市場は長崎県水産組合連合会(後の県水産会)が管理し、制度的にも整備されていく。市場内では市場業者の分化、代金決済機構の確立、問屋・仲買人の流通支配と漁業投資などを考察した。

各地の漁業はそれぞれ単独で存在しているようでも、同一漁業、例えばカツオ漁業やイワシ漁業とそれぞれの加工は地域を越えて同時進行し、時には相互につながる、あるいは同一地域では各種漁業が相互に規定しあいながら展開している。章別編成は地域漁業の形成と展開を考察するために漁業主体

ごとに並べているが，章を横断して同一時期，同一事項を対比することは地域性，時代性を浮かび上がらせるうえで有効で，そうした読み方もできる。

注

1) 南洋への漁業進出については，拙著『南洋の日本人漁業』（同文舘，1990年），朝鮮海出漁については，拙稿「水産業の資本主義的発展」西日本文化協会編『福岡県史　通史編近代産業経済（二）』（福岡県，平成12年），拙稿「あんこう網漁業の発達── 有明海での生成と朝鮮海出漁 ──」『長崎大学水産学部研究報告　第87号』(2006年3月) がある。
2) 糸満漁業については，中楯興編著『日本における海洋民の総合研究 ── 糸満系漁民を中心として ──　上巻，下巻』（九州大学出版会，1987年，1989年）に詳しい。最近，市川英雄『糸満漁業の展開構造 ── 沖縄・奄美を中心として ──』（沖縄タイムス社，2009年）が出版された。
3) 農商務省農務局『水産事項特別調査　上巻』（明治27年）419～420，436ページ。
4) 『本邦鉄道の社会及経済に及ぼせる影響　中巻』（大正5年）663～665ページ。
5) 鉄道省運輸局『活鮮魚，鮮肉ニ関スル調査』（大正15年9月）159～160ページ。

# 第1章
# 古賀辰四郎の八重山水産開発

## 第1節　沖縄への進出と採貝業

### 1．沖縄への進出

　古賀辰四郎は，海産物商として明治期における沖縄の水産開発を先導し，また尖閣列島を開発した人として知られている[1]。古賀が活躍した舞台は未開発の八重山諸島で，海外あるいは県外への移輸出品となる海産物や海鳥の採取を目的とした。海産物の採取においては糸満漁業を基盤にしており，その点で糸満漁業の展開と重なるところが多い。

　古賀辰四郎は，安政3（1856）年に福岡県上妻郡山内村で茶栽培農家の3男として生まれた。沖縄に渡る前に一時期，京阪神で過ごしたといわれる。進取の気性に富み，明治12年2月，24歳で「琉球処分」で揺れる沖縄に渡った。

　沖縄に到着するや海岸を巡り，漁夫を雇って潜水調査をし，海産物（貝殻）が豊富なことを確認して海産物商となった。京阪神にいて，貝殻が欧米に輸出されていたことを知っていたのであろう。時期が時期だけに国権伸張のための活動舞台を沖縄に求める意識もあったであろう。海洋日本の水産業が不振なことを憂い，その後，海産物の物色のため朝鮮にも渡航しているからである。

　沖縄へ寄留商人が進出するのは，西南戦争や「琉球処分」が一段落した明治15年頃からで，鹿児島や大阪からの砂糖商人が多い。その中で，古賀の進出は早く，福岡出身で，しかも海産物商になるなど異色である[2]。砂糖取

引きは既に体制化しており，資本や取引先を持たない古賀の新規参入は不可能に近い。古賀が注目したのは，輸出を拡大して国権の伸張を図ろうとする信念にかなう海産物であった。

　古賀は，同年5月に那覇西村（後の西本町）に古賀商店を開設し，貝殻を集荷して神戸の外国商館へ売り込んだ。3年後の明治15年2月には石垣島大川村（後の石垣町）に八重山支店を出し，そこでも海産物の集荷を行った。この頃，大阪市西区に兄の国太郎・与助によって古賀商店が開設されている。沖縄産海産物の取次ぎ店である。

　貝殻は貝ボタンの原料で，夜光貝は1個2～3銭，高瀬貝・広瀬貝は100斤（1斤は600g）30～40銭で買い上げ，毎年，30～40万斤を送って事業拡大の基礎を築いた。貝殻以外ではフカヒレ，べっ甲（タイマイの甲羅），スルメ（トビイカから製造），海参（ナマコの煮乾製品）などの清国向け輸出品を取り扱った。

　夜光貝は糸満漁民が7～10月の期間，久米島で採取し，身を食べ貝殻は捨てていたが，明治8年に米国・フィラデルフィアで開催された万国博覧会にこの貝殻が出品されて高い評判を得たことから輸出業者も現れてきた。明治8年から5年間で那覇港から移出された貝殻は10万円近くになり，価格も明治13年には1個3～4銭に高騰した。それでも産地では10分の1の価格で買い入れることができ，高い利潤を生んだ[3]。そのことが未開発の八重山へ進出する動機となった。古賀に触発されて八重山島民が外国商人と販売契約を結んだり，外国商人の買い付け競争も生じ，買い取り価格も販売価格も高騰していく。明治17年に沖縄海運（株）の汽船が沖縄本島と先島を結ぶようになって買い付け競争が激しくなった。

## 2. 沖縄の採貝業

　古賀が貝殻に注目した背景を貝殻の需給と採貝漁業者の側面からみていこう。当時，貝殻は細工用もあったが，大半は欧州へ貝ボタン原料として輸出されていた。欧州では産業革命で洋装が一般化するとボタン需要が急増し，オーストラリアでは白蝶貝採取が1860年代に産業化する。それでも需給が逼迫して，日本からも貝殻が輸出されるようになった。当初は夜光貝が主で，

## 第1章 古賀辰四郎の八重山水産開発

産地は南西諸島である。

日本の貝ボタン工業は明治10年頃,洋式兵装の普及などで職人の手工品生産として始まり,その後,発展して原料貝の輸出国から輸入国に変わっていく。明治26年から30年にかけて貝殻輸出は,夜光貝は5万斤余から2万斤台に,5〜6千円から3千円に減少したのに対し,その他貝殻(アワビを除く)は1万円未満から2万円台に増加している[4]。夜光貝は国内需要の増加と資源の減少で輸出が減少し,高瀬貝や広瀬貝などのその他貝殻の輸出が増加したのである。高瀬貝や広瀬貝は製造器具の関係から当初は敬遠されたが,日清戦争後,製造器具の改良や貝ボタン工業の発達で使用されるようになり,原料貝を南洋方面から輸入することも始まった[5]。

もう1つの背景は,糸満に代表される沖縄漁業が大きな転機に立たされたことである。明治8年から清国との進貢貿易が中止され,大阪経由に変わったため清国向けスルメ,海参,フカヒレなどの生産が打撃を受け,それに代わって貝殻採取が急成長してくる。明治10年代に漁船はクリ舟から杉板製のサバニに転換してその入手が容易で,かつ廉価になったこと,明治17年に糸満の玉城保太郎が水中眼鏡を考案して潜水作業が容易になったことが漁業転換を促した。とりわけ水中眼鏡は採貝能率を飛躍的に高めただけでなく,追込網漁業が発達する基礎となった[6]。古賀の事業は,糸満漁業と輸出海産物の変化のなかで発展したのである。

採貝は糸満漁民を中心に発展し,薩南諸島から八重山にかけて糸満漁民が出漁しない海域はないといわれるまでになった。八重山の石垣に糸満漁民が最初に定住するのは古賀商店の支店が開設された明治15年であるが[7],ほとんどが季節的入漁で,定住者はまだ少なかった[8]。明治21年には早くも資源が減少し,稚貝も採取されるようになった。夜光貝は石垣島の安良,白保などに多く,1隻で3ヵ月間に3,000個(1個3斤,1斤3〜4銭),270〜360円を採取している。与那国島でも採取されたが,やはり資源が減少した[9]。貝殻は安く買い叩かれたが,それでも1隻5人乗りで,船代(しろ)を1人前とし,他を乗り組み漁夫で均等に配分すれば,1人前45〜60円となり,1日の漁業賃金が10銭内外といわれた当時にあっては驚くべき高所得となった。

糸満漁民の出漁に刺激されて,宮古郡池間島の漁民も明治26年頃から八

重山へ出漁するようになった。池間島にはサバニや水中眼鏡がすでに伝搬しており，八重山への旅漁は春先に船団を組んで，1航海3週間の予定で行われた。出漁先で借家するか浜辺に小屋掛けしながら採取し，貝や海藻は石垣の寄留商人へ売る。寄留商人は古賀商店を除くと砂糖商と兼業であった。旅漁は池間島でカツオ漁業が始まる明治38年まで続く。分配方法は糸満漁民と同じで，1人1航海の所得は平均20円であった[10]。池間島漁民が入漁した頃には夜光貝はほとんど取り尽くされ，対象は黒蝶貝，高瀬貝に移り，価格も100斤60銭に高騰した[11]。明治38年頃には夜光貝や黒蝶貝の採取は困難になり，高瀬貝でも乱獲が進行した[12]。日露戦争で貝ボタンの需要が減少し，価格が低迷したことも旅漁をやめる理由であった。なお，明治28年11月に沖縄県漁業取締規則が制定されて，夜光貝，黒蝶貝，高瀬貝の稚貝の採取と販売が禁止されている[13]。同じく，宮古郡伊良部村佐良浜の漁民も3～10月に八重山への採貝出漁を行い，その数は明治末でサバニ20隻，100人に達している[14]。明治末にはその対象はサザエ，広瀬貝に移行した。

　沖縄での海産物商は数軒あったが，専業は古賀商店だけで，しかも兄が大阪市西区に古賀商店を構え，貝殻は直接輸出し，その他の海産物は華僑商人と直接取引きをしていた。その点，他の海産物商は大阪の商人を仲介するので不利を免れなかった[15]。この間，明治32年11月に，古賀は奈良原沖縄県知事に随行して，南清地方，香港における海産物の市況を視察している。

　明治20年度に沖縄から移出した海産物は，夜光貝が最も多く7,773円（22万斤，100斤3.5円），続いてスルメ2,547円（5.5万斤），高瀬貝295円（2.1万斤，100斤1.4円），海参68円（0.4万斤）となっている[16]。フカヒレの記述がないが，貝殻は中国向け輸出を上回る重要海産物となっている[17]。明治24年は夜光貝7,731円（3.1万斤，100斤24.6円），その他貝殻3,655円（1.3万斤）である。スルメは7,789円，フカヒレは6,775円で，夜光貝に迫っている[18]。明治25年の八重山郡の採取量は，夜光貝12.3万斤，高瀬貝1万斤で県全体に占める割合は極めて高いが，夜光貝の生産は急速に減少しつつあった[19]。産地価格との格差は依然として大きく，また貝の販売価格は当時，南洋方面からの輸入がなかったので需給が逼迫し，急騰している。

　表1-1は，明治33年から大正6年の沖縄県の貝類の採取高をみたもので

ある。高瀬貝や黒蝶貝の生産が増加し，夜光貝の激減を補うように広瀬貝が著しく伸びている。価格は明治20年代後半に一時低落し[20]，第一次大戦期にやや回復している。採取高が多いのは島尻郡，宮古郡，八重山郡であるが，採貝入漁を考えれば八重山郡で最も多くを生産したとみられる。

表1-1 沖縄県の貝類採取高の推移

|  | 黒蝶貝 |  | 高瀬貝 |  | 夜光貝 |  | 広瀬貝 |  |
| --- | --- | --- | --- | --- | --- | --- | --- | --- |
|  | 斤 | 円 | 斤 | 円 | 斤 | 円 | 斤 | 円 |
| 明治33年 | 758 | 595 | 4,240 | 2,015 | 258 | 106 | – | – |
| 35年 | 1,047 | 836 | 8,129 | 3,158 | 55 | 83 | – | – |
| 38年 | 7,961 | 977 | 78,714 | 7,041 | ? | 2,108 | – | – |
| 40年 | 6,924 | 941 | 31,215 | 2,233 | 6,190 | 548 | – | – |
| 43年 | 6,494 | 354 | 69,502 | 5,877 | 52,440 | 4,512 | 43,455 | 841 |
| 大正元年 | 13,050 | 1,143 | 87,199 | 13,683 | 540 | 23 | 181,180 | 6,549 |
| 4年 | 25,737 | 4,454 | 69,090 | 11,539 | 6,052 | 977 | 58,284 | 5,216 |
| 6年 | 37,550 | 4,240 | 128,108 | 17,157 | 6,587 | 983 | 72,534 | 10,804 |

資料：各年次『沖縄県統計書』

## 第2節 尖閣列島の探検と八重山漁業の形成

### 1. 尖閣列島の探検

明治17年から官民双方による尖閣列島の探検が始まる。尖閣列島は，魚釣島（和平島，4.31 km$^2$），北小島（0.30 km$^2$），南小島（0.46 km$^2$），久場島（黄尾嶼，1.08 km$^2$），大正島（久米赤島，赤尾嶼，0.15 km$^2$）の5島と3つの岩礁からなる。

古賀は，明治17年3月に大阪商船（株）の汽船をチャーターして魚釣島などに探検隊を派遣し，翌18年に自らも久場島に上陸し，アホウドリの大群に注目し，試みにその羽毛を欧州へ輸出して好評を博した。それで沖縄県に尖閣列島の貸与願いを出したが，同年，県が尖閣列島と大東島の探検を行うにあたって政府に国標を建てるかどうか上申したところ，外交問題を抱え

ている清国を刺激しないという方針から認められなかったので，古賀の貸与願いも受け付けられなかった。

それで毎年，出稼ぎにより羽毛を採取した。出稼ぎ者の募集は，無人島への渡航であり，上陸自体が危険であるうえ，マラリアなどの風土病，有害動物，医療，住居，食料などが懸念されて困難を極め，1ヵ月15～20円の賃金の他，食料品や日用品を支給することで漸く確保した。羽毛は欧米では婦人用の飾り，布団や枕の材料とされ，すでに明治12年に玉置半右衛門（八丈島出身）が伊豆諸島の鳥島でアホウドリの羽毛採取を始め，巨万の冨を築いていた[21]。

その後，明治24年と26年に熊本県人，鹿児島県人が魚釣島と久場島で海産物やアホウドリの採取を試みて失敗している。明治24年に熊本県出身の伊沢弥喜太が沖縄漁民を連れて魚釣島と久場島へ渡り，海産物と羽毛の採取をしたが，天候不良などで短期間の滞在にとどまった。明治26年に再び渡島し，採取に成功したが，帰路，台風に遭い，中国の福州まで流されている。後に，伊沢は古賀の尖閣列島開発の実質的な責任者となる。

明治26年には鹿児島県の永井と松村が1ヵ月2円の約束で山口県人と八重山島民4人を雇い，久場島で羽毛を採取させたが，羽毛を受け取ると彼らを島へ置き去りにした。島に残された4人は餓死寸前のところを夜光貝の採取に来た糸満漁民に救助されている。雇主の松村は，石垣を拠点とし，与那国を対象とする寄留商人である[22]。また，熊本県の野田正ら6人が天草漁民11人を率いて漁船で向かうが，風浪のため上陸できず，風待ちの間サメを漁獲するにとどまった。野田は，熊本新聞の主筆を務める国権党員であり，尖閣列島へはサメ漁業，および無人島の探検を目的としていた[23]。

明治23年1月と26年11月に沖縄県は尖閣列島への出漁が盛んになったので，その取締りのため政府へ所轄伺いを出したが，指示を得られなかった。古賀も明治27年に再度拝借願いを出したが，やはり所属未定とのことで却下されている。古賀の申請は，有利な事業を確保するためであったが，「帝国政府が敢て所轄権を争はんと欲するものにあらざるを知るに於て，氏が領土拡張に関する国家的観念は勃然として起き来たり」という[24]。

明治28年4月に本籍を大阪市西区（兄の経営する古賀商店の所在地）か

ら那覇区西に移し，沖縄の事業開発に専念することにした。この時期は，尖閣列島の領有が決まり，日清戦争が終結して下関講和条約が結ばれた時で，古賀の意図は明確である。

日清戦争の帰趨が確定的となって沖縄県からの上申書が協議され，明治28年1月に尖閣列島は日本の領土とするという閣議決定がなされた（明治29年3月に八重山郡に所属）。古賀は，明治28年6月に官有地拝借願いを提出した。その趣旨は，島に移住してアホウドリの独占的採取を行いたいというものであった。独占的営業が必要な理由は，①アホウドリは多いといっても無限ではなく，多数で採取すれば1人あたり採取量が少なくなって海外からの注文に応じられなくなるし，経営も成り立たなくなる。②競争で捕獲されれば鳥が驚いて飛来しなくなり，雌雄老稚の別なく捕えればその繁殖を妨げる，というにあった。つまり，国家利益，経営維持，資源の保護・繁殖のために独占的営業が必要だとしたのである[25]。そして明治29年9月に大正島を除く4島を30年間無償で貸与された。

一方，古賀は明治24年11月に南大東島開墾の出願をし，許可を得て，翌25年に沖縄海運の汽船を借り，漁民ら45人を連れて向かったが，波涛が高くて上陸できず引き揚げている。大東島（南，北，沖大東島の3島からなる）は，明治18年に県が調査し，領土に編入されている。その後，明治32年に前述の玉置半右衛門は南・北大東島の拓殖願いを出し，翌年，小笠原・伊豆諸島から74人を入植させ，アホウドリの羽毛採取と自給食料のための開墾に着手した。しかし，明治35年には早くも鳥油や鳥肉肥料の製造，サトウキビの栽培と精糖事業へ転換し始めた[26]。なお，伊豆諸島の羽毛採取は乱獲でアホウドリが激減し，明治40年に中止されている[27]。また，沖大東島（ラサ島）の燐鉱石の採掘は明治43年に始まり，大正2年から本格化している。

## 2. 八重山漁業の形成

ここで古賀の事業の背景となる八重山の漁業動向をみておこう。八重山には専業漁民はいなかったが，明治15年の糸満漁民の移住，古賀支店の開設をきっかけに，明治20年代には移民の増加，商品経済化の進展などで漁家

数は24年181戸, 31年248戸と増加した。しかし, 貝資源の減少などで明治40年は244戸と停滞し, カツオ漁業が隆盛となる大正6年には516戸に増加している。漁業の中心は, 石垣島の中心である大川, 新川, 石垣, 登野城の「4箇村」であり, 漁業者の多くは糸満漁民であった。

　漁業構成も大きく変化した。1つは, 群島内の人口増加を反映して島内消費用の漁業が急増したことである。一方, 島外へ移出する海産物の種類は大きく変化した。明治30年代に夜光貝が激減して黒蝶貝や高瀬貝に重心が移り, さらに大正期にはサザエや広瀬貝が中心となる。フカヒレ, 海参の生産が低迷したのに対し, 明治30年代後半にスルメ, カツオ節の生産が急増した。スルメは大正期に低迷するが, カツオ漁業は目覚ましい発達を遂げる。

　明治25年の八重山の漁獲高17,005円（フカヒレを含まない）のうち72％が夜光貝で, 高瀬貝の採取は始まったばかりで少なく, スルメは見あたらない[28]。それが, 明治40年になるとカツオ・マグロ節が第1位で, スルメがそれに次ぎ, 貝殻は高瀬貝が主体となるが夜光貝を加えてもスルメの生産額に及ばなかった。大正6年ではカツオ・マグロ節が飛び抜けて高く, 貝殻はサザエと広瀬貝の急増で第2位となった。スルメ, フカヒレ, 海参は低迷し, 大幅にその地位が低下した。

　フカヒレ, スルメ, カツオ節についていま少しみておこう。

(1) サメ漁業

　八重山のサメのうち量が多く, ヒレが上等なのはアオザメ, ヒラガシラ, ヨシキリザメ, ホオジロザメである。漁期は夏場, 糸満漁民が豚肉を餌として一本釣りで漁獲する[29]。サメ漁業は早くから注目され, 明治15年に八重山を訪れた田代安定（明治中期の沖縄研究で知られる植物学・博物学者）は, 海参, フカヒレ, エラブウナギ, 海人草が有望だとし, 天草や五島などからの漁民移住を提言している[30]。明治18年に県が行った調査でもサメの大群に遭遇している[31]。明治20年に八重山の測量が行われた時, 大分県佐賀関の漁船5隻が随行し, サメの漁獲を行って, 九州東岸から天草地方にかけての漁民の着業を勧めている。サメ漁業が注目されたのは, 船上で加工ができ, 製造所を要しないという簡便性, 九州の漁民移住が考えられたのは延縄漁法

で生産性が高く，経済観念が発達していること，熱帯性気候とサツマイモの常食に耐えられることにあった[32]。八重山島民は現物経済が支配的であり，糸満漁民はサバニで操業するので延縄が使用できず，船上加工もできないこと，一本釣りでは生産性が劣るとみたからであろう。

佐賀関は，サメ漁業の先進地で，幕末期に考案された延縄漁法をもって明治初期には薩南諸島，五島，対馬沖へ進出し，明治10年には朝鮮海出漁で先陣を切った[33]。上記の提言に基づいて翌21年に佐賀関および鹿児島の漁民が八重山に来て操業している[34]。明治26年には熊本県天草から2隻が来たし[35]，27年には水産調査所（明治26年に農商務省に設置。後の水産試験場）がサメ漁業の調査をしている[36]。天草もサメ漁業の先進地で，対馬，五島方面へ出漁していた[37]。明治26年の2隻は前述の野田正のもので，石垣に事務所を置き，単純歩合制で経営し，漁獲高の6割を取得し，4割を漁夫の分配とした。明治27年の水産調査所による調査は熊本県出身の原田嘉平次らに委嘱している。原田は奄美大島では山林及び製塩に従事した経歴をもち，野田とともに八重山開発に転じた人物である[38]。

これら九州本土からのサメ漁業の進出は長続きしなかったし，定着しなかった。その理由は，日清戦争の勃発でフカヒレの価格が暴落したこと，八重山での生活に馴染めなかったこと，サメ漁業と兼業する漁業がなかったことである。尖閣列島の久場島はアホウドリだけでなくサメも多く，熊本県人などは両者の採取を兼ねていたが，鳥の捕獲は簡単でも取引きは未知であり，資金もないので開発主体にはなれなかった。

こうしてサメ漁業は八重山のみならず沖縄県全域でも改良漁船での延縄漁法は定着せず，サバニでの一本釣りにとどまった。明治36年にサメ漁業を目的とした沖縄県最初の遠洋漁業会社が設立されるが，漁船の遭難，糸満漁民が大型船に不馴れであったことなどで短期間で失敗している。

(2) スルメ

八重山近海のイカは6種類あるが，スルメに製造するのはトビイカで，八重山では鳩間島，与那国島近海に多く，7～8月の闇夜に釣る。漁具はカギ針で釣るか，小さなトビイカを糸で結んで泳がせ，イカが集まったところを

カギ竿で引っかけるものである[39]。明治21年の状況は，イカ漁業の中心地である糸満も久高島周辺への出漁がほとんどで，ようやく久米島や国頭方面へ目を向けるようになった段階であり，しかも輸出用は少なく，主に生食用であった。

八重山では採貝業が全盛であったから注目されなかった[40]。しかし，貝資源が減少した明治36年頃，糸満から数隻が鳩間島へ出漁してから本格化し，39年には糸満を始め，久高島，宮古からの出漁船は112隻に達した[41]。その後，八重山ではカツオ漁業が勃興して，そちらに転換し，十分な発展をみなかった。

(3) **カツオ漁業**

八重山のカツオ漁業は，明治34年に鹿児島県人が与那国島で曳縄により漁獲し，38年には同じく与那国で糸満漁民が竿釣りで操業している。動力漁船を使ったカツオ漁業は，明治42年に那覇の照屋林顕が石垣島・登野城を拠点としたのが最初である[42]。八重山近海はカツオの良漁場として知られ，沖縄本島だけでなく，宮崎，鹿児島県からの進出が相次ぐが，餌料採取の困難が最大のネックであった。

八重山の漁業は，漁家数以上に漁業者が増え，さらに糸満や宮古からの入漁が続き，カツオ漁業では他地域からの進出が目覚ましかった。このうち糸満漁民は「雇い子」と呼ばれる年季奉公人を抱えるだけに労働力の流動性が高いという特徴をもっている。明治末には八重山に居住する糸満・久高島漁民ら370人余が糸満漁業団八重山支部を結成したり[43]，大正7～8年には「4箇村」に100戸余が居住する他，350人余が入漁するまでになった[44]。これら糸満漁民はサバニと潜水技能をもって採貝藻，サメ・イカ釣り，トビウオ漁，追込網，建網を組合わせながら操業した。糸満漁民の一部がカツオ漁業に進出したが，ほとんどは餌料部門を担当するにとどまった。

古賀の事業は，こうした八重山漁業の変化に対応して展開していく。

## 第3節　尖閣列島の開発

　古賀は，明治29年に無償貸与を受けた尖閣列島の開発に乗り出す。明治30年3月，大阪商船に依頼して35人を魚釣島へ送り，翌年には50人を引率して長期滞在し，そこで家屋の建築，井戸の掘削，開墾などを行っている。魚釣島が海鳥の多い久場島に先行して開発されたのは，島が大きく，飲料水も得られたこと，上陸地点があったことによる。久場島には明治31年に28人が送り込まれ，32年には29人と交替し，33年には33人となっている。4年間で延べ136人が送り込まれた。

　明治33年5月には沖縄県の許可と奨励を受けて，東京帝国大学理科大学の理学士・宮嶋幹之助と県師範学校教諭・黒岩恒を派遣し，科学調査を行っている。黒岩は博物学担当で，尖閣列島の命名者となった。この時，伊沢も案内役で同行している[45]。わざわざ東京から宮嶋が来たのは，その年の3月に古賀が東京帝国大学動物学教室の箕作佳吉教授を訪問し，尖閣列島の羽毛採取は，前年が5万斤余（12～16万羽に相当）であったのに今年はその半分以下になりそうで，経営が困難となり，将来の見通しも立たないとして，その繁殖法などを相談した。箕作はその門弟・宮嶋を派遣することにしたのである。宮嶋は当面産卵に無関係なものに捕獲を限定すること，羽毛だけでなく肉や骨を〆粕肥料にすることを助言した[46]。黒岩は羽毛採取について，1人が1日300羽を捕獲し，1斤（4羽分）30銭で売れば，21円50銭という高収入があげられると見積っている。

　翌明治34年5月には，古賀は県技師の出張を依頼して魚釣島に防波堤を築き，久場島に家屋，水槽タンクを建設した。明治36年には横浜から南洋帰りの職人16人を連れてきて，翌年からアジサシ，カツオドリなどを剥製にし，神戸や横浜の外国商人に売り込んでいる。

　漁業は，糸満漁民がサバニで曳縄によりカツオを漁獲していたが，明治38年から本格的なカツオ漁業とするべく大型のカツオ漁船3隻を建造し，宮崎県から漁夫と製造人10人を雇っている。もっとも初年のカツオ漁業は慶良間諸島で行われ，翌年から尖閣列島に移動した。魚釣島に桟橋が架けら

れ，カツオ節製造所が設けられた。宮崎県人が雇われたのは，カツオ漁業の先進地で，八重山へも出漁していたからで，カツオ漁業の指導のためである。しかし，3隻とも台風で難破してしまったので，翌年には5隻を新造した。

　明治38年頃から古賀の拓殖事業は多面的に展開していく。明治42年頃までに60ヘクタール余に雑穀，サツマイモ，野菜などを植え，また豚を飼育して移住者の食料自給が可能となった。移住者は99戸，248人に達した。しかし，移住者の定着率は悪く，福島，宮城県から少年11人を20歳までの契約で雇っている。

　魚釣島は漁業が中心で，漁船3隻，漁業者約100人であった。製造人として一時四国から節削り女工を雇ってその品質向上に努めている。カツオ節のために10棟の製造所・納屋があった。久場島では農業，捕鳥，燐酸肥料の採掘が，南・北小島では捕鳥，剝製製造，燐酸肥料の採掘が行われた。

　経年的に各事業の展開を記しておこう。

　①明治38年1月に西表島西方の仲ノ神島（無人島）を政府から借り入れてアジサシの剝製，鳥肉肥料や鳥油の製造，海産物の採取を行った[47]。当初は利益が上がらなかったが，明治42年の収入は剝製8,400円（6万羽），鳥肉肥料672円（1.4万斤），鳥油124円（70箱），海産物1,600円，計10,796円に達している。

　②明治38年から分蜜糖製造を行うが，これは3年で中止した。2馬力の石油発動機に遠心分離器2台と砂糖煮釜を据え付け，白下糖を原料にして分蜜糖を製造したが，沖縄糖業改良事務局が分蜜糖を製造するようになると採算がとれなくなって中止した。

　③明治39年11月に台湾総督府から汽船（145トン）を購入し，辰島丸と改称し，交通の便を図った。この時，台湾から樟の苗3万本を取り寄せ，魚釣島と久場島に植えた。この辰島丸は那覇～名護間を就航したが，明治43年10月の暴風雨で那覇港外において沈没し，多数の犠牲者を出した[48]。

　④明治41年には島尻水産学校卒業生を雇い，魚肉および鳥肉の缶詰製造を始めた。それまで油を絞った後，肥料としていた鳥肉の缶詰加工を試みたが，失敗している。サンゴ採取にも着手したが，これも成功しなかった。

　⑤明治41年頃には久場島や南小島で鳥糞の採取が行われていたが，本格

的な開発のために43年6月，久場島での採掘と販売に関して台湾肥料会社と契約を結んだ[49]。

分密糖製造，植林，缶詰製造，サンゴ採取などは古賀の進取の気性を示すものだが，成功しなかった。

こうして明治42年11月に尖閣列島の開発に功績があったとして藍綬褒章が下賜された。この頃が古賀の絶頂期であった。明治30年から11年間で42.4万円の資金を投入して52.5万円の収入をあげた。明治39年は製鳥部門で3万円，漁業で2万円[50]，40年は13.4万円の収入であったといわれる。

事業経営を少し詳しくみておこう。

### (1) 製鳥部門

採捕の対象となる海鳥の生息は島によって異なり，量的に多くてもカツオドリ（オオミズナギドリ）は捕獲が難しくあまり利用されなかった。魚釣島はクロアシアホウドリが主体で，アホウドリより体は小さく，羽も黒くて安いため重視されなかった。久場島はアホウドリ，オオミズナギドリ，クロアジサシが多く，採取の中心地であった。南小島はクロアシアホウドリ，クロアジサシ，セグロアジサシ，オオミズナギドリ，北小島はセグロアジサシが主体である。

アホウドリは10～4月の来島期に棒などでたたき落として，オオミズナギドリの捕獲は暖期で，穴を掘りそこへ落ち込んだものを捕らえる。いずれも羽毛採取が主目的である。アジサシの仲間は夏場にトリモチで採取し，剝製にする。製鳥部門は南小島にあって，北小島で捕獲したものもここで剝製とした[51]。剝製は明治37年以降，著しく増えたが，これはアホウドリの減少，羽毛の減産に対応したものである。収益性が高まったのは鳥肉・骨から油を絞り，その滓を肥料とするようになってからである。

表1-2は，製鳥部門の生産高をみたものである。羽毛の地位が低下し，剝製

表1-2 古賀の製鳥部門の生産高

|  | 剝製（万羽） | 鳥油（函） | 肥料（千斤） |
| --- | --- | --- | --- |
| 明治37年 | 13 | 160 | － |
| 38年 | 16 | 200 | 43 |
| 39年 | 24 | 315 | 65 |
| 40年 | 42 | 470 | 110 |

資料：琉球新報　明治41年6月26日
注：この他に毎年数万斤の羽毛を生産した。

や鳥油・肥料製造に重点が移っている。日本からの羽毛の輸出は，陸鳥，水禽，海鳥合わせて明治24～31年は年間約30万斤（価額は数万円から13万円に高騰）で，欧米，中国へ輸出された。海鳥はアホウドリが主で，しかも小笠原・伊豆諸島や尖閣列島に生息が限られ，その生産量は年15万斤，4.5万円にのぼった[52]。伊豆諸島では明治40年，尖閣列島では43年に採取が中止され，重要な輸出品を失った。剝製，鳥油・肥料製造も資源の乱獲で，明治末には鳥糞，燐鉱石の採取が課題となった。

(2) カツオ漁業

　カツオ漁業は，明治38年に2隻が慶良間諸島で操業し，3,860円を漁獲した[53]。明治40年には尖閣列島で3隻が操業し，約18,000円の生産をあげ[54]，42年には4隻となっている[55]。その後，減少し，明治44年のカツオ節生産は約8,400円となり[56]，大正元年は2隻で，他の海産物を含め約7,000円の生産であった。慶良間と八重山のカツオ漁業の違いは，慶良間では資本主と漁業者は同一人で，資本金は4,000円と少なく，漁労の前に自ら餌料を採取するのに対し，八重山では漁業者と資本主が別々のことが多く，資本金も7,000円と規模が大きい。そして餌料は糸満漁民から供給を受け，カツオ漁労と分化している点にあった[57]。

　大正元年の尖閣列島の漁業は，カツオ釣り，フカ釣り，夜光貝の採取で，カツオ漁業は2～10月を漁期とする。沖縄本島に比べて漁期は長いが，4月までは天候が不順なのでサバニで操業し，5月以降は日本型漁船を使用する。夜光貝の生産高は年々減少していた。漁民はすべて男子で，魚釣島に居住している。当初は女子もいたが，男女問題が生じ，男子ばかりとなった。漁民は与那国出身者が大多数を占め，その他に糸満や国頭出身者がいた。彼らはカツオ漁業地の出身ではないが，餌料採捕，サバニに慣れ，潜水技術が巧みな漁民であった。カツオ節製造人は沖縄本島から雇用されている。分配方法は大仲歩合制で，総収入から大仲経費を差し引いた残りを船主6，漁夫4の割合で配分した。漁獲が多いと賞与金も出た。カツオ節は那覇を経て内地に移出された。

　大正2年9月現在の八重山諸島のカツオ漁船は動力船9隻，無動力船11

隻，計20隻である。このうち尖閣列島を根拠とするのは無動力の2隻であった。尖閣列島の居住者は52人で，うち7人が製造に従事する他は漁業に従事した。サメ漁業や夜光貝の採取はカツオ釣りの終了後に行った[58]。

## 第4節　古賀の事業の衰退

　明治末に古賀の事業は衰退に転じた。明治43年に羽毛の採取が狩猟法の改正による保護鳥獣の拡大とアホウドリの乱獲で中止され，辰島丸の遭難が重なった。鳥糞・燐鉱石の採掘も第一次世界大戦で船価が高騰したこと，沖大東島の開発が本格化したことで採算がとれなくなり，中止となった。尖閣列島の現地責任者であった伊沢も台湾へ移っていった。

　大正3年5月には御木本幸吉と共同出資で真珠養殖に着手する。石垣島・登野城に事務所を構え，名蔵湾と登野城前を養殖場とした。御木本は真珠養殖，古賀は養殖母貝となる黒蝶貝の採取で互いに旧知の間柄であった。真珠養殖は，風波が高く，漁業者の妨害もあって大正5年5月に養殖場を石垣島・川平湾へ移した。漁業者の妨害とは，カツオ餌料の採捕や採貝藻との漁場競合をさすとみられる。養殖場を移した頃，古賀は共同経営から手を引いている[59]。古賀の役割は，区画漁業権の確保と黒蝶貝の採取・供給であったに違いない。大正5年9月に沖縄本島・名護湾で区画漁業権を得たが[60]，古賀の死去で真珠養殖はならなかった。

　大正7年8月に古賀は63歳で死去し，息子の善次が事業を継いだ。この頃には，カツオ漁船は1隻となり[61]，大正12年は25馬力の動力船1隻[62]，昭和12年は9トン・25馬力のマグロ延縄漁船と18トン・25馬力のカツオ漁船の2隻となっている[63]。八重山支店ではサザエを原料としたボタン加工を始めた。10台の機械があったが，労働力不足で6台が稼働したに過ぎない。ボタン加工といっても貝を刳り抜くだけで，賃金は1日20～50銭の日給で，歩合制でないことから能率があがらなかった[64]。

　大正15年に尖閣列島無償貸与の期間が満了すると，1年毎の有料貸与となった。そして，昭和7年3月には4島の払い下げを申請し，認められて民有地となった。この頃には既に海鳥の剥製，肥料製造は資源の減少で中止と

なり，尖閣列島はカツオ節製造のため季節的に利用されるにすぎなくなった。ボタン加工も昭和恐慌で大打撃を受けて廃止している。残されたカツオ漁業も昭和15年には燃料油の配給制で渡航が困難となって中止され，再び無人島となった。

## 第5節 結　語

　古賀の事績には，一貫して「領土拡張に関する国家的観念」が流れている。古賀自身が書き残したものはなく，また，他の国権主義者，アジア主義者，南進論者との交流や影響はないが，その軌跡は明らかに国権伸張をともなう八重山の拓殖事業にあって，明治期の時代精神の一面を代表している。

　古賀は，緊張しつつあった日清関係を背景に尖閣列島，大東島，仲ノ神島，そして宮古島の東南にあるといわれた「イキマ島」の探検を試み，開拓民を送って生産物の海外輸出を図った。この点では政府，沖縄県，とくに県との関係は明瞭で，県の積極的な拓殖方針に支えられ，その先駆者となっている。

　古賀の業績は，沖縄，とくに八重山の水産開発を先導したこと，尖閣列島の開発をしたことにある。沖縄の寄留商人としても初期にあたり，海産物を手がけ，八重山にも進出した点で異色であった。水産開発は海外に市場を求めた点が大きな特徴で，兄が経営する大阪の古賀商店を中継させていた。海産物は欧州向けの貝殻と清国向けのフカヒレ，海参，スルメなどであったが，貝殻は夜光貝から高瀬貝，黒蝶貝，さらには広瀬貝，サザエへと資源の減少につれて移行し，販路も国内需要に代わっていく。その他の海産物もフカヒレからスルメへと重点が移行し，さらにはカツオ節生産に着手するようになった。これら海産物の多くが糸満漁民の採取物であり，糸満漁業の変化を反映したものとなっている。

　古賀は海産物の商品化，海外輸出に注目しただけに，製品の改良や市場動向に敏感であった。その証拠として，博覧会や共進会に積極的に出品した。明らかなものをあげると，①明治28年，京都での第4回内国勧業博覧会に海参，フカヒレ，真珠などを出品[65]。②明治30年，神戸で開かれた第2回水産博覧会にフカヒレ，真珠，真珠貝，シャコ貝，海綿，べっ甲などを出品

して受賞[66]。③明治36年，第5回内国博覧会に出品。この時，大阪の兄が貝ボタンを出品している。④明治38年には大阪での博覧会に貝細工などを出品して好評を得た[67]。⑤明治40年に長崎で開かれた第2回関西九州府県連合水産共進会にフカヒレ，海参，カツオ節などを出品して受賞[68]。⑥明治43年の九州八県連合共進会では，フカヒレ，海参，真珠，スルメで受賞[69]。

数々の博覧会や共進会での出品と受賞は，粗製乱造が常であった沖縄の水産界にあって海産物の市場性を高めようとする古賀の意欲を示している。さらに明治33年のパリ，37年のセントルイスの万国博覧会，43年にロンドンで開かれた日英博覧会にも出品したといわれる。

しかし，古賀の沖縄県の水産界との関係は薄い。明治43年3月に沖縄県水産組合の創設にあたって評議員を務め，那覇支部の代議員に選出された[70]，明治44年1月の県水産品評会の審査委員を務めた[71]，くらいである。それは，古賀が漁業者というより事業家であり，海産物商であったこと，漁業も糸満漁業をベースにしたこと，沖縄県の水産界は水産組合にしても漁業組合連合会にしてもカツオ漁業が中心で，糸満漁業は外れていたことによる。

古賀の人的交流の特徴は，水産界の内部というより，科学者，県の職員，商船会社などの実業家と接触し，自分の殖産事業の発展のために役立てたことである。こうして，海運会社である広運（株）の取締役（明治37年），貯蔵食品・砂糖の製造販売を目的とする沖縄興業（株）の監査役（明治38年），肥料の販売と貸し付けを事業とする沖縄肥料（株）の監査役（明治44年）に就任し，真珠養殖では御木本幸吉と提携（大正3年）している[72]。

尖閣列島の開発では，海産物で蓄積した資金を投入して移民を送り，そこで自給自活を図りながら，羽毛の採取に始まり，海鳥の剥製，鳥肉肥料，鳥糞や燐鉱石の採取に進んでいく。

それにしても事業経営の破綻は意外と早くやってくる。短期間に主要産物が次から次へと変わっていくのは，資源管理の失敗によるものであろう。全島を覆い尽くすほどいたアホウドリが急速に減少し，絶滅に瀕したのは，野生化し，繁殖した猫が鳥類に危害を加えたこと，人の移住・開拓で生息環境が損なわれたこともあるが，やはり最盛期には年間10万羽以上という大量捕獲に最大の原因が求められる。とくに尖閣列島では独占的営業が認められ

たにもかかわらず資源が急速に減少したのは、独占的営業とはいえ市場競争者がおり、国内外の需要にみあって採取したためである。古賀は拓殖と海外輸出の拡大を通して国家利益に奉仕することを願ったが、そのことが資源の保護・繁殖と矛盾し、自らの経営基盤をつき崩してしまったのである。

注

1) 尖閣列島、および古賀辰四郎については以下の文献・資料を参照にした。上地龍典『尖閣列島と竹島』(教育社、1978年)、高橋庄五郎『尖閣列島ノート』(青年出版社、1979年)、緑間栄『尖閣列島』(ひるぎ社、1984年)、西里喜行『近代沖縄の寄留商人』(ひるぎ社、1982年)、沖縄県教育委員会『沖縄県史　別巻　沖縄近代史辞典』(1977年)、望月雅彦「古賀辰四郎と大阪古賀商店」『南島史学　第35号』(平成2年6月)、琉球新報「尖閣列島と古賀辰四郎(1)～(11)」(明治41年6月15日～6月27日)、沖縄毎日新聞「琉球群島に於ける古賀氏の功績(1)～(7)」(明治43年1月1日～1月9日)。新聞は、石垣市役所『石垣市史　資料編近代4　新聞集成I』(石垣市役所、昭和58年)、糸満市史編集委員会『糸満市史　資料編I近代新聞資料』(糸満市役所、昭和57年)、『那覇市史　資料編第2巻上』(那覇市役所、1966年)所収のものを利用した。上記文献・資料については煩雑となるので注記を省略する。

2) 古賀の他に海産物を扱った寄留商人もいたが、いずれも副業であり、寄留商人としては傍流であった。琉球新報　明治33年9月27日。

3) 河原田盛美「琉球青螺の説」『大日本水産会報告　第43号』(明治18年9月) 13～16ページ。

4) 農商務省水産局『第二回水産博覧会審査報告　第2巻第3冊』(明治32年) 220ページ。

5) 南方への採貝出漁、日本の貝ボタン工業などは、拙著『南洋の日本人漁業』(同文舘、1990年)に詳しい。

6) 上田不二夫「糸満漁民の発展」中楯興編著『日本における海洋民の総合研究──糸満系漁民を中心にして──上巻』(九州大学出版会、1987年) 63ページ。

7) 八重山歴史編集委員会『八重山歴史』(1954年) 390ページ。

8) 八重山の漁業史については、市川英雄「石垣島漁業と糸満系漁民経営」前掲『日本における海洋民の総合研究──糸満系漁民を中心にして──上巻』を参照した。

9) 農商務省水産局『水産調査予察報告　第1巻第1冊』(明治22年) 32、43～48ページ。

10) 大井浩太郎『池間島史誌』(池間島史誌発刊委員会、昭和59年) 171～172、246ページ。

11) 森房次郎「沖縄県先島水産調査」『大日本水産会報　第150号』(明治28年1月) 55～56ページ。

12) 琉球新報　明治38年8月25日。

13) 琉球新報　明治35年12月21日。
14) 「宮古郡八重山郡漁業調査書」（著者不明，大正3年頃作成，ハワイ・ホーレー文庫所蔵）。
15) 琉球新報　明治33年1月9日。
16) 前掲『水産調査予察報告　第1巻第1冊』26〜27ページ。
17) 明治20年に那覇港から積み出された海産物は，フカヒレ4,694円（2.1万斤），スルメ4,639円（5.5万斤），高瀬貝2,391円（2.9万斤），海人草1,242円（3.2万斤）となっている。『明治23年沖縄県統計書』。同統計書では，夜光貝にはふれていない。
18) 農商務省水産局『水産事項特別調査　上巻』（明治27年）239〜279ページ。
19) 崎山直「明治前期八重山の概況」『八重山文化　第3号』（1975年9月）140〜141ページ。
20) 明治28年の価格は，100斤につき夜光貝12円，黒蝶貝17円，高瀬貝1〜1.5円に下落した。『明治廿八年第四回内国勧業博覧会審査報告　第四部水産』（明治29年）302ページ。
21) 実吉達郎「鳥島のアホウドリ」『動物と自然　第1巻第7号』（1971年）20ページ。玉置の経歴については，『沖縄大百科事典　中』（沖縄タイムス社，1983年）71ページ。
22) 笹森儀助『南嶋探検　1琉球漫遊記』（平凡社，1982年）136ページ，同『南嶋探検　2琉球漫遊記』（平凡社，1983年）10ページ。
23) 前掲『南嶋探検　2琉球漫遊記』113，120，342〜343ページ。
24) 琉球新報　明治41年6月18日。
25) 古賀の「官有地拝借御願」の全文は，『季刊沖縄　第56号』（昭和46年3月）115〜117ページ。
26) 琉球新報　明治34年8月9日，明治35年2月5日，『南大東村誌』（南大東村役所，1966年）15〜16ページ。
27) 前掲「鳥島のアホウドリ」20ページ，琉球新報　明治34年8月9日，35年2月5日。
28) 八重山島役所『琉球八重山嶋取調書　全』（明治27年1月）。笹森儀助の求めに応じて作成した調査書。
29) 前掲「沖縄県先島水産調査」44〜45ページ，琉球新報　明治38年8月17日。
30) 田代安定『沖縄県下先島廻覧意見書』（明治15年）。
31) 西村捨三「琉球の水産」『大日本水産会報告　第115号』（明治24年12月）62，64ページ。
32) 肝付兼行「琉球の土民は漁業を知らず」前掲『大日本水産会報告　第115号』104〜107ページ。
33) 佐賀関町史編集委員会『佐賀関町史』（昭和45年）445〜456，802〜804ページ，三浦覚一「大分県の遠洋漁業」『大日本水産会報　第241号』（明治35年9月）32〜33ページ。
34) 松原新之助「琉球ノ水産」『大日本水産会報告　第86号』（明治22年5月）27ページ。

35) 漁船 2 隻は長さが 38 尺で，各 7 人乗り。明治 26 年 9 月から 1 年間（ただし 1 隻は半年間）で 744 尾を捕獲し，フカヒレ 781 円（1,860 斤），製油 136 円（186 斗），肉 436 円を得た。前掲「沖縄県先島水産調査」57～64 ページ。
36) 「沖縄県漁業調査」『大日本水産会報　第 147 号』（明治 27 年 9 月）17～20 ページ。
37) 熊本県農商課『熊本県漁業誌　第 1 編下』（明治 23 年）16～17 ページ。「熊本県鱶漁業調査」『大日本水産会報　第 228 号』（明治 34 年 6 月）37～38 ページ。
38) 『明治二十七年度水産調査所事業報告』（大日本水産会，明治 28 年）163, 168～169 ページ。
39) 前掲「沖縄県先島水産調査」46～47 ページ，琉球新報　明治 38 年 8 月 19 日。
40) 前掲『水産調査予察報告　第 1 巻第 1 冊』41～42, 74～75 ページ。
41) 琉球新報　明治 40 年 5 月 18 日。
42) 前掲『八重山歴史』390～391 ページ。
43) 琉球新報　明治 45 年 5 月 28 日。
44) 琉球新報　大正 7 年 3 月 2 日，先島新聞　大正 8 年 12 月 15 日。
45) 黒岩の談話は，琉球新報　明治 33 年 6 月 21 日～7 月 13 日に掲載されている。
46) 宮嶋幹之助「沖縄県下無人島探検談」『地学雑誌　第 12 輯第 142 巻』（明治 33 年 10 月）584～585 ページ。
47) 前掲『八重山歴史』では，明治 17 年に借地願いを提出して許可を得，19 年から羽毛，鳥糞を採取し，29 年に開墾に着手した。そして明治 42 年に再度，羽毛，剥製，鳥糞，海産物採取を行ったとしている。391, 394 ページ。
48) 金城功『近代沖縄の鉄道と海運』（ひるぎ社，1983 年）105～106 ページ。
49) 恒藤規隆『南日本の冨源』（博文社，明治 43 年）216 ページ。
50) 琉球新報　明治 40 年 3 月 29 日。
51) 宮嶋幹之助「黄尾島（承前）」『地学雑誌　第 13 輯』（明治 33 年），正木任「尖閣列島を探る」『採取と飼育　第 3 巻第 4 号』（1941 年），高良鉄夫「尖閣列島のアホウドリを探る」『季刊南と北　第 26 号』（1963 年）を参照。
52) 前掲「黄尾島（承前）」91～92 ページ。明治 29, 30 年のアホウドリの羽毛の輸出額は 5～6 万円で，主にイギリス，ドイツに輸出された。「信天翁の効用」『大日本水産会報　第 195 号』（明治 31 年 9 月）27 ページ。
53) 琉球新報　明治 38 年 12 月 29 日。
54) 琉球新報　明治 40 年 12 月 16 日。
55) 沖縄毎日新聞　明治 42 年 12 月 13 日。
56) 大村八十八『沖縄県水産一斑』（大正元年）52～53 ページ。
57) 琉球新報　大正 5 年 9 月 10 日。
58) 前掲「宮古郡八重山郡漁業調査書」。
59) 川平村の歴史編纂委員会『川平村の歴史』（川平公民館，昭和 51 年）231 ページ，先島新聞　大正 8 年 5 月 5 日，山口盛包『石垣町誌』（1935 年）361 ページ。御木本の沖縄県での黒真珠養殖については，大浜英祐『黒真珠物語』（昭和 51 年，自費出版）204～205 ページを参照のこと。
60) 琉球新報　大正 5 年 9 月 30 日。

61) 琉球新報　大正7年5月11日。
62) 「沖縄県水産会報　第2号」(大正13年11月)『沖縄県農林水産行政史　第17巻』(農林統計協会、昭和58年) 所収、342ページ。
63) 農林省『昭和十二年版動力漁船々名録』(東京水産新聞社、昭和12年) 670～671ページ。
64) 先島新聞　大正7年4月15日。
65) 前掲『明治廿八年第四回内国勧業博覧会審査報告　第四部水産』81, 117, 300ページ。
66) 前掲『第二回水産博覧会審査報告　第2巻第3冊』。
67) 琉球新報　明治38年8月15日。
68) 琉球新報　明治40年12月17日、明治41年1月9日、長崎県共賛会『第二回関西九州府県連合水産共進会事務報告書』(明治41年)。この共進会で古賀は功労賞を授与されている。農商務大臣官房博覧会課『府県連合水産共進会審査復命書』(明治41年) 19ページ。
69) 沖縄毎日新聞　明治43年5月11日。
70) 「沖縄県水産組合沿革」(大正10年) 前掲『沖縄県農林水産行政史　第17巻』所収、228～229ページ。那覇支部の代議員は大正2年6月に再選されている。琉球新報　大正2年6月3日。
71) 前掲「沖縄県水産組合沿革」231ページ。
72) 前掲「古賀辰四郎と大阪古賀商店」6～7ページ。

# 第2章

# 那覇の漁業発展と鮮魚販売

## 第1節　那覇の漁業の特質と地理

### 1．那覇の漁業の特質

　本章の目的は，沖縄の漁業発展を類型化し，その1つである那覇の漁業と鮮魚市場の構造と発展を明らかにすることである。沖縄県における商業的漁業の発展類型は以下の3つで，漁業種類，漁業地，漁業形態，組織原理がそれぞれ異なる。

　第1はカツオ漁業で，明治中期に南九州から伝搬し，沿海農村や離島では村落共同体によって餌料採捕，カツオ漁労，カツオ節製造が一貫して営まれ，カツオ節は内地に移出された。商品経済化への農民の共同体的対応と外部市場依存に特徴がある。村落ごとに組織される生産組合が経営主体で，組織原理は平等出資，平等就労，平等分配となっている。第4章の奄美大島のカツオ漁業でその具体例をみることができる。

　第2は追込網漁業で，明治中期に糸満漁民によって考案された。この漁業は，資本主義化に伴う農山漁村，離島の貧困層を労働力基盤として親方制模合経営として営まれ，大衆的鮮魚需要の拡大に対応した。資源略奪的漁法であることから漁場移動と地先漁民との対立を特性としている。サバニを所有し，徒弟を抱えて個別に操業している親方が，追込網の操業では寄り集まって網組を構成する。親方の妻らが鮮魚販売を担当している。

　第3は那覇の釣り漁業で，都市の高い鮮魚需要に対応して地縁，血縁を基盤とする拡大家族経営として展開した。その漁業は地域，家族内分業と協業

で構成される。

　第2と第3の漁業類型は，本章で述べる。なお，那覇でカツオ節の生産と県外移出を目的としてカツオ釣り漁業が，村落共同体的経営とは違う企業経営として興るが，那覇の漁業とは接点がなく，短期間で消滅している。それについては第3章で触れる。カツオ釣りや追込網のような大規模漁業も，村落共同体または親方層が漁期ごとに編成するもので，経営体としての永続性，固定性がなく，資本制経営とはいいがたい。那覇の釣り漁業が発達して企業的性格を強めたとはいえ，家族経営を地縁・血縁関係によって拡大したものである。

　こうしてみると，沖縄県，あるいは南西諸島では商業的漁業といえども資本制経営は極めてまれで，血縁関係，村落共同体，徒弟制をベースにしている。大規模漁業を構成するには，社会の近代化が遅れているなかで，村落共同体，親方・子方といった徒弟制度，地縁・血縁集団による資本，労働の集合形態をとったのである。

　商業的漁業の発展過程は，その生産力や商品化の側面から捉えるのと同時に，家族と地域といった漁業編成の側面から捉えることも重要である。その方法として，家族内の性別年齢別分業，季節に応じた労働配置・組み合わせ，地域内での分業と相互補完（自給体制）に焦点をあてながら，那覇の漁業発展をみていく。また，那覇の漁業の構造的特質をより明確にするために，那覇に鮮魚を大量供給した糸満漁業との比較を試みる。那覇の漁業，糸満の漁業の発達は，都市として発展する那覇の鮮魚市場の拡大過程でもあった。鮮魚を県外に移出することがなかった戦前期には，那覇が唯一，最大の消費地市場であった。鮮魚の販売，行商は女性が担った。那覇を鮮魚の消費市場という側面から考察することがもう1つの目的である。那覇の鮮魚需要はその人口と経済力の低さ，那覇で鮮魚販売をする糸満漁業との競合のために限られていて，那覇の漁業発展を制約した。

　時期区分として，商業的漁業が形成される明治中期，経済発展と都市の膨張を背景に企業的漁業が出現する大正中期，政策の助成で企業的漁業が確立する昭和初期，日中戦争後の戦時統制期，を念頭に置いている。ただし，記述では明治・大正期と昭和戦前期とに大きく二分する。

## 2. 那覇の歴史地理

　明治12年の琉球処分（廃藩置県）で琉球は沖縄県となり，翌13年に行政区域が定まって那覇は西，東，泉崎，若狭町の旧那覇に久米，久茂地，泊が加わって7ヵ村となった。那覇港を挟んで対岸の垣花地区は漁業地として知られるが，島尻郡小禄間切の儀間村，湖城村となった。明治29年に那覇に区制がしかれ，村は字と改称し，次いで土地整理事業（地租改正）が完了する明治36年に垣花地区も那覇区に編入される。大正3年に字を町に改称し，埋立て地にできた旭町を加えて那覇は24町となった。垣花地区の儀間村は住吉町，湖城村は垣花町および山下町となった。大正10年に市制が敷かれる。

　那覇の人口は，区域の拡大と社会増が相まって，とくに明治30年代以降急速に増えた。明治初期の2万人台が明治30年代には4万人台となり，大正中期には6万人を超えた。その後は微増にとどまり，昭和15年は6万5千人である。垣花地区も，明治初期の3千人から昭和15年の1万1千人へと大幅に増えた。那覇の膨張，人口集中は鮮魚需要の増大，ひいては漁業発展の原動力となった。一方，漁業地として著名な糸満は，明治41年に町制がしかれて以来，人口は8千人台で停滞している。

　図2-1は，本章に関係の深い那覇西部の地図で，昭和10年代の状況を示している。那覇のうちでも東町（東）周辺が市街地で，東町小売り市場があって，那覇の台所と称された。久茂地川の対岸に旧泉崎の下泉町，上泉町（湧田）が拡がり，海岸を埋め立ててできた旭町に軽便鉄道の与那原線および糸満線の起点となる那覇駅がある。漫湖にかかる明治橋を渡ると垣花地区で，そこから糸満へ街道および軌道馬車が延びている。垣花地区のうち外海に面した住吉町（旧儀間村）が純漁村で，垣花の漁業を代表する（以下，垣花とあるのは住吉町を指す）。垣花町と山下町（旧湖城村）の生業は，沖仲仕，荷馬車運送業，農業などで，漁業はほとんど行われていない。なお，那覇東部に位置する漁業地の泊はこの図から外れている。

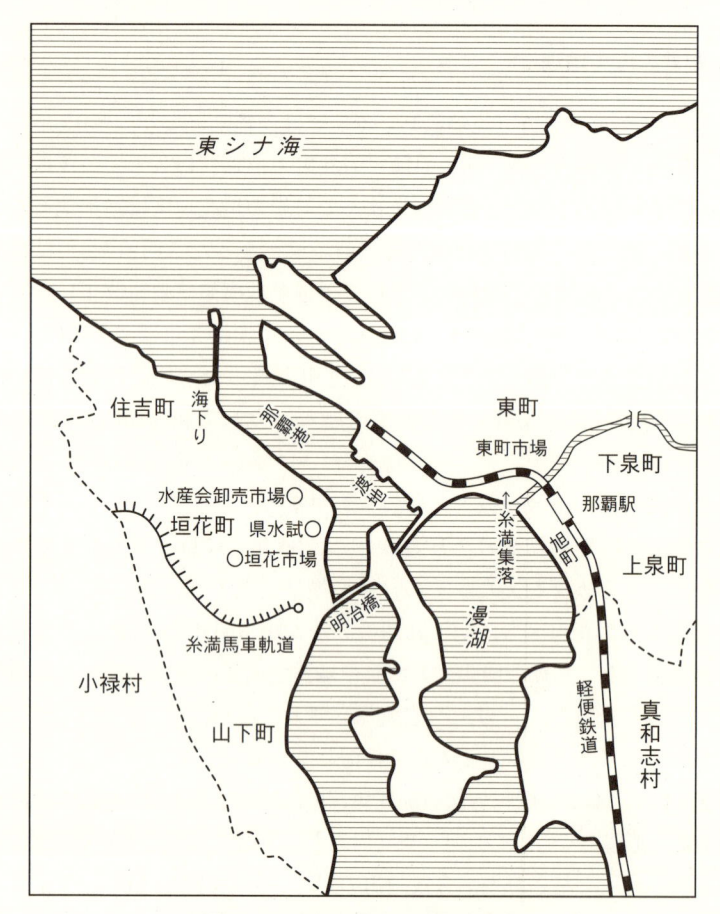

図2-1　昭和10年頃の那覇市西部

## 第2節　明治中期～大正中期の漁業制度と漁業

### 1. 漁業制度の変遷

　沖縄の漁業制度は，18世紀以来の海方切制度が明治漁業法体制に編入されて確立する[1]。琉球王府は享保4（1719）年に海方切を定め，沿岸の各間切（村）や島に地先海面を管轄させ，管理者として海当人を置いた。ただし，

農本主義政策がとられたので漁業は自給の域を出ず，ひとり糸満漁民だけが各地に入漁し，入漁料と租税を納付して交易海産物の生産および王府へ貢納する魚の生産に携わっていた。入漁料は明治20年代に現物から現金に変わっている。

　明治35年7月に漁業法および漁業組合規則が施行され，地先水面専用漁業権は漁業組合に，慣行専用漁業権は団体（漁業組合を除く）および個人に，慣行的入漁は入漁権として免許されることになった。沖縄では共同体的土地所有を私的土地所有に改編した土地整理事業が明治36年にようやく完了したところで，糸満を除いて漁業発展が見られなかったため専用漁業権の設定は明治40年以降と遅れ，しかも間切や島，那覇では海当人や専用漁業者に免許された慣行専用漁業権であった。

　明治43年の漁業法改正で漁業権の物権化が実現し，各地でカツオ漁業やイカ漁業が勃興してくると，漁業組合の設立，地先水面専用漁業権の設定が相次ぎ，糸満漁民の入漁を規制する動きもみられた。大正8年までに県下の漁業組合は40に達し，沿海をほぼ網羅するが，ほとんどが新興のカツオ漁業，イカ漁業地である[2]。那覇は全て慣行専用漁業権で，大正7年に設立された垣花浦漁業組合は一切の漁業権を持っていなかった。

　那覇の漁業と関係する専用漁業権漁場は4ヵ所で，表2-1にその内容をまとめた。343号は島尻郡小禄間切の地先漁場で，かつて同間切に所属していた儀間村（住吉町）も入漁権者として登録されている。2622号漁場は漫湖で，渡地（東）の投網漁業者の専用漁場である。明治42年に東，西，泉崎，久茂地の漁業者11人に免許されている。那覇港の改修，埋め立てで昭和4年に漁業権者は上泉町（湧田）の7人に変わった。2623号は干瀬（サンゴ礁などからできた浅瀬）があり，那覇の優良漁場として知られるが，その管轄権は那覇，泊に授けられ，海当人が管理し，その地位は世襲されてきた。海当人は自らは漁業をせず，儀間村漁民の小魚や寄魚を対象とする網漁，糸満漁民のカゴおよびいざり漁業（サンゴ礁内の歩行漁）から入漁料をとって入漁させていた。那覇，泊に管轄権があるといっても旧那覇に漁民はおらず，したがって実態は泊漁民の村中入会漁場であった。明治42年に若狭町，久米，泊の海当人4人に漁業権が免許されたが，昭和4年には東町1人，糸

表 2-1 那覇および周辺の専用漁業権

| 免許種類と番号 | 漁業権者 | 免許年月 | 漁業種類 | 入漁権者 |
|---|---|---|---|---|
| 慣行343号 | 島尻郡小禄間切 | 明40.5<br>昭 2.5 | 廻高網, スク抄網, 鉾突き, イカ網, 亀・貝採取 | 島尻郡小禄村282人,那覇区儀間村54人 |
| 慣行2622号 | 那覇市上泉町7人 | 明42.10<br>昭 4.10 | 船打投網 | |
| 慣行2623号 | 那覇市東町1人<br>島尻郡糸満町4人 | 明42.10<br>昭 4.10 | 建干網, 磯魚白綱廻網, カマス張網, ムロアジ張網, ヒチ抄網, イカ網, ダツ刺網, 一本釣り, 竿釣り, 手籠 | 那覇区儀間村55人,島尻郡糸満町3人 |
| 地先水面4909号 | 渡嘉敷村漁業組合 | 明40.5<br>大11.3<br>昭17.3 | 貝・海藻採取, 廻高網, スルル四張網, 磯魚刺網, アイナメ抄網, イカ釣り | 島尻郡小禄村大嶺漁業組合 |

資料:「専用漁業権名簿」『沖縄県農林水産行政史 第18巻』(農林統計協会, 昭和60年) 491～500ページ。
注:貝, 海藻名は省略した。

満町4人に移行している。4909漁場は慶干瀬漁場とよばれ, 那覇港と前慶良間島との中間にあって船舶の避難, 風待港であると同時に絶好の漁場を形成していた。明治40年に地先の渡嘉敷村漁業組合に免許された。入漁権者は垣花約40人, 大峰村約80人, 糸満約50人であった[3]。地先水面専用漁業権が設定されたのは, 同村にカツオ漁業が導入され, 餌料漁場を確保する必要が生じたことによる。昭和7年に入漁権者は大嶺漁業組合だけとなったのは, 垣花と糸満漁民の間で餌料漁業をめぐる対立が高じて両者は排斥されていた。

　那覇の専用漁業権の2つはともに個人に免許され, 他地区の専用漁業権がすべて漁業組合, あるいは町村に免許されているのと対称的である。2622号は投網漁業者の専用漁場となり, 那覇地先の2623号は世襲の海当人に免許された。これら漁業権者, とくに海当人にとって漁業権は, 伝統的・身分上の権威を反映したとはいえ, 漁業手段でもなければ徴収する入漁料もわずかで, 昭和期に入って総有漁場論(漁業権を漁業組合に集中させるという思

潮）が高まると入漁料の引き下げや権利の譲渡がなされる。

　那覇およびその周辺の漁場は，投網漁業者の専用漁場であった漫湖を除いて古くから糸満漁民の入漁があった。その漁業はカゴ，建干網，いざり漁業が主で，後に追込網による大量漁獲とダイナマイトによる密漁が加わって，とくに新興カツオ漁業地での入漁規制，排除が強化された。那覇の漁民は釣り漁業が主体であるが，垣花漁民のスルル（キビナゴ）網に認められていた入漁権もカツオ漁業の勃興とともに規制対象となった。なお，那覇には定置漁業権はない。

## 2. 那覇の漁業生産

### (1) 漁業動向

　沖縄県の漁業は，カツオ漁業が導入される前は糸満漁業の独占状態にあり，那覇の鮮魚供給の大半も糸満漁業によって担われてきた。明治35年の漁民数，漁獲高を比較すると，那覇が21人で278円，垣花が310人で6,111円なのに対し，糸満は2,290人，91,074円となっている[4]。垣花を含めた那覇の漁業は，渡地（東）漁民は漫湖で投網を，泊と垣花漁民は慶干瀬などで主に釣り漁業を営んでいた[5]。

　表2-2は，那覇の漁業勢力の推移を示したもので，那覇区に編入される以前の垣花（小禄間切）についても掲げた。渡地および泊の漁業は小さく，那覇の漁業は垣花が代表するといってよい。漁業戸数，漁業者数は明治末から大正初期にかけての人口増加と経済発展で増加した。女子は，明治末以降，漁獲物の販売やパナマ帽の製造，機織りなどに従事する機会が増えてくる。明治後期以降盛んになる旅漁，出稼ぎ漁に対応して留守家族が家内制手工業を取り入れている。漁業戸数と漁業者数の比が1対2に近づき，親子，兄弟での就業を，また漁船数が減少しているので，労働集約的なカツオ漁業などの出現を物語っている。

　明治42年の漁船は，動力カツオ漁船2隻，カツオ漁船24隻，クリ舟161隻であるが[6]，動力漁船は県外者を雇用し，クリ舟でのカツオ漁業は親子，兄弟の乗り組みであって，どの地域でも雇用が一般化していたわけではない。

表2-2 那覇の漁業勢力の推移

| 地　域 | | 漁業戸数 | 漁業者数（男子） | | | 漁船隻数 |
| --- | --- | --- | --- | --- | --- | --- |
| | | | 計 | 専　業 | 兼　業 | |
| 明治27年 | 那覇・渡地 | 8 | 11 | 8 | 3 | 6 |
| | 那覇・泊 | 1 | 18 | 2 | 16 | 12 |
| | 小禄間切 | 167 | 467 | 284 | 183 | 160 |
| 明治35年 | 那覇・渡地 | 4 | 8 | 0 | 8 | 4 |
| | 那覇・泊 | 13 | 13 | 13 | 0 | 13 |
| | 小禄間切 | 152 | 310 | 205 | 105 | ? |
| 明治38年 | 那覇区 | 211 | 327 | 315 | 12 | 179 |
| 明治40年 | 那覇区 | 200 | 385 | 260 | 125 | 184 |
| 明治43年 | 那覇区 | 225 | 447 | 284 | 163 | 165 |
| 大正3年 | 那覇区 | 350 | 594 | 524 | 70 | 67 |
| 大正6年 | 那覇区 | 383 | 610 | 449 | 161 | 84 |
| 大正9年 | 那覇区 | 382 | 610 | 448 | 162 | 94 |

資料：各年次『沖縄県統計書』より作成。
注1：明治27年の小禄間切は儀間，湖城，大嶺の3ヵ村，明治35年は儀間，湖城の2ヵ村。
　2：大正9年の漁船数には9隻の動力漁船を含む。

漁船の動向をみると，動力漁船が日本型である他は琉球型であり，それも刳小舟とクリ舟に分かれ，隻数は相半ばしていたが，大正期に刳小舟がほぼ消滅してクリ舟だけになっている。クリ舟も丸木舟と舟底の刳木に3枚の板を接ぎ合わせたもの（板付舟と呼ばれた）があるが，耐波性にすぐれたクリ舟，しかも鈍重ではない板付舟で旅漁，出稼ぎ漁などに出ていったと思われる[7]。琉球型船はサバニと総称されるが，那覇のものは糸満のそれより小さく3人乗りが限界である。動力漁船は，明治42年の那覇のカツオ漁船が県下では最初で，大正9年には9隻に増えている。ただ，経営者は2人で，漁業出身ではなく，乗組員は県外者，漁業地は八重山諸島が中心なので，那覇の漁業構造を変えたわけではない。

　沖縄県の漁具漁法は，水産物需要が小さいため未発達で，しかもサンゴ礁地形であるため網漁業よりも釣り漁業を主とする[8]。網漁業も曳網類が極めて少なく，岩礁やその周辺で用いる小規模な抄網，刺網，建網，敷網，追込

網が中心で，抄網や敷網を除くとサンゴ礁の地形にあわせて網を展開するため潜水作業を伴うことが多い。釣り漁業もサンゴ礁によって規模や操業は制約される。那覇の漁具を『沖縄県統計書』でみると，統数は大正初期に大きく変化する。建網の数は変わらないが，刺網，抄網は激減し，逆に掩網（投網）は急増し，繰網が新たに出現している。このうち，抄網の激減は，ダイナマイト漁による資源の減少，カツオ餌料目的以外のスルルの捕獲禁止，カツオ漁業地たる慶干瀬漁場からの締め出し，餌料網を携行しての出稼ぎ漁の盛況によるものであろう。

　明治36年当時の那覇の漁業地は渡地，泊，垣花の3地区で，地区ごとに漁法，魚種，漁業方法が異なる。渡地は漫湖で投網によりタチウオ，ボラ，コノシロを捕獲し，泊は釣りといざり漁業，垣花は釣りを主体としながらもいざり漁業，スルル，スク，ヒチを採捕する抄網も盛んである。泊の釣りの餌料はいざり漁業から，垣花はいざり漁業と抄網から得られる。

　表2-3は，明治後期以降の那覇の魚種別漁獲高の推移を示したものである。明治後期の総漁獲高は1万円前後であったが，第一次大戦期に飛躍的に伸び，大正9年には5万円を突破した。漁獲高のほとんどを魚類が占めるが，魚種別にみると漁業動向を窺うことができる。カツオは，魚価がとくに大正期に急騰して明治後期に比べ3倍となったが，漁獲量も増えている。マチ類，ミーバイ（ハタ類）は立縄・底延縄の漁獲物で魚価は2倍になったが，カツオ釣りを兼営したのでそれに制約され，また資源の減少で漁獲量が減少している。グルクン（タカサゴ）は竿釣りで漁獲されるが，糸満の追込網が大量供給したことで魚価は低迷し，漁獲高も伸びていない。漁獲高が停滞・減少したのは渡地の投網漁獲物で，那覇港の修築・埋め立てや喧噪化の影響が現れている。投網は増加したものの，遊漁あるいは自給的性格が強く，漁獲高には反映されていない。スルルの漁獲が減少した理由は前述したとおりで，那覇のカツオ漁業の発展を制約した。水産動物では，イカ釣りは漁期が同一のカツオ漁業に転換したことから，タコは立縄・延縄の餌料需要が減少したことと漁場の荒廃で漁獲が減少した。

　このように那覇の漁業は，明治後期以降の都市の人口集中と経済発展，鮮魚需要の拡大を背景として発展をとげるが，発展の方向はカツオ漁業への転

**表 2-3　那覇の魚種別漁獲高の推移**　　　　　　　　　　　　　　（単位：円）

|  | 明治 38 年 | 明治 40 年 | 明治 43 年 | 大正 3 年 | 大正 6 年 | 大正 9 年 |
|---|---|---|---|---|---|---|
| 合計 | 12,636 | 8,243 | 9,021 | 10,132 | 15,046 | 51,593 |
| 魚類計 | 11,336 | 6,860 | 7,681 | 8,630 | 14,569 | 51,429 |
| マグロ | - | - | - | - | - | 2,840 |
| カツオ | 775 | 510 | 1,040 | 764 | 3,296 | 40,764 |
| マチ | 1,560 | 1,446 | 2,893 | 4,057 | 2,430 | 1,391 |
| ミーバイ | 455 | 475 | 700 | 1,250 | 1,250 | 820 |
| グルクン | 1,012 | 288 | 768 | 666 | 1,830 | 1,310 |
| イワシ | 15 | 20 | 250 | - | 1,600 | - |
| サワラ | - | - | 13 | 10 | 400 | 70 |
| ボラ | - | 100 | 175 | 68 | 29 | - |
| タチウオ | - | 68 | 300 | 122 | - | - |
| コノシロ | - | 78 | 105 | 400 | - | - |
| スルル | 775 | - | 450 | 589 | - | - |
| スク | - | - | 60 | - | 10 | 2,000 |
| 水産動物計 | 1,300 | 1,383 | 1,340 | 1,502 | 477 | 164 |
| イカ | 1,040 | 1,040 | 860 | 1,028 | 317 | 150 |
| タコ | 260 | 343 | 480 | 468 | 160 | 14 |

資料：各年次『沖縄県統計書』より作成。
注：漁獲量の少ないものは省略した。

換ではなく，従来の漁業体系の中にカツオ漁業を組み込むものであった。

### (2)　主要漁業の変化

　垣花の主要漁業であった竿釣り，立縄，延縄，いざり，抄網漁業の内容と明治後期以降の変遷をみていこう。

　① 　竿釣り・立縄・延縄漁業

　いずれもクリ舟に1～2人が乗り組み，周年，日帰り操業を基本とする。竿釣りはスルル，スクなどを餌料として漁期によりイラブチャー（ブダイ類），ミーバイ，イカ，グルクンなどを漁獲するもので，高齢者は地先のリーフ内にとどまることが多いが，青壮年は慶干瀬にも出漁し，カツオ漁業の積極的導入者となる。延縄は長さ350～450尋の底延縄で，タマンやクチナジなど

のフエフキダイ類，シロイユ（シロダイ），ビタロー（フエダイ類），ミーバイなどを釣る[9]。立縄はより水深の深いマチ類を主対象とし，延縄は旧4～9月，立縄は旧10～3月と季節的に組み合わせることが多いが，周年専業のこともある。餌料はタコ，エビ，ミズン（イワシ類），ガツン（メアジ）などで，主にいざり漁業によって供給される。

② 餌料漁業

釣りの餌料は，竿釣りなら抄網，立縄や延縄ならいざり漁業によって供給され，前者は自給，後者は地区内で分業していた。抄網，いざり漁業は餌料採捕専門ではなく，鮮魚供給を目的としている。抄網（四手網の一種）は，クリ舟に1～3人が乗り，サンゴ礁地帯で旧2～8月はスルル（キビナゴ）を，その後はスク（アイゴの稚魚）やヒチ（スズメダイ）を漁獲するもので，塩蔵して食用とするか竿釣りの餌料とした[10]。舟上で操作する抄網は奄美地方にも古くからあるが，沖縄のものは取っ手がついていて，それで上げ下げする点が異なる[11]。スルル網は沖縄本島一帯で広く行われ，垣花が最も盛んであった。抄網は自家製で，製法は秘伝とされ，垣花漁民のうちでも海下り集落（住吉町1丁目）に集中していた。カツオ漁業が伝搬すると，海下りの漁民は活洲カゴを製作，利用し，カツオ漁業を中心に漁業体系を組み立てるようになった。

いざり漁業は，漁火漁業のことで，夜間，サンゴ礁のタコ，エビ，イラブチャなどを獲る。漁場は小禄間切地先であった。クリ舟は使わず，また潜ることもほとんどない。照明用のトウブシ（松の破片）は，昭和初期に石油ランプに変わった。垣花地区内では釣り漁民といざり漁民との間で固定的な餌料売買関係ができ，とくに子ダコについてはそうであった。

③ カツオ漁業

カツオは，従来，スルル網漁業者の副業として釣獲し，鮮魚販売されるだけであった。ところが，南九州から伝搬したカツオ節製造，その内地移出を目的とするカツオ漁業は明治35年に定着し，那覇でも明治38年に始まり，明治42年には県下に先駆けて動力漁船が出現した。那覇は近海に漁場が形成され，餌料も豊富で，カツオ節製造のための水や職人も得やすく，漁港および交通条件にも恵まれて，その発達が大いに期待された[12]。だが，那覇の

カツオ漁業は，糸満と同様，大正中期をピークにその後急速に縮小した。カツオ節生産を目的とした本格的なカツオ漁業は非漁業者によって興され，県外者を乗組員とし，八重山諸島を主漁場としたのであって，垣花や糸満漁民はクリ舟で釣獲し，鮮魚販売をするにとどまった。

　本格的なカツオ漁業者とは古賀辰四郎，照屋林顕の2人で，古賀は福岡県出身の海産物商で，尖閣列島の開発を行い（第1章），照屋は那覇出身の元教員で最初に動力漁船を建造したが，失敗して後，水産団体の発展に力を尽くしている（第3章）。この他に造船所の経営者（宮崎県出身）もカツオ漁業を行っている。

　本格的なカツオ漁業が発展しなかった理由は，①近海に優良漁場がなかった。喜屋武岬と慶良間の中間に漁場はあるが，回遊群は小さく，クリ舟で釣獲する程度であった[13]。②餌料のスルルがダイナマイト漁の横行で荒廃し[14]，餌料漁業は新興カツオ漁業地から閉め出され，スルル網の秘匿性と小規模なことが餌料供給の円滑さを欠いた。明治41年の県漁業取締規則の改正で，カツオ餌料以外を目的とするスルルの採捕・販売が禁止されたが，それは垣花漁民にとって漁業の制約になっても発展の条件にはならなかった。③垣花や糸満の漁業はクリ舟漁業で，本格的なカツオ漁業の技術，資本・労働と接点をもたなかった。クリ舟をやや大きくして近親者2～3人が乗って対応したにすぎなかった。④背後に那覇を控え，カツオの鮮魚消費の拡大，魚価の高騰といった市場条件に恵まれていた。こうした条件が，那覇のカツオ漁業を特徴づけて，クリ舟で餌料を自給しつつ鮮魚供給を目的に季節的にカツオ釣りを組み合わせたものになった。

　④　旅漁・出稼ぎ漁

　垣花から漁業地を移動する旅漁は，冬季に沖縄本島および周辺離島に出漁するものと周年，奄美大島に出稼ぎするものとがあった。旅漁は明治後期に始まって大正期に最も盛んとなり，昭和初期に衰退した。

　垣花の底魚漁業は底延縄と立縄，後にはイシマチャー（石巻式漁法，後述）であるが，立縄またはイシマチャーの時期のうち旧10月～正月に慶良間，伊平屋あるいは沖縄本島東岸の東村へ旅漁に出ることが多かった。那覇近海が冬の北風で時化るのを避けるためで，出漁地では主に旧正月に魔除けのた

め竈に吊す塩魚を製造した。旅漁は3～5隻が集団を組み，交替で魚を那覇へ運搬するが，慶良間を根拠とする場合には那覇に近いので天気が良ければ塩魚より価格の高い鮮魚で運んだ。また，慶良間はイシマチャー用の石も豊富で，出漁者が多かった。東村を根拠とする場合には，塩魚をクリ舟で与那原へ運び，そこから那覇へは馬車に委託した。出漁地はグループによってほぼ決まっており，1冬1回が普通で，餌料は自給した[15]。この旅漁は，昭和初期に動力漁船が普及し，氷も使用されるようになると衰退した。

奄美大島の名瀬や古仁屋への出稼ぎ漁は周年で，クリ舟，抄網を携行し，餌料を自給しながら釣りを行う[16]。対象はカツオ，マグロ，サワラなどが主で，カツオが多い時は竿釣りである他は流し釣りである。この出稼ぎ漁の特徴は，夫婦，近親者2～4人で行い，妻は魚売りをするなど定住的性格が強いことで，なかには家族移住もみられた。奄美への出稼ぎ漁も，垣花で動力船漁業が勃興すると下火となった。

垣花漁民の旅漁，出稼ぎ漁は，青壮年，若夫婦が母村漁業を持ち込み，出漁先を拡げたもので，垣花で動力漁船が普及すると衰退に向かった。

## 第3節　那覇の鮮魚販売と糸満漁業

### 1. 那覇の小売り市場と鮮魚販売

明治13年の那覇の小売り市場は9つで，東に2，西に2，若狭町に1，泉崎に2，泊に2がそれである[17]。東と西は那覇港に接し，商業や政治の中心地として栄え，若狭町と泊は首里から那覇への咽喉部にあたって人の往来も盛んであったことから，泉崎は官吏，教員，職工が多かったことから市が自然発生した。その後，東，西，泉崎の市は統合されて東町市場および久茂地市場となり，後に垣花市場が加わって6ヵ所となった。

東町市場は，港町の市として古くからあったが，明治16年に明治橋が架設されて垣花と那覇が結ばれるとさらに活況を呈した。市街地の市が統合・整備されたのは明治39年で，露天商の公設市場内への入居や立ち退きが行われ，魚市場の取締りも行われている。土地整理事業以後の商品生産の発達にあわせて公設市場を設け，再編・統合を推進したのである[18]。その後，大

正2年2月と大正6年4月の大火で東町一帯が消失すると，大正7年に市場は那覇市が埋め立てた旭橋寄りの東町3丁目に移転した。市場に隣接して糸満集落も形成された。

水産物商については，『沖縄県統計書』で明治16年と23～36年が把握されている。水産物商は，那覇，首里，島尻郡の3地域だけに存在し，また島尻郡は糸満町を，水産物商はほぼ鮮魚商を指している。首里は2～3の小売商があるにすぎない。那覇と糸満には卸売商はないが，明治30年代に漁業の発達で那覇に1～2戸，糸満に数戸の仲買商が出現した。那覇の仲買商は市場内に店舗を持ち，小売商を兼ねるのに対し，糸満のそれは追込網のような網組に対応した販売グループで固定設備を持たない。

小売商は，那覇は20戸前後で市場内で店舗をもつのに，糸満の戸数は年次により3～135戸の開きがある。恐らく少数が糸満市場内で店舗を持つ以外は行商で，実態把握が困難なため甚だしい差が生じたのであろう。鮮魚販売はいずれも女性で，糸満では漁家の婦女子はほとんどが行商に携わり，那覇や首里に出かけている。那覇の鮮魚商は漁家の婦女子ではなく，泉崎出身者が多く，市場統合により東町市場に集中していた。東町市場には20人近くの鮮魚商がおり，垣花や糸満婦人から魚を仕入れ，店舗販売および行商人への仲卸しをした。他の市場では漁家の婦人による露天売りがみられたが[19]，市内の行商は多数の糸満婦女子によって行われた。

### 2. 糸満漁業の構造

#### (1) 糸満漁業の構造

糸満漁業が那覇の鮮魚供給に果たした役割は絶大で，那覇の漁業とは異質なのでその概要を述べる[20]。糸満は，清国との交易海産物，琉球王府への貢納魚生産のため特権を付与され，府下唯一の漁村として栄え，各地へ入漁あるいは移住して分村を形成した。明治中期には大型追込網漁法（磯側に網を建て，漁夫が泳ぎながら魚を網に追い込む糸満独得の漁法）を確立して広域出漁するようになったが，鮮魚の供給過剰と各地の入漁規制に直面すると，県外，さらには海外へ進出していく。

糸満漁業を代表する大型追込網の編成を理念的に示すと，1組はクリ舟10

隻，漁民50人で構成され，クリ舟と網の所有者（親方，またはトムヌイ）10人が各舟に乗るヒーヌイ（平漁夫）4人を率いて参加する。親方とヒーヌイは生産手段の有無だけでなく徒弟関係にあるため親方制模合(もあい)経営と呼ぶ。ヒーヌイは糸満漁民の子弟の他に農山村，離島から「糸満売り」された「雇い子」（年季奉公人）から供給された。漁期は県内操業の場合は旧8～5月で，漁期ごとに編成され，漁期が終わると解散し，親方は各々のクリ舟とヒーヌイでカツオ釣り，サメ延縄，イカ釣りなどの個別操業を行う。網組の構成員は15～30歳，親方は40歳位が限界で，その後は周年個別漁業に移り，高齢者はリーフ内で子供に泳ぎや潜水の手ほどきをする。網組内での地位は技能次第（基本は潜水と遊泳力）で，18歳位には1人前となり，25歳位で結婚，親方になるか個別漁業に変わるかし，親方でも40歳位には体力の限界から網組から離れる。「雇い子」も昇格過程は同じだが，20歳までの年季中の分配はその親方に帰属する。つまり，「糸満売り」は追込網の高い生産力と農山村，離島民の貧窮化，とくに土地整理事業以後の貧窮化によって生じ，その増加は糸満漁民を多数生みだし，網組の増加，入漁地・出漁地拡大の原動力になった。

　分配方法は代分け制（生産手段や労働力の貢献度に応じた分配方法，1代(しろわ)は1人前の意）で，親方ごとになされ，舟と網が1～3代（1～3人前），漁夫は技能に応じて0.5～1.2代の格差がある。このように追込網は，クリ舟による個別漁業を基本とし，網組編成も季節的な人の組織であって，本来，財産，資本蓄積機能はない。

　沖縄本島周辺での追込網操業は，大正7年は6～7組であったが[21]，昭和初期に動力運搬船が導入されて操業能率が高まると4組に減少した。追込網は沖縄本島西岸を主とする組と東岸を主とする組に分かれ，前者は久米島，慶良間諸島，伊是名島周辺で操業し，糸満に水揚げしたが，動力運搬船が導入されると那覇水揚げが増えた。主に東岸を渉漁する組は，旧2～3月は慶干瀬で操業して那覇や糸満に水揚げする他は，港川・奥武島から始まり久高島から島伝いに北上して宜野座に至り，再び南下する。宜野座はクリ舟で魚を与那原（那覇と結ぶ軽便鉄道の起点）へ運搬できる北限で，与那原には親方の妻らが待機し，那覇での販売を請け負う。動力運搬船が導入されると本

島北端まで漁場が拡大し，那覇への直接水揚げも可能となった[22]。糸満漁業の漁獲物は，糸満，那覇，与那原に水揚げされ，糸満婦人によって主に那覇で販売された。

(2) **糸満婦人の経済生活**

糸満漁業の特徴は，男は漁業，女は魚商という家族内性別分業と女子が商業所得を蓄財して自活に備える点にある[23]。こうした特徴は，追込網漁法が確立し，集団漁労，大量漁獲，長期出漁が一般化する明治後期以降，顕わになってくる。

① 女子の「糸満売り」

大量の漁獲物を販売するため，男子ほどではないが女子の「糸満売り」も行われた。やはり，20歳までの6～7年間，親方の妻の下で子守り，炊事，洗濯，畑仕事，豚の世話，機織り，カマボコや豆腐の製造と販売，魚の行商などを行った。13歳位までが家事，15～16歳までは糸満および周辺農村でカマボコ・豆腐・魚売り，以後は那覇・首里への魚の行商が主で，糸満漁家の娘も仕事はほぼ同じである。年季が明けると，帰郷したり，関西地方に出稼ぎに出たり，または「糸満売り」されたことのある同郷者と結婚して定住先で夫が獲った魚を売ったりする[24]。

② ワタクサー

近海での個別操業であれば家族内の性別分業で，経営と家計は一致するが，追込網のような集団漁労で，危険分散のため親子・兄弟が別々の網組に属し，出漁地も別々になると，漁労と販売が家族内で完結できない。そこで網組編成に応じて，親方の妻らが中心となって販売グループを編成し，その商業所得は個々に蓄積される。夫婦や親子が各々財産を別にすることをワタクサー（私財）という。糸満漁業に特有な慣習である。

ワタクサーをライフサイクルに即してみると，15～16歳から魚商で得た所得を貯め始め，結婚後も貯めて子供が成長し，一家を支える目処がつく40歳位で夫の財産と合一される[25]。40歳頃には夫も追込網をやめて個別漁業に移り，漁獲物販売はその妻子が対応するようになり，ワタクサーの必要もその余地も小さくなる。

ワタクサーは模合(もあい)(グループ内で資金の貸借を行う,頼母子講)による利殖,個人的蓄蔵にとどまらず,水産物仲買・小売商,家内制手工業に投入されて糸満婦人の自活手段となった。それはあくまでも生業であって,利潤を目的とする資本制商業経営に成長していくことは極めて少ない。婦人の商業活動も高齢化とともに糸満およびその周辺を対象とするようになり,商圏,顧客は娘・嫁に引き継がれていく。

③ 鮮魚販売

鮮魚販売は行商で,糸満およびその周辺は年少者や高齢者が主となって小魚や低価格魚を売り,働き盛りの婦女子は高価格魚や多獲性魚を那覇および首里で売った[26]。糸満から那覇までは約13kmあり,道路が整備される前は海岸を走ったり,クリ舟に積んで運んだりしたが,明治40年に糸満街道が改修されると2〜3往復も可能となった[27]。この頃の糸満から那覇への鮮魚販売額は7万5千円で[28],糸満の漁獲高の4割,那覇の漁獲高の7.5倍に相当した。婦女子による鮮魚販売が盛んで,糸満浦漁業組合は共同販売事業を全く行っていない。

明治44年に客馬車が,大正7年に軌道馬車が,大正13年に軽便鉄道が開通して那覇との交通条件は飛躍的に向上した。軽便鉄道は農村部を迂回することから,馬車も乗車賃を節約するために利用は限られたが[29],漁獲物を託送し,那覇で受け取ることができるようになって市内行商の回数,販売量が著しく増加した[30]。

本島東岸を渉漁する網組の水揚げ地であった与那原は物資の集散地であったことから那覇までの約10kmの道を早くから荷馬車が走り,大正3年には軽便鉄道も開通して交通の発展をみた[31]。

那覇への直接水揚げは追込網が動力運搬船を持つようになると増え,また糸満や与那原からの託送が増えると那覇で待機する糸満婦人の簡易宿(宿小)(ヤードグァ)が現れてくる。地方から那覇に来た人が宿泊する簡易宿は那覇港に集中したのに対し,鮮魚販売のための糸満婦人の宿小は東町の旭橋寄りの糸満集落に立地した。そこは水揚げに便利で,糸満軌道馬車の起点(垣花町),軽便鉄道与那原・糸満線の那覇駅(旭町)に近く,那覇最大の東町市場に隣接していた。糸満宿小は明治30年代は3軒位であったが,昭和期には7〜

10軒に増えている。糸満婦人は，追込網の親方の妻を中心に20～30人ずつグループを組み，短期のものは1～2ヵ月，長期のものは漁期中滞在し，網組への食料の調達，鮮魚の市内行商をした。また，宿小には特定の網組に属さない女子も何人かいて，請負販売をした[32]。宿小あるいは糸満集落は，那覇における糸満漁業の前線基地であった。

## 第4節　昭和初期以降の企業的漁業の発展

### 1. 深海釣りとマグロ延縄漁業の発展

　第一次大戦後，「ソテツ地獄」（蘇鉄の実を食べざるを得ないほどの貧苦）に陥った沖縄経済のなかで，那覇の漁業は政府補助金の集中的交付を契機とした漁船動力化，新規漁法の導入，製氷冷凍事業，共同販売体制の整備などによって発展をとげていく。

　表2-4は，大正中期以降の那覇の漁業動向をみたもので，漁業者数は，第一次大戦後不況で大幅に減少し，大正末には大戦前の半数に落ちたが，その後回復して昭和10年代には大戦前の水準に戻った。

　漁業者数が増加に転ずるのは動力漁船を使用したマグロ漁業の勃興によるものである。本業（専業）と副業（兼業）に分けると，兼業者の減少が顕著で，専業者の割合が高まった。漁業被傭者は大戦後に本格的なカツオ漁業が衰退して姿を消し，マグロ漁業の発展とともに再び出現する。ただ，両漁業の従事者は別人で，カツオ漁業は雇用労働力に依存するが，マグロ漁業は共同経営者の乗り組みが主で雇用労働力はその補充であるといった違いがある。

　漁船は，クリ舟は一時減少するものの，その後は増加に転じ，高齢者による沿岸漁業の健在ぶりを示す。動力船とクリ舟の並存は，青壮年が無動力船時代の旅漁・出稼ぎ漁から動力船での遠洋漁業に転換し，高齢者の沿岸漁業と共存関係が復活したことを物語る。動力船の構成ではカツオ漁船が減少し，かわってマグロ漁船が40～50隻にまで急増してくる。

　漁獲高は沿岸・遠洋ともに昭和10年代に飛躍し，魚価の高騰とともに，沿岸漁業では漁業者の増加，遠洋漁業ではマグロ漁業と兼営される一本釣りの漁法改良によって増加した。マグロ漁業が昭和恐慌期に漁船を動力化して

# 第 2 章 那覇の漁業発展と鮮魚販売

**表 2-4** 那覇市の漁業動向

|  | 大正11年 | 大正14年 | 昭和3年 | 昭和5年 | 昭和8年 | 昭和10年 | 昭和13年 | 昭和15年 |
|---|---|---|---|---|---|---|---|---|
| 漁業者数　　計 | 329 | 224 | 271 | 244 | 395 | 444 | 407 | 393 |
| 　　　　　本業 | 224 | 168 | 232 | 205 | 335 | 384 | 391 | 373 |
| 　　　　　副業 | 105 | 56 | 39 | 39 | 60 | 60 | 16 | 20 |
| 漁業被傭者数 | − | 70 | − | − | − | − | 83 | 90 |
| 無動力漁船（隻） | 95 | 42 | 51 | 51 | 32 | 106 | 87 | 77 |
| 動力漁船（隻） | 6 | 27 | 35 | 26 | 25 | 57 | 43 | 44 |
| 　～5トン |  | ⎞3 | − | − | − | − | 1 | − |
| 　～10トン |  | ⎟ | 14 | 18 | 15 | 22 | 14 | 14 |
| 　～20トン |  | 24 | 18 | 3 | 8 | 35 | 27 | 30 |
| 　20トン～ |  | − | 3 | 5 | 2 | − | 1 | − |
| 沿岸漁獲高（千円） | ⎞44 | 5 | 3 | 7 | 3 | 70 | 110 | 22 |
| 遠洋漁獲高（千円） |  | 38 | 159 | 165 | 156 | 94 | 317 | 455 |
| 遠洋漁業　延縄（隻） |  | 1 | 16 | 19 | 28 | 62 | 49 | 39 |
| 　　　　　（乗組員） |  | 13 | 134 | 155 | 244 | 434 | 298 | 273 |
| 　カツオ釣り（隻） |  | 3 | 3 | 3 | − | − | − | − |
| 　　　　　（乗組員） |  | 62 | 94 | 52 | − | − | − | − |

資料：各年次『沖縄県統計書』より作成。
注：漁業者数には水産養殖，水産加工，漁業被傭者を含まない。漁業被傭者はすべて本業。

急成長してくるのは内地と同じだが，島内鮮魚消費を目的とした近海操業（統計上は遠洋漁業）であったことが沖縄の特徴である。

　魚種別漁獲高の推移をみると，遠洋漁業は大正期まではカツオが中心であったが，昭和に入るとマグロが主体となり，さらにその後はフカやカジキに重心が移る。また，マグロ漁業と兼営する一本釣りで漁獲されるマチ類が水揚げを伸ばしている。マチ類の増加は，一本釣りの漁法が立縄からイシマチャー，さらに深海一本釣りへと変化したことによるものである。沿岸漁業では竿釣りや底延縄がやや減退したが，立縄やイシマチャーは継続し，水産動物も餌料の需要増加もあって漁獲高が増え，地域内で自給された。

　表 2-5 は昭和 12 年の動力漁船数をみたもので，52 隻のうちマグロ漁船が 8 割を占め，他はカツオ漁船とサンゴ船である。マグロ漁船は 5～20 ト

表2-5 昭和12年現在の那覇市の動力漁船数

| 漁業種類 | 計（隻） | 漁船トン数別 5〜9トン | 漁船トン数別 10〜19トン | 船主の住所 住吉町 | 船主の住所 垣花町 | 船主の住所 その他 |
|---|---|---|---|---|---|---|
| マグロ漁船 | 42 | 22 | 20 | 32 | 4 | 6 |
| カツオ漁船 | 3 | — | 3 | — | — | 3 |
| サンゴ船 | 7 | — | 7 | — | — | 7 |
| 計 | 52 | 22 | 30 | 32 | 4 | 16 |

資料：農林省『昭和十二年版動力附漁船々名録』より作成。

ン，10〜20馬力で，建造費も2,000〜3,000円であるのに，カツオ漁船やサンゴ船はやや大きく10〜20トン，30〜40馬力で，建造費も3,000〜4,000円と高い。船主は，那覇市水産会（住吉町）が5隻のマグロ漁船を所有する以外は1艘船主である。船主の住所をみると，垣花地区の住吉町と垣花町はマグロ漁業だけで，しかもその集積度は極めて高く，とくに住吉町に集中している。カツオ漁船とサンゴ船の船主は漁業の伝統がない那覇港沿いに住んでいる。同じ那覇でも地区によって漁業種類や漁業方法は著しく異なっているのである。カツオ漁業は，大正末以降不振をきわめ，県がマグロ漁業への転換を促す[33]。これが那覇市水産会がマグロ漁船を所有するに至った背景である。サンゴ漁業は昭和10年代に勃興した。

## 2. 企業的漁業の発展とその条件

### (1) 企業的漁業の発展

立縄と底延縄を組み合わせて周年操業を行っていた垣花の漁業は，大正中期に各々イシマチャーとマグロ延縄に転換して発展し，昭和10年頃にイシマチャーはさらに深海一本釣りに変わり，生産力を増強した。

① イシマチャーと深海一本釣り

イシマチャー（石巻式漁法）は，大正8年に住吉町の我那覇正敏・正傑兄弟が奄美大島の古仁屋で学び，導入したものである。この漁法は，立縄の錘りの代わりに1〜2kgの石と撒き餌を巻きつけ，海底近くで石と撒き餌をはずすもので，撒き餌をすることから釣獲率は高く，石をはずすので釣り糸を

たぐるのが容易となり，また釣り糸の切れる心配がなくなった。大潮で潮の流れが速い場合には立縄が使用され，また1日で約100個の石集めが婦女子の仕事となり，旅漁でも石の豊富な慶良間が好まれた[34]。垣花のイシマチャーは水深50～100尋でマチ類を主対象とする。

昭和10年頃からイシマチャーは深海一本釣り漁業に変わった。この漁法は，昭和9年に住吉町の儀間真祐が鹿児島県枕崎から学んだもので，翌年から瞬く間に広まった。立縄やイシマチャーは釣り針が一本なのに，深海一本釣りは5～10本で撒き餌もする。錘りは石，後には鉄筋と結ばれたので，撒き餌は袋に詰め，水中で開くようにした。深海一本釣りは釣り針が多いだけに漁獲は飛躍的に高まるが，釣り糸をたぐるのが重労働で専ら青壮年が行い，高齢者はクリ船でのイシマチャーであった。

② マグロ延縄

従来，沖縄でマグロの漁獲は，糸満漁民がイカ釣りの副業として一本釣りし，婦人がイカ加工の傍らマグロ節を製造しただけで，製法も粗悪で生産額もわずかであった[35]。そこで沖縄県は大正3年に県外からマグロ漁業者を雇い入れ，マグロ漁業および節加工を奨励している[36]。しかし，カツオとは漁期が重なることでカツオ漁業地での普及は制約され，他方，糸満や垣花では節加工技術の蓄積がなかった。第5章で述べるように，宮崎県では明治後期にマグロ延縄が導入され，カツオ漁業と兼業された。マグロは汽船で大阪方面に送られた。沖縄県でマグロ漁業の発展が遅れたのは，鮮魚市場の限界によるところが大きい。

大正8年に動力漁船を使ったマグロ漁業が那覇で出現した。最初に着業したのは前述した我那覇兄弟で，立縄と底延縄の漁労体系をイシマチャーとマグロ延縄に同時転換し，さらに漁獲物は生鮮消費を目的とした。ただ，マグロ漁船は数隻となったが，漁場が不明なこと，漁民が不慣れなこと，大戦後不況による魚価の低落，氷がなかったためいずれも中止に追い込まれた[37]。

マグロ漁業は，大正末以降，政府が沖縄救済のため集中的に交付した遠洋漁業奨励金，産業助成金によってようやく発展の緒についた。沖縄県への遠洋漁業奨励法による漁業奨励金の交付は，大正14年～昭和8年の期間に17件あるが，そのうち12件は大正14年～昭和2年の短期間にマグロ延縄漁業

に交付されている[38]。マグロ漁船は大正14年の8隻から昭和4年の47隻に急増したが,経営は不安定でほとんどが産業助成費の漁業経営費補助を受けた。それでも昭和恐慌期は収支が償わず,廃業も出たし,負債の償還が先延ばしされた[39]。

③ 漁業および経営

昭和13年当時のマグロ延縄と深海一本釣りの状況をみておこう。マグロ漁船は43隻でうち39隻が那覇に集中している。漁船は10～15トン,15～25馬力の小規模なものが多く,ラインホーラーを備えるのは7割で,無線電信・電話は装備されていない。造船所,機関製作所は那覇市内にある。マグロ延縄の漁期は5～10月,漁場は慶良間諸島,久米島周辺が主である。1航海は3～5日,後には2週間に及んだ。氷を積み,延縄は15～20鉢を使用する。餌はグルクン,トビウオ,イカである。

深海一本釣りは,11～4月を漁期とし,漁場は慶良間諸島を中心とするが,次第に尖閣列島,与那国島,台湾方面へ出漁する漁船と徳之島,沖永良部島,奄美大島,薩南海域へ出漁する漁船が現れ,1航海も5～7日から10～14日に延長した。昭和初期から氷を使うようになり,また立縄における旅漁のような集団行動もなくなった。餌料は立縄の場合と同じムロ(ヤマトミズン)やグルクンで,対象がマチ類であることも同じである。年間の航海数および出漁日数は,マグロ延縄が24航海,70日,深海一本釣りが16航海,170日,計40航海,240日であった。年間漁獲高は両者で24万円に達し,表2-4の昭和13年の遠洋漁獲高32万円の4分の3を占めている。マグロ延縄と深海一本釣りの漁獲高はほぼ等しい。

漁業経営をみると,すべて単船所有で,船主は垣花地区でも住吉町に集中している。個人経営が2～3隻ある他は数人の共同経営である。創業費を2,000～3,000円とすると,遠洋漁業奨励金,漁業経営補助費を除く金額が町内の血縁者から集められる。共同出資者は親子,兄弟,義父,叔父が主で,いずれも漁業者である。父ないし義父はクリ舟漁業で,資金は出しても体力からして動力船漁業に従事することはほとんどない。乗組員は7～9人で,漁業経営者とその親族の他,町内に住む青壮年が雇用される。このことは,前掲表2-4で昭和13年のマグロ漁船乗組員298人のうち被傭者は83人に

過ぎないことにも表れている。企業的漁業のための資金調達や乗組員の確保は，集落内の血縁関係を軸にして行われた。

1隻あたりの漁獲高は3,000〜10,000円（平均6,000円）で，油，氷，食費，魚箱などの大仲経費1,500〜5,000円（平均3,000円）を引くと粗収益は1,500〜3,800円となる。配分方法は，延縄では粗収益を船主と乗組員が折半，一本釣りでは4：6で配分する船が多い。イシマチャー時代は水揚げ高の3分の2を船主，3分の1を乗組員に配分する単純歩合制であった。動力漁船になって大仲経費（漁労経費）が大きくなると，大仲経費を差し引いた残りを配分する大仲歩合制に変わった。戦時体制期に入ると，船価の異常な高騰を反映して船主6，乗組員4の比率に変わっている。乗組員間では，船長および機関士が1.5人前，年少者の飯炊きを除いては1人前である。1人前の平均所得は167〜422円となる[40]。

(2) 製氷・冷蔵・共販事業の開始

那覇の企業的漁業の発展を支えたのは，政府の産業助成費によるところが大きく，製氷工場，貯氷庫，冷蔵庫，冷蔵運搬船は昭和2〜3年度の産業助成費によって建設，建造されている。

製氷工場は宮古と那覇市垣花町の2ヵ所に建設されたが，前者のカツオ漁業用のものはほとんど稼働しなかった。垣花町の製氷工場は，沖縄製氷（株）の経営で，日産18トンの能力を有し，昭和3年末に竣工した。産業助成費の交付条件として氷の価格は県との協定で抑制され，漁業者の広範な利用を促進した。貯氷庫は県下4ヵ所に全額補助で建設された[41]。

冷蔵庫は県水産試験場に設置された。県水産試験場は大正10年に創設されたが，昭和4年に産業助成費によって垣花町に庁舎が建てられ，56トンの冷蔵庫も設置された。この冷蔵庫は試験研究ばかりでなく，マグロ延縄・深海一本釣りの漁獲物を入庫して需給・価格調整を図ったり，延縄餌料の貯蔵でその発展に貢献した。試験場にはマグロ油漬缶詰製造機械も設備されたが，これは産業化には結びつかなかった。

冷蔵運搬船は，マグロ・カジキなどを大阪や東京の中央市場に出荷することを目的として，昭和3年に185トン，250馬力の2隻が建造された。経営

者は下関の林兼商店（株）である。産業助成金の交付条件は，各船が月2回以上，那覇，宮古，八重山，大阪または東京間を巡航することだったが，積荷が少なく，昭和6年から回航しなくなった[42]。

　政府の産業助成費は大正15年から8年間交付され，「ソテツ地獄」下の沖縄経済の立て直しに果たした役割は大きいが，マグロ漁業に関していえば，企業的経営を育成し，大型漁船による遠洋出漁，周年操業化，冷凍および缶詰加工による内地およびアメリカ輸出を目標とした。だが，沖縄のマグロ漁業は，小型漁船で一本釣りと兼営しながら近海操業をし，那覇へ鮮魚出荷するものであり，経営形態も血縁関係を基礎とした共同経営であって，計画との乖離は大きかった。

　沖縄のマグロ・カジキの価格は，内地・海外市場への出荷がないために好不漁が増幅されて変動した。林兼商店との取引きでは，漁業者はマグロ漁業団を組織して価格交渉に臨み，折り合わないときには県内で販売することとし，昭和4年に県水産試験場の一角に仮設共同販売所を設置し，入札販売を始めた[43]。そして内地への冷凍輸出の見通しがなくなる昭和8年に那覇市水産会が住吉町1丁目に卸売市場を設け，マグロ延縄・深海一本釣りの漁獲物を入札販売するようになった[44]。那覇市水産会は大正11年に設立され，主にカツオ漁業の振興を図ってきたが，カツオ漁業の衰退とマグロ漁業の勃興に対応して卸売市場経営に乗り出したのである。これが沖縄で唯一の鮮魚の共同販売事業であり，水産会が開設者である点が特徴である。

　昭和10年頃の卸売市場の取扱高は約218千円で[45]，同期のマグロ延縄・深海一本釣りの全漁獲高に匹敵し，ほぼ全量が出荷されている。仲買商は「大仲買」と呼ばれ，14～15人いて，1人を除いて垣花漁民の妻であった。仲買商といっても営業規模は1～2人で，仕入れた魚は東町市場の「小仲買」に売る他，卸売市場を通さない自家漁獲物の小売りもした。垣花でも家族内性別分業は，企業的漁業の発展と卸売市場の整備で再編されていく。

(3) カマボコ製造業の勃興

　マグロ漁業の発展とともにマグロやカジキを原料としたカマボコ製造が始まり，生産量は急増する。大正末までのカマボコの主原料は糸満漁民が多獲

するトビウオ，グルクンで，多く
が糸満で製造され，地元で消費さ
れていた。那覇ではカマボコは各
家庭の自家製で，2〜3月のトビ
ウオ時期に行商の糸満婦人からト
ビウオを買って作り，日陰干しに
して使う分だけ削ってダシをとっ
た。このダシカマボコは，高価な
カツオ節やコンブの代用品だった
が，市販の調味料が出回る昭和初

表2-6 カマボコ製造高の推移

|  | 沖縄県 |  | 那覇市 |  |
| --- | --- | --- | --- | --- |
|  | 千貫 | 千円 | 千貫 | 千円 |
| 大正14年 | 5 | 9 | 3 | 4 |
| 昭和 3 年 | 6 | 11 | 4 | 6 |
| 昭和 5 年 | 10 | 16 | 6 | 8 |
| 昭和 8 年 | 33 | 47 | 27 | 41 |
| 昭和10年 | 37 | 55 | 30 | 45 |
| 昭和13年 | 68 | 110 | 58 | 93 |
| 昭和15年 | 45 | 166 | 34 | 136 |

資料：各年次『沖縄県統計書』より作成。

期に姿を消した。その後，カマボコは本来の食用となり，その製造も那覇で行われるようになった[46]。

　表2-6は，大正末以降の県全体と那覇市のカマボコ製造高の推移を示したものである。県全体の製造高は昭和期に入って急増し，戦時体制下で製造量は落ちるものの価格は高騰している。昭和初期から製造量が急増したのは那覇市でも同じで，糸満漁獲物の那覇水揚げ・搬入が増加し，またマグロやカジキも原料にするようになったことによる。そして，カマボコ製造は，カツオ節製造を抜いて那覇の水産加工品の首位についた。ただ，製造者は那覇の人ではなく，那覇に居住した糸満婦人が多く，その夫は南洋方面に追込網で出漁していた。なかには伊是名に出漁する網組に附属するカマボコ屋もあった。場所は，糸満宿小が集中する東町の糸満集落である。昭和初期に数戸であった那覇のカマボコ屋は，数年のうちに20戸位に増えた[47]。昭和16年の沖縄県蒲鉾工業組合の組合員は54人なので，その後も増加している。カマボコ製造は，1戸1〜2人で，動力機を据えたものは少なく，糸満婦人の生業として営まれた。カマボコ製造の社会的な役割は，一方で消費市場を拡大し，他方で追込網やマグロ漁業の魚価の下支え，過剰漁獲物の処理を通して漁業の発展を促したことである。

## 第5節　那覇の鮮魚市場と垣花漁家の就業形態

### 1. 那覇の鮮魚販売の展開

#### (1) 鮮魚販売の構造

　図2-2は，昭和期の那覇における鮮魚の流通ルートを示したものである。昭和期に入って企業的漁業が発展し，その漁獲物の流通が新たに加わる。鮮魚の供給者は糸満，糸満分村の具志頭港川，垣花，泊の漁民で，その婦女子によって搬入，販売される。島外・県外からの移入は皆無といってよく，市場圏も那覇およびその周辺部に限られる。那覇に供給される鮮魚の大半は糸満漁獲物で，糸満，与那原，那覇に水揚げされたものを糸満婦人が市内行商，一部は露天売りした。昭和5年の糸満町の女子有業者は1,930人で，うち1,048人が商業とされており[48]，半数が那覇で鮮魚を行商したと仮定すると非常に大きな数字である。行商では売れ残りそうだと値を下げ，それでも売

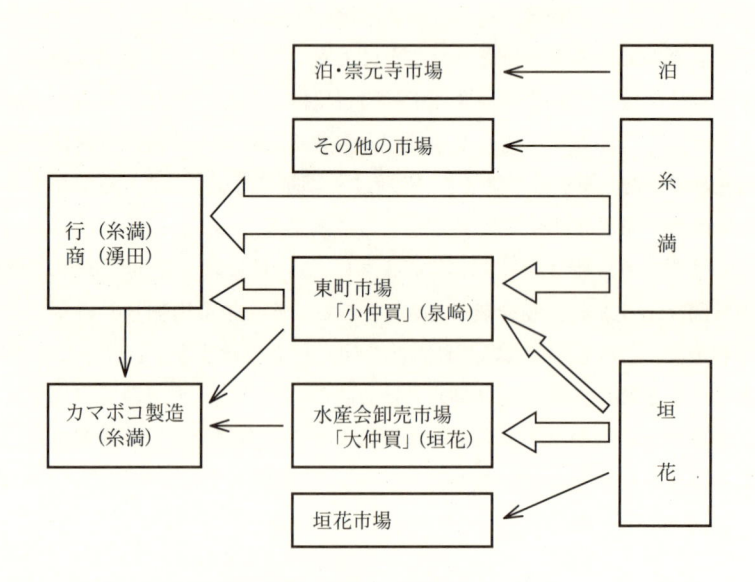

図2-2　那覇市の鮮魚流通ルート

れないとカマボコ屋に売った[49]。

　垣花漁民は，那覇市水産会の卸売市場ができるまでは，漁家の婦女子が大物（大型魚）なら東町市場の仲買人へ，小魚は同仲買人へ売ったり，自ら垣花市場の内外，東町市場で露天売りをした。卸売市場ができてからはマグロ延縄・イシマチャー，または深海一本釣りの漁獲物は卸売市場に水揚げされ，そこの「大仲買」が東町市場の「小仲買」に売るようになった。高齢者を主とする沿岸漁業の漁獲物の流通は従来通りであったが，企業的漁業の漁獲物の流通に携わる人員は急減して，家族の就業形態が変化した。泊の漁民は少数だが，妻子が近くの泊市場や崇元寺市場で小売りをした。那覇の漁家婦女子が市内を行商販売することはほとんどなかった。

　市内の6ヵ所の小売り市場では多かれ少なかれ鮮魚も売られたが，最も規模が大きく，仲買人が分化していたのは東町市場だけである。東町市場の仲買人は，小売りを兼ねるため，また卸売市場の仲買人と区別するため「小仲買」と呼ばれ，主に垣花漁民の漁獲物を販売した。漁家の婦女子から直接，卸売市場ができてからは「大仲買」から仕入れ，湧田（上泉町）の行商婦人に分荷したり，店で小売りをした。「小仲買」は泉崎（上泉町）の人が20人近くおり，市場内で各1〜2小間の店舗をもつ。昭和10年頃の取扱高は約175千円で，卸売市場取扱高の8割に相当する[50]。「小仲買」は泉崎，行商は湧田といった区別は，夫の慣行専用漁業権の所有，東町に統合される前の市場での関係を反映しているが，ほとんどが士族出身とあって，気位の高い商売をしていた[51]。

　東町市場の店舗売りの横で糸満や垣花の婦人20〜30人が小魚の露天売りをした。カマボコ製造は糸満婦人によって行われ，カジキ，マグロ，フカは卸売市場，トビウオ，グルクンは網組の販売グループおよび行商から仕入れ，販売は自家の製造所ないしは東町市場で行った。昭和15年の糸満町の那覇市出稼ぎは女子は84人であるが[52]，その大半は鮮魚販売あるいはカマボコ製造のためとみられる。

表2-7 戦前の那覇の小売り市場

| 市場名 | 運営 | 所在地 | 面積 | 特徴 |
|---|---|---|---|---|
| 東町市場 | 公設 | 東町3丁目 | 120坪 | 最大規模，魚市に仲買人 |
| 渇原市場 | 公設 | 松山町2丁目 | 450坪 | |
| 泊市場 | 公設 | 高橋町1丁目 | 200坪 | 魚は泊の人 |
| 崇元寺市場 | 私設 | 崇元寺町1丁目 | 80坪 | 小規模，魚は泊の人 |
| 久茂地市場 | 私設 | 久茂地町1丁目 | 80坪 | 魚は糸満の人 |
| 垣花市場 | 私設 | 垣花町1丁目 | 100坪 | 魚は垣花の人 |

資料：「商業」『那覇市史 資料編第2巻中の7 那覇の民俗』（昭和54年）288～291ページ。
注：東町市場の面積は建坪，他は土地面積。

## (2) 那覇の小売り市場

　表2-7は，那覇の小売り市場についてまとめたもので，人口密集地や人の往来が頻繁な地で生鮮食料品，農産加工品，日用品などを売る。そのうち東町市場が最大で，場内には魚市，肉市，豆腐市といった各専門小売商・仲買商が各ブロックごとに軒を連ねていた。市場は市営で，職員が管理と使用料徴収のために事務所に詰めていた。昭和5年頃，肉市が瓦葺き長屋になったが，その他の市は大きな傘を張ってその下で品物を拡げて売った。商売はすべて女子が行ったといってよく，肉市が小禄村出身であるのを除くと旧那覇の人で，仲買人は士族出身が多かった。商業形態は単一商品の取扱い，仲買人の発生とその手数料商人化，同一業種の小売商が多数生まれたなかで，1人1小間営業という零細性，対面販売，現物の即日完売，仲買の小売り兼務，生産者直売，生産者－仲買・小売商－買物客相互の固定性，商権の家族継承といった側面も強かった。

　魚の売り手は，泉崎の約20人で，肉市に次いで多く，垣花漁獲物の大物と糸満漁獲物を取り扱った。仲買・小売商はそれぞれ専門があった。価格は売り手がつけ，支払いは即日または翌日なされる。漁家が売る相手の仲買・小売商は2～3人で，ほぼ固定していた。魚市の脇で糸満・垣花婦人が小魚を露天売りする他，フナ市，カマボコ市も開かれていた。売れ残ると家で塩漬けにして辻町の仕出し屋に出したりした。即日完売が原則で，店舗といっても保管場所もその設備もなく，氷も使用しない。家族労働力に応じて小間

を2小間にすることはあっても，設備投資や市内に独立鮮魚店を開くこともなく，生活手段として商権は親から子へと引き継がれた。

　東町市場の他には，潟原，泊市場は公設であるが，崇元寺，久茂地，垣花市場は私設市場である。東町市場を除くこれら市場は規模が小さく，商人も少なく，仲買と小売人が分化しておらず，近郊の生産者の持ち寄り販売といった性格が強かった[53]。

## 2. 垣花漁家の就業形態

　垣花地区は住吉町，垣花町，山下町の総称だが，垣花の漁業といえば外海に面した住吉町の漁業を指していた。漫湖に沿った山下町には漁業はなく，垣花町は県水産試験場，沖縄製氷，浜田造船所などの漁業関連施設や垣花市場はあったが，漁業の伝統はない。住吉町の中でも漁業形態によって2つに分かれ，同じく釣り漁業を主体としながら餌料を自給する1丁目（海下り集落）と餌料漁業が分化している3丁目が，道路一つ隔てて相互に閉鎖的集落を形成していた。

　この閉鎖性は漁業組合の設立にも表れている。那覇の漁業組合は漁業権を持たず，経済事業も斡旋事業に限られていたが，2つとも住吉町内に設立された。1つは大正7年に1丁目に設立された垣花浦漁業組合で，組合員は90人余で政府の低利資金を利用して主にカツオ漁業を対象とした石油購買事業などを営んだ。昭和初期にマグロ漁業が勃興すると3丁目の漁民らが垣花浦漁業組合から脱退して住吉浦漁業組合を設立し，産業助成費の受入れや那覇市水産会の卸売市場経営を支えていく。昭和14年（すでに漁協となっている）の組合員数は垣花浦が48人，住吉浦が147人である[54]。

　住吉町全体が旧儀間村であるが，3丁目の漁民を通称，儀間の漁民と呼んでいた。伝統的にクリ舟で立縄と底延縄を組み合わせて周年操業をしていたが，大正中期以降，イシマチャーとマグロ延縄に転化し，イシマチャーはさらに昭和10年から深海一本釣りに変わった。漁民の約7割，とくに青壮年がこの企業的漁業に従事した。乗組員は，クリ舟時代は明治後期に1～2人から2～3人に増え，動力船では9人前後に増えたが，いずれも家族および近親者の乗り組みである。動力船のほとんどが国吉，我那覇，儀間，普天間

の4つの門中（姓）に集中し，門中の結束力，門中間の競争意識は極めて高かった。糸満の門中は祭祀儀礼を中心とする大規模な親族集団であるのに対し，儀間では規模が小さく，経済的機能を果たしていた。

　漁獲物の分配方法はクリ舟漁業では，2人乗りであれば漁獲物を3等分し，舟代を1代としている。乗組員同士は平等だが，年少者の見習いについては話し合いで決められた。動力船になってから大仲歩合制に変化したことは前述した通りである。

　漁民の約2割が竿釣り，イシマチャー，底延縄である。竿釣りはイカやイラブチャー（ブダイ）などの瀬魚を対象とするもので，高齢者はリーフ内で操業することが多い。また，高齢者はイシマチャーや底延縄を続ける沿岸漁業の担い手であり，息子や甥の動力船漁業に資金を出した。

　その他の漁業として，クリ舟2〜3隻でシロイカを漁獲する小型追込網といざり漁業がある。いざり漁業は，夜間サンゴ礁でタコ，イカ，エビ，イラブチャーなどを獲り，釣り漁業者に餌料として売る他，東町市場などで小売りするもので約30人がいた。

　このように昭和10年代は，血縁関係を基礎とし，年齢別に異なる漁業で構成され，餌料は集落内で自給していた。

　一方，1丁目の海下り集落は20戸ほどの小集落であったが，独自の漁業体系をもっていた。周年，抄網でスルル，スク，ヒチを採捕し，一部は塩蔵して販売するが，他にはこの活餌を使ってカツオ，シジャー（ダツ），マグロ，ミーバイなどの大物を釣っていた。多くは竿釣りである。活き餌とするためにクリ舟に竹籠を括ってその中に活けていたが，航行の邪魔になるため昭和期には船内活間が設けられた。抄網の製作方法は親類以外には教えず，秘密にされた。とくにスルル網はカツオ漁業の伝搬とともに重要性を増したが，他の抄網より幾分大きく操作も難しいので2〜3人乗りとなり，網統数や漁場が制約されていたので奄美地方への出稼ぎ漁となった。活き餌の供給はカツオ漁業の導入・普及の条件であるが，家族経営で閉鎖的な漁業体系はかえって本格的なカツオ漁業の発展にとって足枷となった。那覇に出現するカツオ漁業は資本制経営であり，海下り集落のカツオ漁業とは本質的に異なる。

　海下り集落での漁獲物分配方法は，3人乗りだと4.5等分し，舟は0.5代，

網は１代とし，乗組員間は見習いを除き平等であった。舟と網との分配比は，網の価格がクリ舟価格の約２倍であり，消耗度が大きいことによる。海下り集落では，小生産手段と漁労の技能性に基づく代分け制が存続し，血縁者の乗り組みであったことから，糸満漁業と異なり，乗組員間は平等分配とされた[55]。

　垣花の漁業も家族内では男は漁業，女は魚の販売という分業体制があったが，企業的漁業については血縁の共同経営であったことから，性別分業の内容は変化し，糸満漁業でみられたような女子の商業分野への進出はなかった。

　垣花漁民の子弟は尋常小学校ないし高等小学校を卒業しているケースが多い。糸満ではしばしば小学校を中退して男子は泳ぎや潜水を，女子は魚売りを習うのと違うし，また垣花では深刻な「ソテツ地獄」を経験していない。糸満とは漁業方法が違い，垣花市場があったこと，都市的環境の下で就業機会に恵まれていたことによる。

　他の特徴は，いずれも兄弟は５～11人と多く，男兄弟は大半が漁業就業なのに，姉妹で魚売りするのは少なく，あるいは結婚前の手伝いに限られていた。元来，那覇市内の行商は糸満や湧田の婦人によって行われ，垣花の魚の販売は限られていたが，旅漁や出稼ぎ漁で那覇水揚げがなくなったり，動力船の漁獲物が卸売市場に出荷されるようになると余計にその機会と必要性が低下し，機織り，家事，教員，関西方面への出稼ぎが多くなる。

## 第６節　戦時体制下の水産業

　日中戦争以後，物資の配給割り当て，徴兵および徴用，価格統制などにより漁業は停滞から衰退へ向かい，とくに太平洋戦争後は著しく衰退し，昭和19年10月10日の那覇大空襲を待たずに崩壊してしまった。

　昭和16年に入って労働力および資材の不足，とりわけ那覇の漁業は動力船漁業なので燃油の規制・配給によって著しく制約された。昭和17年には動力漁船の半数が稼働出来なくなり，漁獲高も激減した[56]。船主は同族集団ごとにグループを編成し，配給燃油をプールして３分の１を交互に出漁させていたが，昭和18年に入って出漁船が襲撃されて船団編成も崩れ去った。

同年7月に動力漁船とその乗組員はすべて軍に徴用され，沖縄で各部隊の物資・人員輸送にまわされた。漁船は10.10空襲や沖縄戦で焼失，破壊され，戦後まで残ったのはわずか1隻で，しかも大がかりな修理を必要とした。

水産企業および団体の統合は，最小限の労働力，資材，設備で食糧需要に応じることを目的とした。昭和17年5月の水産統制令に該当する企業は沖縄にはなく，昭和18年3月に公布された水産業団体法によって県・郡市水産会および漁連が統合されて県水産業会となったが，単位漁協は漁業会に改組されないまま敗戦に至った[57]。戦局がすでに悪化していたからで，県水産業会も統制の実をあげえなかった。

表2-8は，昭和18年6月現在の水産関係の工業組合，商業組合をまとめたものである。工業組合，商業組合とも原料・物資の配給統制とともに昭和18年3月に制定された商工組合法で企業の整理・合同が推し進められた。木造船工業組合や漁業用品商業組合は，原料・資材の欠乏から早くも昭和14年から統制が実施された。カツオ節類は，水産物配給統制規則によって昭和17年7月から全国鰹節類統制組合へ出荷し，配給計画に従って各府県の小売り・荷受け機関に配給することになり，生産県の沖縄でも需給が相当窮屈になった。また，水産製品に公定価格が導入され，県水産会の節類検査，県蒲鉾工業組合のカマボコ検査は昭和18年1月から県営となり，これで県水産会は唯一ともいえる財源を失い，県水産業会に統合されて純然たる国策遂行機関となった。

**表2-8　昭和18年6月現在の水産関係の工業組合と商業組合**

| 組合名 | 設立年月 | 出資額(千円) | 組合員数(人) | 事務所所在地 すべて那覇市 |
| --- | --- | --- | --- | --- |
| 沖縄県木造船工業組合 | 昭和14年7月 | 2.5 | 8 | 東町5丁目 |
| 沖縄県漁業用品商業組合 | 昭和14年11月 | 8.5 | 17 | 西本町4丁目 |
| 沖縄県蒲鉾工業組合 | 昭和16年6月 | 23.9 | 54 | 東町3丁目 |
| 沖縄県削節工業組合 | 昭和17年10月 | 20.0 | 12 | 東町3丁目 |
| 那覇雑節卸商業組合 | 昭和15年12月 | 20.0 | 27 | 東町3丁目 |
| 那覇生鮮魚介類小売商業組合 | 昭和17年7月 | 20.0 | 89 | 東町3丁目 |

資料：『沖縄県史料　近代Ⅰ』（沖縄県，1978年）350～354，364～371ページ。

沖縄県でも昭和16年10月に鮮魚介配給統制規則が制定され，指定地に水揚げした鮮魚介類はすべて指定集荷所に搬入し，配給計画に従って配給されることになった。指定集荷所となったのは，那覇市水産会経営の卸売市場である。鮮魚介の価格は価格等統制令によって昭和16年11月から公定価格となった。こうしたなかで昭和17年7月に那覇生鮮魚介類小売商業組合が89人で組織された。この89人は水産会の卸売市場や市内の小売市場の仲買・小売商であったが，取引きおよび価格統制，そして流通量の大幅な減少で余剰人員が生じ，糸満や湧田の行商婦人とともにその転廃業が最大の難題となった[58]。鮮魚販売に限らず，商業従事者のほとんどを女子が占める沖縄県では，戦時統制下での転廃業は生計の道を失うことを意味していた。結局は，祖父母とともに自給耕作をしながら夫や子供の徴用の留守を預かり，戦局が悪化すると児童とともに県外に疎開したり，踏みとどまった者は10.10空襲で那覇市内が壊滅してからは山原地方へ避難していく。昭和20年4月から6月までの沖縄戦で多くの肉親の戦死と離散を経験しながら，餓死とも戦わなければならなかった。

注

1) 漁業制度については，仲吉朝助「漁場処分意見」，玉城五郎「那覇港湾ノ漁場調査」，「尹那野，地謝嘉，神ノ干瀬漁場処分調査」，「慶干瀬漁場処分按」，「漁業権処分按ソノ二」（以上，明治36年）『沖縄県農林水産行政史　第17巻』（農林統計協会，昭和58年）513〜534ページ，「専用漁業権名簿」『同　第18巻』（昭和60年）492〜511ページを参照。
2) 『九州沖縄八県々勢要覧（沖縄県の部）』（九州之世界社，大正10年）58ページ。
3) 琉球新報　明治40年6月25日，明治45年7月4日。
4) 『明治35年　沖縄県統計書』。
5) 『明治26年　沖縄県統計書』。
6) 木村八十八「沖縄県水産一斑」（大正元年）前掲『沖縄県農林水産行政史　第17巻』18ページ。
7) 漁船については，下野敏見『南西諸島の民俗　I』（法政大学出版局，1980年）331〜334ページ，名嘉真宜勝・出村卓三『沖縄・奄美の生業　2　漁業・諸職』（明玄書房，昭和56年）139〜142ページを参照。
8) 農商務省水産局「水産調査予察報告　第1巻第1冊」（明治22年）前掲『沖縄県農林水産行政史　第17巻』551ページ。

9）森房次郎「沖縄県先島水産調査」『大日本水産会報　第151号』（明治28年1月）60ページ。
10）松原新之助「琉球の網」『大日本水産会報告　第81号』（明治21年12月）60ページ，前掲「水産調査予察報告　第1巻第1冊」566ページ。
11）奄美地方のスク抄網については，前掲『沖縄・奄美の生業　2　漁業・諸職』151ページ，沖縄のスク抄網は，上江洲均『沖縄の民具』（慶友社，昭和48年）203ページを参照。
12）前掲「沖縄県水産一斑」43ページ。
13）動力船以前の明治40年でも，古賀の所有船3隻は尖閣列島に，照屋の所有船2隻は八重山と本部に出漁していた。琉球新報　明治40年12月16日。
14）琉球新報　大正7年3月2日。
15）「漁撈」『那覇市史　資料編第2巻中の7　那覇の民俗』（昭和54年）261ページ。
16）前掲「沖縄県水産一斑」23ページ。
17）『明治13年　沖縄県統計概表』
18）琉球新報　明治39年9月18日，同月27日。
19）泊市場の魚売りは11人であった。沖縄毎日新聞　大正2年12月18日。
20）糸満漁業の発展過程については，中楯興編著『日本における海洋民の総合研究 ── 糸満系漁民を中心として ── 上巻，下巻』（九州大学出版会，1987年，1989年），上田不二夫『沖縄の海人』（沖縄タイムス社，1991年），川島秀一『追込漁』（法政大学出版局，2008年），市川英雄『糸満漁業の展開構造』（沖縄タイムス社，2009年）などがある。
21）糸満漁民の沖縄本島周辺出漁は，イカおよびフカ釣り漁業で460人，追込網で302人である。琉球新報　大正7年3月2日。
22）富永盛治朗「沖縄県に於ける追込網漁業」『水産研究誌　第17巻第3号』（大正11年3月）57ページ，島秀典「追込網漁業と漁場利用」前掲『日本における海洋民の総合研究 ── 糸満系漁民を中心として ── 上巻』157〜158ページ，および金城勇吉氏，平安名栄照氏，玉城亀造氏からの聞き取り。
23）糸満婦人については，加藤久子『糸満アンマー　海人の妻たちの労働と生活』（ひるぎ社，1990年）に詳しい。
24）「糸満売り」については，福地曠昭『糸満売り』（那覇出版社，1983年）を参照。
25）琉球新報　明治34年2月5日。
26）立川卓逸「漁村糸満（二）」『水産界　第600号』（昭和7年11月）24〜25ページ。
27）琉球新報　明治34年2月5日，明治35年8月27日，明治39年2月15日，明治41年3月2日，沖縄毎日新聞　明治44年9月24日。
28）琉球新報　明治43年6月29日。
29）森本孝「糸満の海」『あるく　みる　きく　第137号』（1978年7月）19ページ。
30）野口武徳『漂海民の人類学』（弘文堂，昭和62年）152ページ。
31）金城功『近代沖縄の鉄道と海運』（ひるぎ社，1983年）85〜97ページ。
32）「交通・運輸・宿泊」前掲『那覇市史　資料編第2巻中の7　那覇の民俗』423〜424ページ，前掲『漂海民の人類学』153〜154ページ。

33）沖縄県「産業助成費に依る水産業事業成績調」前掲『沖縄県農林水産行政史　第17巻』401〜404ページ。
34）前掲「漁撈」259〜260ページ，森田真弘「漁業の沿革」金城唯恭編『新沖縄文化史』（郷土誌研究会，1956年）95〜96ページ。
35）琉球新報　明治40年12月15日。
36）琉球新報　大正4年6月28日，大正5年11月27日。
37）「大正十年度　沖縄県立水産試験場事業報告」前掲『沖縄県農林水産行政史　第17巻』715〜716ページ。
38）農林省水産局『遠洋漁業奨励成績』（昭和10年）113〜114ページ。
39）沖縄県水産会「沖縄県水産要覧」（昭和10年）前掲『沖縄県農林水産行政史　第17巻』166ページ。
40）沖縄県経済部「沖縄の水産概況」（昭和14年）前掲『沖縄県農林水産行政史　第17巻』184ページ，農林省水産局『鰹鮪遠洋漁船ニ関スル調査書』（昭和13年）95〜96ページ，『沖縄県水産試験場報告　第1号沖縄県鮪延縄並ニ深海一本釣漁業経済調査書』（昭和13年8月）1〜17ページ。
41）前掲「産業助成費に依る水産業事業成績調」406〜408ページ。
42）同上，409ページ，『沖縄県議会史　第4巻』（沖縄県議会，昭和59年）36〜37，111〜112，392〜394ページ，『同　第5巻』（昭和59年）318，328ページ。
43）前掲『沖縄県議会史　第4巻』112，393，395ページ。
44）前掲「沖縄県水産要覧」162ページ，前掲「沖縄の水産概況」213ページ。
45）帝国水産会『水産物市場ニ関スル調査』（昭和12年）。
46）「生業」前掲『那覇市史　資料編第2巻中の7　那覇の民俗』332〜334ページ。
47）立川卓逸「漁村糸満（一）」『水産界　第598号』（昭和7年9月）26ページ。
48）昭和5年の国勢調査。ちなみに男子有業者は1,701人，漁業は777人である。
49）前掲「糸満の海」19〜20ページ。
50）前掲『水産物市場ニ関スル調査』
51）「社会生活」前掲『那覇市史　資料編第2巻中の7　那覇の民俗』32ページ。
52）仲松弥秀『古層の村　沖縄民俗文化論』（沖縄タイムス社，1978年）324ページ。
53）小売り市場については，「商業」前掲『那覇市史　資料編第2巻中の7　那覇の民俗』282〜290ページを参照。
54）沖縄県内務部「沖縄県水産概況」（大正15年）前掲『沖縄県農林水産行政史　第17巻』89，94ページ，前掲「沖縄県水産会報　創刊号」281ページ，前掲「沖縄の水産概況」213ページ。
55）垣花の漁業については，前掲「漁撈」256〜259ページ，『垣花尋常小学校同窓会記念誌　追憶』（同窓会，昭和61年）359〜362ページ，および普天間直健氏，我那覇正祥氏，儀間真厚氏，国場トミ氏，翁長初子氏，名護トミ子氏，与那覇トミ氏からの聞き取り。
56）『沖縄県議会史　第7巻』（昭和60年）328，503，512，613ページ。
57）前掲「漁業の沿革」102ページ。
58）『沖縄県史料　近代Ⅰ』（沖縄県，1978年）336，407〜408ページ。

# 第3章

# 沖縄県のカツオ漁業の発展と水産団体
―― 照屋林顕の事績を中心に ――

## 第1節　沖縄県のカツオ漁業と照屋林顕

### 1．沖縄県のカツオ漁業とカツオ節生産

　沖縄県水産業の発展に照屋林顕(てるやりんけん)が果たした役割は非常に大きい。その功績は，動力船カツオ漁業の創始者であること，県水産組合（後の県水産会）と県漁業組合連合会の発展に尽力したことの2点である。2点といってもカツオ漁業の振興という点では共通している。県水産組合はカツオ節の検査が主な業務であり，県漁業組合連合会もカツオ漁業を営む漁業組合の連合会だからである。照屋は動力船カツオ漁業に失敗し，その後はこれら水産団体にあって，カツオ漁業－カツオ節製造の振興，経営改善に取り組んだ。

　最初に，沖縄県のカツオ漁業の推移をカツオ節の生産高でみておこう（図3-1）。沖縄県のカツオ漁業は明治34年に始まり，42年に動力漁船が登場した。カツオ節生産量は年次変動が大きいが，明治43年に400トン，大正4年に800トン，大正11年に1,100トンと飛躍的な伸びを示した。その後低下し，昭和恐慌期には600トンを割り込むが，その後はやや回復して650～770トンになっている。

　大正末に大不漁があり，多くのカツオ漁船が倒産する。昭和に入って一部のカツオ漁船は日本の植民統治下にあった南洋群島へ出漁するが，県下のカツオ漁業は低迷を続け，カツオ節生産量も停滞している。

　カツオ節の生産額は生産量の増加に加えて，第一次大戦以降の価格の上昇で急増し，一時は290万円に達した。その後は，生産量の減少と価格の下落

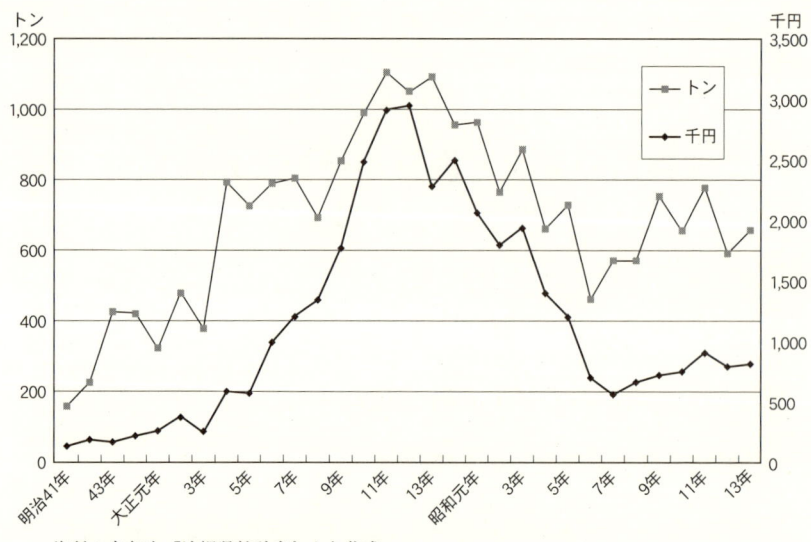

図 3-1　沖縄県のカツオ節生産高の推移

資料：各年次『沖縄県統計書』より作成。

によって急速に低下し，昭和恐慌期は 60〜80 万円になった。その後は 80〜90 万円に持ち直している。価格は，第一次大戦後不況期にも全国的なカツオ漁業の不漁で上昇し，高水準を保ったが，昭和恐慌期に暴落している。その後，南洋方面からのカツオ節輸入もあって，価格の回復は思わしくなかった。

以下，照屋の略歴を紹介し，次いで動力船カツオ漁業の創業について述べ，さらに県水産組合（県水産会），県漁業組合連合会の活動の順で述べる。

## 2. 照屋林顕の略歴[1]

照屋林顕は，慶応 3（1867）年 3 月に那覇区久米町の士族の長男として生まれ，明治 19 年 3 月に県師範学校を卒業した後，島尻郡兼城尋常小学校，那覇尋常高等小学校，那覇区甲辰尋常小学校の訓導（教員）となった。しかし，明治 39 年，20 年間にわたる教員生活を辞し，沖縄帽子（株）を設立した。当時，パナマ帽子は有望な貿易品であったが，原料のアダンの葉の確保

が思うようにならず，すぐにこれを廃業している。明治40年には沖縄貯蔵食品（株）の設立に参加した。これが照屋が水産業にかかわった最初である。

明治41年に県の水産技師とともに他府県の漁業地を視察して，翌42年に農商務省技師の設計により石油発動機漁船・照島丸を建造し，カツオ漁業を行った。沖縄県で最初の動力漁船である。3年間でカツオ漁業をやめたが，照屋に刺激されて県下のカツオ漁業は次々と漁船を動力化し，全国的にも沖縄県はカツオ漁業地として成長していった。

明治末以降，照屋は，事業経営から離れ，水産関係者として多面的な活動をしている。行政では，那覇区会議員（明治43年6月〜大正3年6月），県会議員（大正6年5月〜大正10年6月）となり，また県地方森林会議員（大正11年7月）や県農村経済更正委員会委員（昭和7年11月）にも選任された。

沖縄県の水産団体では，明治43年に設立された沖縄県水産組合の議員に選出され，大正2年に県水産組合規則が改正されるとそこの専務理事となった（大正2年3月〜大正11年7月）。この頃には動力船カツオ漁業が発展し始め，それを支援するために銀行やその他の金融機関を説得して漁業資金の調達に奔走した。大正11年7月に県水産組合が県水産会に改編されると，その議員および評議員となり，大正15年1月から副会長，昭和12年11月から会長を務めた。

他方，大正5年3月に県漁業組合連合会の創立に伴い，その主事となった。大正10年1月から同連合会の専務理事となり，14年1月以降は会長理事になっている。大正後期には県水産会と県漁業組合連合会の代表者として水産界をリードしていくのである。時に，カツオの大不漁，「ソテツ地獄」と呼ばれる経済不況にさしかかっていた。

照屋の活動は，地元の那覇においては，大正15年9月以降，那覇市水産会の会長となり，鮮魚販売のために鮮魚共同販売斡旋所（昭和8年設立の卸売市場の前身）を設けて沿岸漁業の振興に努力した。また，マグロ漁業の本場である那覇の住吉浦，垣花浦漁業組合の顧問となったり，昭和3年8月に設立された沖縄県製氷（株）の監査役も務めた。

一方で，照屋は水産関係全国組織の沖縄県代表として，帝国水産会の予備議員（大正11年7月），同議員（大正15年12月），大日本水産会の評議員

（昭和3年5月），帝国水難救済会沖縄支部顧問（昭和11年3月）になっている。また，南洋水産協会の評議員（昭和10年5月）となり，海外出漁の奨励を行った。

　太平洋戦争が始まって，昭和18年3月に水産業団体法が公布され，沖縄県でも県レベルの水産団体が統合して県水産業会となったが，照屋は昭和19年に76歳で亡くなっている。

　照屋が沖縄県の水産界に深く携わったのは，昭和12年（69歳）頃までと思われるが，その頃は県漁業組合連合会は多額の負債を抱えて喘いでおり，県水産会は主業務のカツオ節検査事業が停滞していた。カツオ漁業・カツオ節製造が停滞する一方，那覇を中心にマグロ延縄や深海一本釣り漁業が発展した時期である。照屋は，「ソテツ地獄」から昭和恐慌期を乗り越えるまでの最も苦しい時代にその舵取りを委ねられたのである。

## 第2節　動力船カツオ漁業の導入

　沖縄県のカツオ漁業は，宮崎，鹿児島県からの入域に刺激され，明治34年に島尻郡座間味村で着業されたのが最初で，36年4隻，38年24隻[2]，40年47～48隻[3]，42年71隻[4]と短期間のうちに急増した。ほとんどは村落共同体をベースにした生産組合方式（平等出資，平等就労，平等分配を組織原理とする）で運営され，餌料採捕，カツオ漁労，カツオ節製造を一貫して営んだ。

　カツオ漁船の動力化は明治42年に始まり，翌年には4隻に増え[5]，44年には石油発動機船22隻，無動力船40隻となり，帆船が急速に動力船に転換した[6]。ただし，大正4年は無動力船47隻，動力船22隻であって[7]，全体の隻数，動力船とも頭打ちになった。動力船は八重山出漁を中心とした。八重山地区の動力船は明治44年は12～13隻[8]，大正5年は石垣島だけで18隻に及んだ[9]。

　照屋が県下で最初のカツオ動力船・照島丸を建造したのは，明治42年のことである。照屋が動力船カツオ漁業に着目した理由は，推測するところ，県外船の那覇入港を見てその将来性を嗅ぎ取ったか，座間味村出身で，照屋

第3章　沖縄県のカツオ漁業の発展と水産団体　　　　　　　　　　　　　71

と同じように県師範学校を卒業し，尋常小学校の訓導をしていた安里積勲が明治38年にカツオ節の製造・販売会社を設立し，さらにカツオ漁業に手を広げようとしたことと関係しているのではないか。安里は後，県漁業組合連合会で照屋と同様，主事に就いている[10]。

遠洋漁業奨励金の補助を受けて，那覇の浜田造船所でケッチ型19.5トンを建造し，大阪の清水製作所製の25馬力石油発動機を据え付けた[11]。船体に2,640円，機関に1,650円かかったが，遠洋漁業奨励法による漁船および漁業奨励金が1,137円出た[12]。漁労長は静岡県水産試験場で富士丸（日本初の石油発動機漁船）の水夫長を務め，前年は伊豆で動力船の漁労長をしていた。機関士は大阪出身で，大阪巡航船の船員であった。漁夫は全員，宮崎県から雇い入れた。

同年6月に八重山・石垣を根拠として11月初旬まで135日出漁した。そのうち航海日数が7日，操業日数が41日，休漁日数が87日であった。休漁日数が多いのは天候不順以外は機関の故障が原因である。初期の石油発動機は不完全で破損しやすく，また故障しても修理工場もなければ，修理工もいなかった。それでも41日間の操業でカツオ6,462尾を漁獲し，4,647円の収入をあげている。無動力船では4,000円を漁獲するのはまれなので（例えば，古賀辰四郎の無動力船は同年，石垣を根拠に約3,000円の漁獲），まずまずの成績といえた。漁場は石垣港や西表島の距岸4～10カイリの沿海であり，餌料は豊富だし，良漁場もある。ただ，漁港は未整備であった[13]。

ここで，八重山のカツオ漁業の動向をみておこう。明治38年に糸満町の玉城保太郎らの組合船（生産組合方式）が鳩間島と与那国島へ出漁した[14]。玉城は水中眼鏡を考案した努力家で，サメ漁業や動力カツオ漁船で八重山へ出漁している[15]。明治40年には糸満町の漁民が与那国島へ出漁して失敗したものの，鳩間島は餌料が多くて定着するようになり[16]，また宮崎県から2隻が与那国島へ出漁している[17]。明治41年に糸満町の2隻の他，宮崎県から5隻が西表島に来航したが，風土病が流行したために与那国島へ回航している[18]。

島民も宮崎県船から漁船・カツオ節製造器具一式を買い求めて着業するようになった。明治42年には，照屋の照島丸が石垣島の「4箇村」（町の中心

地）を根拠とし，餌料は周辺の糸満漁民と契約して供給を仰いだ。与那国島や鳩間島への出漁船も「4箇村」に集まった[19]。

明治43年には県下の動力カツオ漁船は4隻になった。このうち遠洋漁業奨励金を受けたのは照島丸だけで，他の3隻は西洋型漁船ではなかった（和洋折衷型）ので奨励金を受けられなかった。この3隻は15馬力で，船体1,557円，機関904円で建造された（照島丸の6割）し，漁夫も操作に慣れているため，この後，和洋折衷型が普及していく[20]。前述した座間味村（慶良間諸島）の安里積勲は宮崎県から15馬力の石油発動機船を購入して，同地で着業し，糸満町の玉城五郎（後述）は宮崎県で建造して小浜島を根拠とし，宮崎県のカツオ漁業者で，那覇で造船所を経営する浜田弥平治は自ら建造して台湾へ出漁した[21]。この他，宮崎県から2隻が八重山へ入漁している[22]。

明治43年の八重山出漁は，動力船3隻，無動力船20隻である。動力船は照屋，玉城五郎と宮崎県船であり，無動力船は石垣島・川平，与那国島，鳩間島を根拠とした[23]。

大正5年では石垣島に18隻の動力船が集中し，漁業形態も慶良間諸島のそれと比べて，次のような特徴があった。①資本額が大きく，資本主と経営者が分化している。八重山出漁の場合，資本額は慶良間諸島で操業するより約2倍の7,000円を要した。②餌料採捕は，糸満漁民によって行われ，漁労と餌料採捕が分化している[24]。

照屋のカツオ漁業経営は3年間で中止された。中止の原因は漁獲不振であろう。照屋が出漁する前年の明治41年における八重山の漁獲高は，1隻あたり5千〜8千円であったのに[25]，照島丸の初年度の成績は無動力船より多かったものの5千円に満たなかった。明治43年は無動力船では慶良間諸島が3,000〜10,000尾といわれたのに，八重山の動力船の3隻は1.5〜2.0万尾と高いが，そのなかでは照島丸は最低であった[26]。

照島丸の漁獲が不振な原因として，発動機関の不良，西洋型漁船の扱いにくさ，県外漁夫の雇用が考えられる。初期の発動機関は粗製乱造気味で故障が多いうえ，修理も容易ではなく，発動機関個々の性能・品質の差が大きかった。照島丸は西洋型漁船で堅牢にすぎて使い勝手が悪く[27]，漁夫を県外から

雇用し，固定給の割合が高かったし，動力船の急増で熟練漁夫の争奪戦が激しく，その確保が困難になった。宮崎県では漁夫1人あたり前貸し金が20円位必要であり，すべてに「贅沢」だから無動力船で3～4千円を漁獲しないと利益がでないが，漁夫が沖縄県人なら2千円漁獲すれば「大儲け」といわれた[28]。

カツオ漁業の衰退は糸満町でも起こった。糸満のカツオ漁業も急成長を遂げたが，カツオ漁期はイカ釣りの漁期でもあって，イカ釣りが有利であればそちらに向かうし，クリ舟を基本とする糸満漁民にとってカツオ漁船は馴染まなかった。糸満出身で動力カツオ漁業に乗り出した玉城五郎は元県水産技師であり，叩き上げの糸満漁民ではないし，漁夫も他県人や水産学校[29]卒業生であった。

糸満で動力カツオ漁業に着業しても，ほとんどが間もなく断念した。その理由として，①他のカツオ漁業地と違って宮古，八重山へ出漁するので経費が多額となる。②糸満漁民はカツオ漁業に頼らなくても他の漁業で生活できるので新規漁業を始める場合のリスクを避けた，ことがあげられる[30]。ただ，糸満漁民は遊泳と潜水能力に長けているのでカツオの餌料採取に追込網で従事している[31]。

## 第3節　沖縄県水産組合の発展

### 1. 沖縄県水産組合の創設と展開

(1) 県水産組合の創設

明治34年に漁業法とともに漁業組合規則が制定された。同規則で，漁業組合は漁業権管理団体とされ，経済事業を営む団体として水産組合の設立が目指された。明治43年の漁業法改正とともに漁業組合令が制定され，漁業組合の経済事業と同連合会の設立が認められた。一方，水産組合は地域水産関係者の当然加入団体となり，その活動が促進された。

沖縄県でも水産組合の設立に向けて，県事務官補・橋本一二と県技師・大村八十八らが奔走して水産業者を組織し，明治42年8月に設立認可を受けた。設立総会は明治43年3月に那覇区西で開かれ，定款，組合会計，組合

費などを議定し，役員選挙を行った。漁業者 4,862 人，水産物製造・販売業者 13 人のほとんどが加入している。

当時の水産行政は，カツオ漁業およびカツオ節製造の振興と水産組合の設立に注がれていた。明治 42 年の県の水産予算 4,725 円のうち 98％が水産技師（1 人），カツオ釣り教師，およびカツオ節製造教師の雇用と旅費，棒受網試験（餌料採捕目的），水産組合補助に費やされている[32]。

定款では，組合の事業として，漁労・製造・養殖の調査指導，製品検査，水産動植物の保護繁殖，販路の調査，紛争の調停，博覧会・共進会・品評会・集談会の開催，功労者表彰，をあげている。

組合員は，漁業者，水産物製造業者，水産物販売業者とし，支部は 14 支部（那覇，糸満，玉城，勝連，読谷山，名護，本部，国頭，慶良間，伊平屋，宮古，八重山）とした。役員は，組長，副組長，理事（2 人），評議員（14 人）は議員会において選出し，議員（37 人）と支部長（14 人）は各支部から選出された。人事を巡って，総会直前に世話人が県知事を訪ね，組長に知事，副組長に内務部長を推薦したいと申し出たところ，知事は組長への人事権を要求し，役員の指名権を与えること，評議員を 14 人に増やすことを要求してこれを認めさせた。

この結果，組長は知事，副組長は内務部長，理事に農商務課の橋本と大村の 2 人，評議員として郡長，島司，区長，町長，郵便局長，医者ら漁業とは無縁な 10 人が占め，水産関係者は海産物商 2 人（古賀辰四郎を含む），漁業者 2 人（安里積勲を含む）に過ぎなかった。あまりにも露骨な官製組合となった[33]。水産組合は，行政から補助金を受けたし，その役員構成，業務からして水産行政の遂行機関であった。同時に水産業における意思形成機関でもあった。議員の中に那覇支部から照屋林顕，古賀辰四郎，浜田弥平次の動力船カツオ漁業者が含まれている。

組合事務所は那覇区西に置き，技術員，検査員，書記を置いた。とくに水産組合の主業務となる検査員として 4 人が雇われた[34]。組合の主業務は，水産物の検査事業，漁業紛争の調停，水産改良事業であった。まず，組合規約と組織の変遷をみたうえで，これらの業務にふれたい。

(2) 県水産組合の展開

　県水産組合が県水産会に再編（大正11年）されるまでの間に，いくつかの重要な組織，業務，役員などの変更があった。明治43年の設立時に大日本水産会に加盟した。大正2年に那覇区東町に大火があり，組合事務所も類焼したので一時県庁で，次いで通堂町の民家に仮住まいをした。新しい事務所が東町3丁目に完成したので，大正6年に移転した。その間，県有地の無償貸し付け，県の建物の無償払い下げを申請しており，実現して事務所用地や建物になったと思われる。また，大正7～9年に那覇と宮古に海産物倉庫が建設された。

　主な定款改正をみると，大正2年7月にカツオ節検査の徹底と競争入札制度の導入が決められた。従来の製品検査は，生産者が申し出た場合，とくに「宿小(ヤードグァ)」で行われていたので，場所が一定しないばかりか，全量検査が行われる保証がないため，那覇の場合は組合事務所で検査を行うこと，生産検査だけであったのを県外への移出検査もあわせて行い，不合格品は売買や移出を禁止すること，競争入札制度を導入することが決まった。この改正は，製品の品質向上，規格の統一，全量検査，取引きの公正化を図ったものである。

　次いで，大正5年4月に組合業務として漁獲物の共同販売や共同購買，漁業者救済，雇用取締り，講習に関する事項を追加した。漁獲物の共同販売や共同購買を行うことは画期的であったが，その実現は県水産会時代にようやく実現する。漁業者救済はカツオ漁業の沖合化，航海日数の延長による事故の多発に対応したもので，雇用取締りは漁夫の争奪戦を規律するものであった。同時に支部長制をやめ，かわって理事の定員を5人に増やし，また八重山と宮古を出張所とした。

　大正6年9月の改正では，カツオ節だけでなくマグロ節の検査を付け加えて，勃興しつつあったマグロ漁業に対応し，大正9年2月にはカツオ節以外の海産物についても移出検査を義務づけた。

　大正7年に水産組合内部の対立が表面化した。水産組合の漁業者は大きくカツオ漁業とその他の漁業，とくに糸満漁業（その代表としてのイカ漁業）とに分かれていたが，両者の性格が違うばかりか対立することがあった。専務理事であった照屋はカツオ漁業の振興に肩入れし，水産組合の代議員（元

の議員）も経費負担に応じて選出すべきという立場であった。経費負担に応じて選出すればカツオ節検査料に依存しているのでカツオ漁業者から選出することになる。他方，カツオ漁業者以外は，代議員は組合員の意見を反映すべく組合員数に応じて選出すべきだとして，照屋専務理事を罷免し，かわって糸満町出身で代議員でもある玉城五郎（県水産技師，動力船カツオ漁業創始者の一人，後の糸満浦漁業組合長，糸満町長）を担ぐ動きをみせた。この内紛は，理事を5人から6人に，専務理事を1人から2人にするという定款改正と専務理事として玉城を加えることで収まった[35]。

　この他，県に請願したものとして，大正4年には上述のように県有地の無償貸し付け，県の建物の無償払い下げ，漁獲物共同販売所の新設，大正5年には漁業資金の供給，漁港修築，県外・海外漁業調査がある。請願には至らなかったが，組合内部で大きく議論になったのは，カツオ餌料目的以外にグルクン（タカサゴ），ミズン，ヤマトミズン（マイワシに似たニシン科の魚），ガツン（メアジ）などの漁獲を4〜7月の期間，禁止する件である。カツオ漁業の保護を目的としているが，沖縄県のもう1つの主要漁業である糸満漁民の追込網を規制することになるので，結論が得られなかった。

　役員人事では，照屋は大正2年から県水産会に再編される大正11年まで専務理事を務めている。

## 2. 県水産組合の事業

### (1) 水産物の検査事業

　県水産組合の中心となる事業は水産物検査であり，それによって製品の品質や価格の向上を図り，沖縄県の地位を高めることであった。県は，県水産組合が設立される明治43年にカツオ漁業とカツオ節製造教師を先進県から招き，漁業地に派遣している。カツオ漁業は沖縄県にも入漁して漁場環境をよく知っている宮崎県から，カツオ節製造は大阪市場で土佐節の価格が最も高かったことから高知県から教師を招いた。その成果は上々であった[36]。

　水産物の検査は，カツオ節（後にマグロ節も），スルメ，フカヒレ，海参（いりこ）（ナマコの煮乾品）の4種類で，組合員であれば検査を義務づけられた。また，検査は生産検査だけではなく，大正2年からカツオ節で，大正9年から

表3-1 県水産組合の収入と水産製品の生産検査と移出検査の推移

|  | 収入（円） || 節類（千斤） || スルメ（千斤） | フカヒレ（千斤） | 海参（千斤） |
|---|---|---|---|---|---|---|---|
|  | 計 | うち検査手数料 | 生産検査 | 移出検査 |  |  |  |
| 明治43年度 | 2,024 | 1,423 | 339 | - | 102 | 13 | 4.0 |
| 44年度 | 2,200 | 1,463 | 526 | - | 103 | 31 | 1.0 |
| 大正元年度 | 1,871 | 981 | 445 | - | 49 | 29 | 0.2 |
| 2年度 | 2,393 | 1,657 | 616 | 155 | 29 | 30 | 6.0 |
| 3年度 | 2,845 | 2,054 | 581 | 442 | 40 | 18 | 6.0 |
| 4年度 | 4,528 | 4,028 | 1,186 | 1,077 | 166 | 31 | 3.0 |
| 5年度 | 5,045 | 2,885 | 1,158 | 1,031 | 73 | 30 | 3.2 |
| 6年度 | 5,744 | 4,665 | 1,206 | 960 | 77 | 31 | 3.5 |
| 7年度 | 8,415 | 5,953 | 1,316 | 1,159 | 92 | 35 | 3.5 |
| 8年度 | 8,192 | 7,326 | 1,090 | 926 | 131 | 37 | 4.0 |
| 9年度 | 15,711 | 6,044 | 1,350 | 1,150 | 200 | 42 | 4.5 |
| 10年度 | 12,130 | 10,944 |  |  |  |  |  |

資料：「沖縄県水産組合沿革」（大正10年9月）『沖縄県農林水産行政史　第17巻水産業資料編Ⅰ』（農林統計協会，昭和58年）所収，256～257ページ。

はその他の海産物で移出検査も義務づけられた。

　表3-1は，水産組合の予算と生産検査（カツオ節は移出検査も）の推移をみたものである。予算のほとんどが検査手数料であり，その他には県からの補助があった。予算額は，検査数量の増加とともに膨らんだ。検査はカツオ節が中心で，しかも大正中期から生産量の増加と検査の徹底によって倍増している。その他の海産物は停滞している。こちらは中国向け輸出品で，第一次大戦の勃発によって一時輸出が中断し，間もなく再開されたが，戦後は価格が低迷した。一方，カツオ節の価格は戦後も他府県の不漁などがあって高騰を続けた。

　沖縄県のカツオ節生産は資本規模が零細なため，黴付けをせず，荒節程度の焙乾，あるいは裸節で出荷した。離島や那覇から遠隔地の生産者はカツオ節を販売するために，長期間，那覇に滞在せざるを得ない。その販売を委託し，宿泊できる「宿小」は那覇港近くに多かった。カツオ節は「宿小」によって水産組合の検査にかけられた。生産検査は県内流通において支配的であった裸節程度の完成度をみるもので，移出検査は県外市場で通用する黴付けし

た本枯れ節を求めていた。

　組合事務所や「宿小」で生産検査を受けたカツオ節（宮古，八重山でも検査が行われた）は仲買人のセリにかけられた。仲買人は落札後3日以内に県水産組合へ代金を支払う。仲買人は県外出身の寄留商人や地元の商人である。

　従来の仲買人・「宿小」流通に対する批判として，大正2年5月に沖縄鰹節委託商会が設立された。これは生産者から販売委託を受け，その手数料は2％に下げ（「宿小」は4％程度），県内外の業者に入札販売をし，県外市場での価格を基準にする，仲買人が秤量したり，落札後に等級を決めるといった買い手主導を改めるとした。

　沖縄鰹節委託商会の設立を契機に大正2年7月，県水産組合は定款を大幅に改正した。改正点は，①水産組合の役職員に，組合員の営業に対する臨検の権利を認めた。②カツオ節の検査場を組合事務所とし，「宿小」への出張検査を廃止した。③生産検査においては，カツオ節の等級基準を細かく定め，また移出検査を実施するとした。この定款改正に対し，「宿小」や仲買人の抵抗もあって，実施時期を多少，遅らせたり，経過的な措置がとられた。

　大正3年の製品検査では，カツオ節は組合事務所で検査も競争入札も行われたのに，スルメは「宿小」へ検査員が出向いて検査するので検査漏れの恐れがあり，また「宿小」の自由販売によって価格形成上好ましくない影響を与えていた[37]。

　ここで，沖縄県のカツオ節の品質や流通をみておこう。カツオ節の製法は，当初は日向式（土佐式の系譜を引く）と薩摩式であったが，さらに土佐式，伊豆式などが採用されて雑然としたが，大正後期になるとほぼ土佐式に統一され，一部薩摩式が混じった[38]。カツオ節製造所は百数十ヵ所あって，いずれも生産組合経営であった。資金が不足して規模は小さく，器具機械は整備されていないために作業に不便で，品質にも影響したし，豊漁になると処理が困難になる有様だった。大正5年度から県の補助金で，製造設備の改善，技術者の派遣が行われた[39]。

　カツオ漁業最盛期の大正11年の状況をみると，カツオ漁船は合計117隻で，漁船規模は17〜19トンと小型であった。カツオ漁業の経営は生産組合方式をとり，カツオ節製造も行う。カツオ節製造は，黴付けを行うのはまれ

で，黴付け以後の工程は一般に仲買人によって行われた。大正11年に那覇市に初めて製氷所ができた位で，カツオ節製造は速製，かつ粗略であった。カツオ節は那覇に集まることが多く，県水産会が仲介して当市の仲買人（約11人）に競売し，仲買人はそのまま，あるいは日乾，黴付けをして主として東京，大阪の問屋へ出荷した。八重山郡の一部の生産者は鹿児島市の商人から仕込みを受けていて，カツオ節を直送していた[40]。沖縄県のカツオ節が全国に占める割合は，大正7年は量で8.7％，金額で7.7％，大正8年は10.8％と7.1％で一定の地位を占めたが，価格は低かった[41]。

### (2) 漁業紛争の調停

県水産組合は，その傘下に地区漁業組合を組織しており，漁業紛争の調停ができる唯一の民間団体であったが，漁業権，入漁権の免許は県の所管事項なので調停には限界があったし，水産組合内部の勢力図も絡むので調停は容易ではなかった。漁業紛争の主なものは，糸満漁民による各地への入漁問題であるが，ここでは浮原島の紛争事例を取りあげる。

その前に，糸満町の漁業を示しておくと，沖合漁業と沿岸漁業に分かれ，沖合漁業にはトビウオ流網，イカ釣り，フカ・マグロ一本釣りがあった。旧6月からフカ釣りはイカ釣りを兼ね，本島東岸の離島や久米島に出稼ぎに出た。沿岸漁業は一本釣りや追込網，採介藻である[42]。

明治43年に漁業法が全面改正され，入漁権も漁業権と同様，物権とみなされて権利関係が明確となり，また漁業組合が享有する地先専用漁業権も切り替えられた。沖縄県の専用漁業権は明治40年を皮切りに次々と設定されていき，大正7年までにほとんど出揃った。明治43年制定の改正漁業法では，入漁権を旧漁業法以前の契約または慣行によって認めていたが，糸満漁民に対する入漁拒否は各地で発生した。糸満漁民のもつ漁業技術の優秀性と追込網による資源収奪への反発が，地元漁業が盛んになればなるほど対立を引き起こした[43]。

以下，浮原島の紛争に関係する中頭郡の勝連村字浜比嘉，平安座高離（与那城村），伊計漁業組合（浦添村）も明治43年9月に地先専用漁業権が免許されている[44]。浮原島は勝連村字浜比嘉に属する小さな無人島だが，県下最

大のイカ漁場として知られ，9～11月の盛漁期には糸満漁民が多数入漁し，そこに小屋を建て，スルメを製造した。明治43年頃には県下のスルメ生産30万斤（180トン）の約3分の2がこの地で漁獲・製造された。入漁者はクリ舟170～200隻に各3人平均が乗り組み，他にスルメ製造，あるいは販売人を加えると男女1,000人近くに達した[45]。この入漁・寄留にあたっては借地代，小屋代として1隻につき3円ずつを徴収し，そのかわり浜比嘉側は日用品の供給，およびスルメの販売をしていた。ところが，浜比嘉側は明治43年に物価高にみあう借地料の値上げと糸満婦人がスルメを那覇に販売するようになったので糸満婦人についても入域料を徴収すると通告した[46]。

翌明治44年4月に隣りの平安座高離漁業組合の漁民20～30人が追込網で浜比嘉漁業組合の地先に入漁する事件があり，裁判所で入漁慣行のないことが立証されて敗訴した。このため平安座の1人が糸満漁民と結びついて浮原島に小屋を建て，出漁を促した。小屋を建てたのは官有地であるとして，入漁者から金を徴収した。これに対し，浜比嘉側はそこは民有地であり，作物も荒らされるとして憤り，調停も不発に終わった。糸満側は県に地権の設定を要請し，浜比嘉側は那覇区裁判所に提訴した。大正2年4月に裁判所は，糸満漁民が寄留している土地は民有地なので違法使用であり，損害賠償を命じた[47]。

8月になって糸満漁民約90人が浮原島に襲来し，警戒していた浜比嘉住民と衝突する事件が発生し，関係者で調停した結果，小屋1軒当たり借地料として3円，入漁料は1隻につき50銭とする，来島者は耕地を荒らさない，有効期間は3年間（大正2年度まで）とする旨の契約書を交わした。ところが，糸満側は上記の那覇区裁判所の判決で敗訴すると，那覇地方裁判所に控訴し，上記料金を支払わなかった。那覇地方裁判所は10月に糸満側の控訴を棄却している[48]。

大正3年8月に糸満と浜比嘉との間で協定が結ばれ，数年来に及んだ係争も落着した。協定では，大正3～7年度（5年間）のイカ釣り漁業については1隻につき1円40銭の借地料，製造人および商人で小屋建てをする場合も1円40銭の借地料を支払う，島内を荒らさないことが約された[49]。

こうしたなかで，糸満浦漁業組合が刷新される。同漁業組合は明治36年

7月に設立（県下で最初の漁業組合）され，当初，専用漁業権や入漁権の設定で大きな役割を果たしたが，明治40年頃から組合加入と非加入の区別があいまいとなり，組合費の未納者が増えて，その活動も衰退するようになった。このため，入漁権の設定や行使において多大な不利益をもたらしたことから大正3年9月に組合規約の改正，役員改選などを行い，組合長として玉城五郎が選出された[50]。

漁業組合が刷新されたといっても入漁をめぐる紛争が各地で発生した。大正3年8月には真和志村小湾の沿岸で操業していた糸満漁民10人の追込網が地元漁民によって襲撃され，網やクリ舟が捕獲された。糸満浦は入漁権を申請したが，認可されたわけではないので，調停に入った県水産組合は入漁権登録が完了するまでは入漁しないこと，没収された漁船，漁具を無条件で返却することで双方を引き分けている[51]。

大正7年になると，再び入漁問題が再燃し，中頭郡の各組合は糸満の入漁，とくに追込網の入漁は地元漁業の不振を招くので認めない方針を打ち出し，糸満側との協議は決裂している[52]。県水産組合の専務理事のイスをめぐってカツオ漁業派と糸満漁業派が対立し，照屋と玉城の2人体制にした時期である。

入漁紛争については組合間の協議や農商務省の調停などもあったが，不調に終わり，県水産組合長（県内務部長でもある）の奔走によって，大正8年4月に多くの組合が入漁協定にたどり着いた。糸満浦漁業組合は小湾，伊計，津堅（勝連村），平屋敷（勝連村），平安座高離，浜比嘉の6漁業組合と入漁協定を結んでいる[53]。

### (3) 水産業改良事業

水産業改良事業として，県水産組合は水産品評会（水産共進会）と水産集談会を隔年で開催するとともに，漁船機関士講習会，八重山の漁船機関修繕工場への補助，勝連村のマグロ漁業への補助金交付を行っている。

大正6年に開かれた水産集談会の議題を並べてみると，漁港修築に対する県補助の請願，カツオ餌料保護のため餌料目的以外の採捕・販売の禁止，海岸での鉱物採取の不許可の請願，県によるカツオ餌料網の開発，イカ漁業の

発展策，水産試験場の設置と漁場探索船の建造の請願，カツオ漁船が漁場競合する場合の規律と違反者への制裁，カツオ漁業の乗組員が前借り金を踏み倒して逃亡するのを防ぐために水産組合が漁民手帳を交付する件，漁業用燃油の安定・廉価な供給方法，水産組合による県外水産業視察，漁船の遭難救助の充実，となっている[54]。カツオ漁業の保護・振興が主で，県に対する補助，県の取締規則の改正や許認可に関する請願，漁業開発に関する請願が多い。

このうち県外水産業視察は，沖縄県の漁業はカツオ漁業を除くと停滞しており，とくに糸満の漁業は人口増加，漁場狭隘化によって高知，長崎，小笠原方面に出漁するようになったが，海外への出漁も有望なので，その推進を図るために事前調査を要望したものである[55]。

## 第4節　沖縄県水産会への改編

### 1. 沖縄県水産会への改編

大正10年4月に水産会法が公布され，水産組合は水産会に改組されることになった。水産会は，帝国水産会，府県水産会，郡市水産会の3段階制をとる全国組織とした点が水産組合と異なる。郡市水産会の会員はその地区で漁業，水産製造・販売を営む者，および地区内の漁業権者と入漁権者とし，資格のある者は全員加入とみなされる。また，水産会は政府から補助金を受ける，行政への建議，答申ができるとして，水産行政の補助機関として位置づけられた[56]。

沖縄県でも県水産組合を改編して，大正11年に設立されている。県水産会の業務や財産は県水産組合から継承した。すなわち，沖縄県水産会会則が制定され，大正11年4月に創立総会が開かれ，同年5月に認可された。同会則によると，県水産会は水産業の改良発展を目的とし，それに必要な指導，奨励などの施策を行うものであり，郡市水産会によって組織される。郡市水産会は，那覇市，島尻郡，中頭郡，国頭郡，宮古郡，八重山郡の6つで，議員18人を選出する。県水産会の役員は，会長，副会長各1人，評議員5人の計7人で構成され，職員は主事，技師，書記，技手と定めている[57]。照屋

は議員および評議員となった。

大正13年に会則が改正され，副会長2人，評議員6人になった。照屋は大正15年から副会長に，昭和12年から会長に選任された。

### 2. カツオ節の検査事業

カツオ節の製法は従来はほとんどが土佐式であったが，大正12年度以来，県が静岡県から教師を招いて指導したので本部村や慶良間諸島は焼津式に変わった[58]。宮古，八重山は薩摩式で製造しており，形状も不揃いであった。また，早く売り捌こうとして乾燥が不十分なまま出荷する者もあり，黴付けをしていない節もあった[59]。その販売方法も，遠方からカツオ節を持って那覇に出てきて，「宿小」に販売を委託していた。これでは旅費や時間を浪費するばかりでなく，委託手数料が必要になる。大正12年度に県水産会は，「取引斡旋規定」を設け，生産者が生産地から直接水産会に送荷したものを直ちに検査，鑑別し，少額の手数料で，販売から代金の取り立て，出荷者に送金をする方法をとり始めた[60]。

大正14年には，カツオ節の検査，入札方法が先進地の他府県に比べて複雑で，欠陥もあって生産者に不便をかけているとして仲買人側から改善提案がなされ，可決している。それは節類の検査区分を簡略化すること，入札は一山単位で行うこと，各産地の平均相場を公表すること，であった[61]。

## 第5節　沖縄県漁業組合連合会の設立と活動

カツオ漁業およびカツオ節製造の共同販売，共同購買，あるいは資金供給の道を開くために，大正2年に座間味村（島尻郡），糸満浦（島尻郡），本部村（国頭郡），津堅（中頭郡）の4漁業組合が連合会を結成する計画があった。しかし，機が熟さず，見送りになった。

大正5年になって国の低利資金融通の道が開けたので，県が中心となって，利害が共通し，協調性が期待できる座間味村，渡名喜村，渡嘉敷村の3漁業組合（いずれも島尻郡）を選び，この3漁業組合で結成することになった。大正5年3月，那覇区通堂町の県水産組合事務所（仮住まい中）で設立総会

が開かれ，規約，予算，低利資金借り入れなどを決め，役員を選出した。

規約で，事業はカツオ漁業資材とカツオ節製造器具の共同購入，カツオ節の共同販売，および信用事業（資金の貸し付けと貯金の励行）の3点としている。設立総会で，県水産組合を代表して臨席した照屋が安里積勲とともに主事に任命された（当初の専務理事は橋本一二，照屋は大正10年から専務理事，大正14年から会長理事，安里は大正12年から書記）。

初年度予算5,245円のうち4,000円は低利資金として借り入れ，組合員（カツオ漁業とカツオ節生産を行う生産組合）は各漁船ごとにカツオ節1斤につき1～3.5銭を義務として貯金し，資金貸し出しの原資とした。共同購買の中心は石油類で，日本石油（株）鹿児島代理店と契約した。

初年度の事業をみると，共同購買は第一次大戦による石油の不足と価格急騰のなかで市価より安く，また安定供給されて組合員の利益は大きかった。ただ，カツオ漁業組織のなかには，従来の負債に束縛されて連合会から購入できなかったり，石油商人の妨害や値引き対抗でその取扱量は限られたものになった。カツオ節の共同販売では従来，那覇の仲買人に販売（競争入札）していたが，直接，県外に移出するようになった。

大正6年には，県水産組合と同じく，事務所を通堂町から東町3丁目の県有地に移転した（事務所の落成は大正9年）。大正7年に石油を直に移入することとし，東京の石油会社から購入し，大阪商船会社を取扱店とした。そのために石油倉庫を建設した。共同販売は，那覇市場の価格が順調だったことでほとんどをそこで販売し，県外移出は少量にとどまった。

大正8年には本部村漁業組合（国頭郡）が加入し，4漁業組合となった。そして，組合員は生産したカツオ節全量を連合会に委託することを規約に盛り込んだ。

カツオ漁業の最盛期である大正11年の状況をみると，4漁業組合に27組のカツオ漁業（生産組合）があった。座間味村が8組，渡嘉敷村が6組，渡名喜村が4組，本部村が9組である。カツオ節共同販売の売上げ高は527千斤（316トン），844千円（県全体の29％）に達し，石油の共同購買は137千円，資金の貸し付けは25千円の実績であった。

大正12年9月に関東大震災があり，東京に移出したカツオ節も焼失して

被害を受けた。大正12～14年度は震災恐慌に加え，不漁で組合員のなかには石油代金の延滞はおろか，操業を停止する漁船も現れた。大正14年には県水産会の倉庫を購入し，カツオ節倉庫とした。その資金として漁業共同施設奨励規則[62]による奨励金の交付を申請している。

照屋は主事として会計を掌握していたが，大正10年の規約改正で理事と監事が各1人増員されると，専務理事に選出され，東京，大阪方面へ石油の購入やカツオ節の販売，さらには漁業視察でたびたび出張するようになった。そして，大正14年1月には会長理事に選出されている[63]。

義務貯金についてみると，従来，漁業者は漁業収入をすべて生活費や遊興に費やし，甚だしいのは大漁を前提として前借りを重ねるなど事業資金の積み立てをしなかった。連合会は，こうした弊風を矯正し，企業精神を鼓舞するためにカツオ節販売額の一部を義務として積み立てるようにした[64]。漁業組合や漁船によって金額は違うが，カツオ節1斤につき1～3.5銭とした。当初，預金額は増加し，大正5年度は4,420円であったが，7年度は11,982円となった。

しかし，大正12年度には義務貯金が徹底していないとして，1斤あたり5銭以上とする，その引き出しは原則として漁船建造費や機関購入に限るとした。にもかかわらず，翌大正13年度に義務貯金をしているのは12組だけで，しかも預金額は6,821円に留まり，さらに預金引き出しが6,307円あって残高は513円になってしまった。未曾有の不漁とはいえ，カツオ漁業の企業化という初期の目的は水泡に帰してしまった[65]。

## 第6節　昭和戦前期の県水産会とカツオ節流通

### 1. カツオの不漁と不況対策

沖縄県は，カツオの大不漁と「ソテツ地獄」に直面して積極的な水産対策を講じた。昭和元～8年度の水産助成費の主なものは，県水産試験場の那覇市垣花町への新築移転，大型漁業指導船の建造（遠洋カツオ・マグロ漁業の調査が可能）や冷蔵庫の設置助成（水産試験場内に設置，垣花のマグロ延縄・深海一本釣り漁業の支援）があり，漁業者に対しては，大型カツオ漁船の建

造とその貸し出し（沖合・遠洋カツオ漁業の奨励），カツオ節倉庫の建設補助（6ヵ所に建設），冷蔵部門の整備補助（製氷工場・貯氷庫の建設，冷蔵運搬船の建造），マグロ漁船の経営補助などを行った。カツオ漁業の沖合・遠洋化とマグロ漁業・深海一本釣り漁業およびそれら水産物の流通に対する助成が中心になった[66]。

沖縄県水産会の業務にかかわるカツオ節の製品検査や流通についてみていくと，大正13年6月，カツオ節を県外に移出する仲買人が，重要物産同業組合法に基づいて，那覇鰹節商同業組合を設立した。主に那覇に居住するカツオ節移出商で組織され，組合員は24人である（昭和9年も22人であまり変わらない）。同業組合は，県水産会による検査制度の改善を求めた。それは，検査基準の簡素化や入札方法の改善に始まり，次第に移出検査の廃止，検査料の半減を主張するまでにエスカレートした。

県水産会と那覇鰹節商同業組合の対立を県が調停して妥協をみたが，それでも移出検査を受けずに県外に移出したり，検査料を納付しない仲買人もいた。カツオ漁業最盛期の大正11年でみると，節類の生産高が1,150トン，そのうち生産検査は87％が受けたが，移出検査は56％と高くなかった。大阪，東京，鹿児島のカツオ節問屋の注文に応じて，そのまま，あるいは日乾，黴付けして出荷した。県水産会にとってみれば，検査業務を廃止すれば，主要な収入源である検査料収入を失うことになり，逆に取締りを厳格にするかの岐路に立たされた[67]。

大正末のカツオ漁業の大不漁で，カツオ漁業経営および県漁業組合連合会の経営は逼迫した。連合会からの資金貸し付けが焦げ付いた[68]。沖縄県のカツオ漁業，カツオ節製造は大正11～13年をピークに減少に転じ，昭和5～6年にはカツオ節生産量は最盛期の6割に，金額は3分の1近くに低落した。第一次大戦期の砂糖ブームで儲けた金をカツオ漁業へ投資する者が相次ぎ，カツオ漁船は昭和2年には200隻を超えたが，同4年には一挙に半減した。

カツオ漁業の不振は，カツオ来遊の減少が基本的な原因だが，餌料の不足，県外船進出による圧迫，資本の不足で沿岸操業に留まったこと，利益を積み立てない経営方式，漁業用資材の割高，も理由である。漁業用資材，とくに燃油は内地から供給を受けるので割高となり，逆にカツオ節は県外に移出さ

れるので不利であった。カツオ節は資金不足のため裸節での取引きが多かった。カツオ節倉庫はできたが，カツオ節を担保とした銀行からの融資は拡がらなかった。カツオ節の売買は，那覇で県水産会が製品検査をしているし，那覇鰹節商同業組合もあるため，ほとんど那覇で行われ，県外へ直接移出する者は少なかった[69]。

昭和2年現在，沖縄産カツオ節の評価は高まったが，それでも大阪市場で最も評価の高い土佐節に比べると2割ほど安かった[70]。

昭和10年頃には，県漁業組合連合会は経済的に行き詰まり，あたかも清算団体のような状態に陥った。カツオ漁業は不振を極め，南洋群島へ出漁（昭和4年以降）するなどして地元のカツオ漁業は空洞化してしまった[71]。

## 2. カツオ節流通の戦時統制

戦時体制下に入って，沖縄県でもカツオ節は水産物配給統制規則によって昭和17年7月から全国鰹節類統制組合へ出荷し，配給計画に従って各府県の小売り荷受け機関へ配給することになった。

公定価格を設定したが，品質に関係なく最高価格一本建てであったことから最高価格で取引きされる弊害が生じた。そこで，国は県営検査を受けたものを最高価格とし，生産団体の検査によるものを次位にした。そのこともあって，昭和18年1月，県は沖縄県水産製品検査規則を作り，従来の県水産会，県蒲鉾工業組合で実施していた節類検査，カマボコ検査を県営検査に移管した（生産検査のみ。移出検査は廃止）。検査を全国並みに統一するとともに，水産製品検査所を那覇に，検査出張所を宮古郡と八重山郡に，検査駐在所を糸満町（島尻郡），美里村（中頭郡），名護村，本部村（国頭郡）に設置した。

しかし，県営検査に移管した頃には，カツオ漁船の徴用，配給統制の浸透，軍需用の増加でカツオ節は市中から姿を消すようになった[72]。

## 第7節 要　約

照屋林顕は，沖縄県で最初に動力船カツオ漁業を始めた人であり，その後，沖縄県水産組合（県水産会），沖縄県漁業組合連合会の職員，役員を務めた

ことで，沖縄県の水産業の発展，とくにカツオ漁業のそれに深くかかわった。

(1) 照屋は，宮崎や鹿児島県からの入漁船に刺激を受けて明治42年に沖縄県最初の動力船カツオ漁業に乗り出した。照屋に続いて，安里積勲（座間味村出身，小学校教員），古賀辰四郎（福岡県出身の海産物商，第1章で詳述した），玉城五郎（糸満町出身，県職員），浜田弥平次（宮崎県出身，那覇で造船所経営）らも参入した。

沖縄県の他のカツオ漁業と比べて，彼らにはいくつかの共通した違いがある。それは，①学識が高く，水産界にかかわっていて，起業資金があった。叩き上げの漁業者ではなかった。②村落共同体をベースにした生産組合方式をとらず（そうした条件がなかった），個人経営とした。③発動機を県外から取り寄せたのは無論のこと，乗組員は先進県から雇用するか，水産学校の卒業生を雇用した。④漁業地としては，沖縄本島周辺は過密操業であったので八重山方面を目指した。

このうち，照屋と安里は，経歴が非常に似ていて，県師範学校を卒業して小学校の教員となり，その後，カツオ漁業を興し，それが失敗すると県漁業組合連合会の職員となった。動力船カツオ漁業の着手にしても，安里がカツオ節販売会社を設立し，さらにカツオ漁業へと事業を拡大する過程で，それと提携しながら着手した形跡がある。

彼らは，資本規模，漁船規模を大きくし，新しい技術を未開の八重山で発揮する企業家精神にあふれていた。しかし，その多くは挫折してしまう。照屋の動力船カツオ漁業経営は3年で挫折した。直接的には発動機関の不良，西洋型漁船の扱いにくさ，労働力確保の失敗が原因だが，根底には高次の生産力にみあった餌料採捕，カツオ漁労，カツオ節製造という一連のシステムを構築することに失敗したのだといえよう。

照屋は，その後，県水産組合（県水産会），県漁業組合連合会の活動を通じてカツオ漁業の発展，経営改善を進めていくが，対象となるカツオ漁業は，小型動力船で沿岸操業を基本とし，餌料採捕からカツオ節製造まで一貫経営をする生産組合であった。

(2) 県水産組合は明治43年にすべての水産関係者を組合員として設立され，水産製品の検査事業，指導事業，漁業紛争の調停を行った。水産組合は

まったくの官製組合で，水産行政機関の役割を演じるとともに，水産界の意見集約機関ともなった。

経済事業としての水産製品の検査，とりわけカツオ節の検査，競争入札制は品質の向上，統一仕様に大きく貢献したし，仲買人や「宿小」による仕込み支配を乗りこえるのに役立った。ただ，カツオ漁業は規模が小さく，資金不足は半製品のままでの売り急ぎにつながり，一方，商人資本による検査逃れという問題がつきまとった。

指導事業も，県の水産行政と同じく，カツオ漁業とカツオ節製造に偏重していた。それは，クリ舟を使い，泳ぎと潜水が巧みで，人数では多数を占める糸満漁民の利害を軽視することであり，時には対立した。とくにカツオ餌料となる小魚の採捕をめぐって，保護を主張するカツオ漁業派と追込網の操業を主張する糸満漁業派が対立した。水産組合が糸満漁業にコミットしたのは，糸満漁民の慣行入漁をめぐる紛争の調停であったが，水産組合には漁業権や入漁権に対する権限はなく，有効なものにはならなかった。

県漁業組合連合会は，他府県のそれと違って，カツオ漁業を営む4つの漁業組合の経済事業連合体として大正5年に組織された。4漁業組合はカツオ漁業生産組合を複数かかえており，連合会はカツオ節の共同販売，石油類の共同購入，漁業資金の貸し出しとその原資となる貯金の励行を業務とした。照屋と安里は創立当初からこの連合会の職員として働いている。

(3) 照屋が県水産組合（大正11年から県水産会），県漁業組合連合会の役員となり指導力を発揮するようになって間もなく，沖縄県のカツオ漁業が隆盛から一転，急落する。大正11年が沖縄県カツオ漁業の最盛期であるが，その後，カツオの大不漁，第一次大戦後の不況から昭和恐慌に続く「ソテツ地獄」が凋落を著しいものにした。カツオ来遊の減少の他に，沖合で操業するだけの漁船の大型化，資金の余裕がなかった。平等出資，平等就労，平等分配を原則とする生産組合では，利益の内部留保，投資が行われず，近海操業の域を抜け出せずにいて傷口を拡げた。

多くのカツオ漁業生産組合が倒産し，県漁業組合連合会も貸し付け金の焦げ付きができ，義務貯金も集まらなくなって，不良債権団体然となった。一部のカツオ漁船は，昭和初期から漁業地を南洋群島に移すことで，危機を乗

り越えた。南洋群島などにおけるカツオ漁業の勃興は，まわりまわって郷里・沖縄のカツオ節価格の回復にとって圧力となった。

一方，昭和初期から那覇を中心にマグロ延縄，深海一本釣り漁業が発展するようになった。県水産会は卸売市場の開設，製氷冷蔵事業によって，行政とともにその動きを支えた。

「ソテツ地獄」を脱した昭和12年頃に，照屋は水産界から引退している。県水産会の水産製品検査は昭和18年に県営検査に移行し，また同年の水産業団体法によって県水産会，郡市水産会，県漁業組合連合会は統合されて沖縄県水産業会となった。照屋が亡くなったのは，その翌年のことである。

注

1) 照屋の略歴は，「昭和十五年公文雑纂　巻35」(国立公文書館所蔵)，楢原翠邦編『沖縄人事録』(沖縄県人事録編纂所，大正5年11月) 409ページ，沖縄県水産会「沖縄県水産会報　創刊号」(大正13年1月)『沖縄県農林水産行政史　第17巻水産業資料編Ⅰ』(農林統計協会，昭和58年) 所収，297ページを参照。照屋は糸満漁業の対極の立場にいたが，息子の嫁・敏子は糸満出身であり，第二次大戦後は追込網漁師を束ねるなどの女丈夫であった。髙木凜『沖縄独立を夢見た伝説の女傑　照屋敏子』(小学館，2007年) 参照。
2) 琉球新報　明治39年2月27日。
3) 琉球新報　明治40年12月16日。
4) 沖縄毎日新聞　明治43年5月23日。
5) 琉球新報　明治43年4月26日。
6) 琉球新報　明治44年10月14日。
7) 琉球新報　大正5年7月12日。
8) 沖縄毎日新聞　明治45年6月9日。
9) 琉球新報　明治5年9月10日。
10) 安里積勲 (1873〜43年)：慶良間島座間味村に生まれ，県師範学校を卒業して，郷里の尋常小学校の校長兼訓導となった。それとともにカツオ節の品質向上に尽力するようになり，明治38年に那覇に沖縄水産製造株式会社 (カツオ節などの製造・販売会社) を設立し，慶良間や久米島でカツオ節製造を行った。明治43年1月に沖縄水産株式会社と改名し，事業としてカツオ漁業やカツオ節の仲買などを加えた。宮崎県から15馬力の石油発動機船を購入した。照屋に次いで県下2番目の動力カツオ漁船である。照屋も同社の取締役に選任された。しかし，明治44年11月に同社は解散に追い込まれる。原料のカツオが確保できなくなったことが主な原因とされている。照屋の動力船カツオ漁業の廃止と同じ年である。その後，安里は島尻郡会の選挙に立

候補したりした（落選）が，大正5年3月から沖縄県漁業組合連合会の主事に，同12年9月から同書記に任用された。大正14年4月〜昭和4年2月は座間味村村長となった。座間味村史編集委員会『座間味村史　上巻』(1989年，座間味村) 463〜476ページ。
11)　大村八十八「沖縄県水産一斑」（大正元年）前掲『沖縄県農林水産行政史　第17巻　水産業資料編Ⅰ』所収，41ページ。
12)　遠洋漁業奨励法は明治30年に制定された。明治38年，42年の改正で，奨励対象が拡大して，沖合操業の小型動力船漁業にも及んだ。漁業奨励金，改良漁船に対する漁船奨励金などがあった。
13)　琉球新報　明治42年12月25日〜26日，「照島丸の鰹漁業成績」『大日本水産会報　第329号』（明治43年2月）29ページ。
14)　琉球新報　明治43年12月22日。
15)　玉城保太郎は，糸満漁民で，無類の考案家であり，努力家であった。水中眼鏡や縄編機の考案，釣り針や網地の改良，各種博覧会や品評会への出品を行っている。漁業ではサメ釣りやカツオ釣り漁業の発展に貢献した。サメ漁業では和船を購入して他県人を乗り組ませたし，カツオ漁業では汽船を仕立てて水産学校卒業生に船を任せて，毎年，八重山へ遠洋航海をした。両漁業ともクリ舟を使い，潜水技術を基本とする糸満漁業の枠を抜け出ている。長田文「父・玉城保太郎を語る」『青い海　No.81』(1979年春季号) 100〜105ページ。同じものが，谷川健一責任編集『漂海民──家船と糸満』（三一書房，1992年）に収録されている。
16)　沖縄毎日新聞　明治43年8月20日。
17)　琉球新報　明治41年10月14日。
18)　沖縄毎日新聞　明治43年8月20日，琉球新報　明治41年10月14日。
19)　沖縄毎日新聞　明治43年8月20日。
20)　「発動機船調査（一）」『大日本水産会報　第340号』（明治44年1月）57〜65ページ。
21)　浜田弥平治は宮崎県人で，明治34年にカツオ漁業で沖縄県に入漁（宮崎県人では最初），明治42年に那覇の浜田造船所で照屋の動力漁船を建造，43年には自営船を建造して台湾基隆港を根拠に操業した。真境名安興『沖縄現代史』（琉球新報社，1967年) 376〜377ページ。
22)　琉球新報　明治43年12月22日。
23)　琉球新報　明治43年7月27日。
24)　琉球新報　大正5年9月10日。
25)　琉球新報　明治41年10月14日。
26)　琉球新報　明治43年12月22日。
27)　琉球新報　明治43年8月24日。
28)　沖縄毎日新聞　明治43年9月22日。
29)　沖縄県の水産学校は，明治37年6月に糸満村立水産補習学校として誕生した。宮崎県カツオ漁業の沖縄進出に刺激され，その自主開発を目指した。学校教育は叩き上げの糸満漁民の冷評を浴びた。後，学校は郡立となり，学校名も変わり，明治43年4月から沖縄県立水産学校となった。校舎も那覇の垣花に移動した。大正2年には動力

船を備えた。渡嘉敷唯功「島尻時代と水産学校時代」「沖縄教育　248号」(昭和12年4月) 前掲『沖縄県農林水産行政史　第17巻水産業資料編Ⅰ』所収，817～825ページ。

30) 糸満町人「糸満概況」『水産界　第425号』(大正7年2月) 67ページ。
31) 浦山精一「琉球の漁業」『水産界　第411号』(大正5年12月) 33ページ。
32) 「沖縄県水産予算」『大日本水産会報　第328号』(明治43年1月) 43ページ。
33) 琉球新報　明治43年3月23日～24日。
34) 製品検査員の1人は玉城松栄である。玉城は糸満町出身で，商業補習学校を終え，県水産組合の最初の製品検査員となった。その後，那覇で海産物商店を開き，久米島ではカツオ節と缶詰製造を行い，また，海運業にも手を染めた。いずれも業績があがらず，海外に出ることを決意し，大正6年に南洋群島に渡り，そこで13年からカツオ漁業を始めた。南洋群島における最初の日本人カツオ漁業であった。昭和初期に沖縄から南洋群島へのカツオ漁業出漁が盛んになるが，その先駆けをなした。「玉城松栄の略歴」(昭和初期に本人が自筆，糸満市役所所蔵)，岡島清「トラック島鰹漁業の概況（一）」『南洋水産　第4号』(昭和10年9月) 43～45ページ。後に県水産組合の検査委員になる上運天英保の略歴についても記しておこう。大正4年に県立水産学校を卒業，6年に沖縄県水産組合の検査員に任用される。大正11年，沖縄県水産会に変わるとその技手に任用替えとなった。昭和3年に水産会を辞し，県漁業組合連合会書記となり，昭和8年にはそこをやめて那覇海産物商組合書記，9年には那覇鰹節商同業組合書記長併任となった。一貫してカツオ節の検査・取引き，あるいは団体の会計，書記を務め，照屋の下で働いた期間も長い。水産学校長協会『漁村に輝く人々』(大日本水産会，昭和10年) 21～22ページ。
35) 琉球新報　大正7年3月8日～9日。
36) 前掲「沖縄県水産一斑」8～11ページ。
37) 前掲「沖縄県水産組合沿革」232ページ，琉球新報　明治43年6月24日，大正3年4月22日，沖縄毎日新聞　大正2年5月12日，大正3年9月21日～22日，上田不二夫「戦前期沖縄カツオ産業の展開構造」(鹿児島大学大学院連合農学研究科博士論文，1995年) 80～86ページ。
38) 農商務省商務局『第十四回九州沖縄八県連合共進会審査復命書』(大正10年12月) 387ページ。
39) 沖縄県内務部『沖縄県産業要覧』(大正9年2月) 82ページ。
40) 山本祥吉「最近沖縄県鰹節業概況（大正十一年九月上旬調査）」『水産講習所試験報告　第19巻第5号』(大正12年11月) 54～56, 60ページ。
41) 伊谷以知二郎・小野辰次郎・木村金太郎『最近水産製造講義　上巻』(大正11年) 121～122ページ。
42) 玉城五郎稿「糸満概況（一）」『台湾水産雑誌　第306号』(昭和15年11月) 63～64ページ，同「同（二）」『同　第307号』(昭和15年12月) 14ページ。
43) 上田不二夫『沖縄の海人』(沖縄タイムス社，1991年) 31～42ページ。
44) 琉球新報　明治43年9月29日。
45) 琉球新報　明治44年8月19日。

46) 琉球新報　明治44年8月23日。
47) 沖縄毎日新聞　明治44年11月16日，12月9日，琉球新報　大正2年4月2日。
48) 琉球新報　大正2年8月29日，8月30日，沖縄毎日新聞　大正2年10月4日。
49) 琉球新報　大正3年8月20日。
50) 琉球新報　大正3年9月5日。
51) 沖縄毎日新聞　大正3年9月29日，琉球新報　大正3年9月30日，前掲「沖縄県水産組合沿革」233ページ。
52) 琉球新報　大正7年3月25日～26日，4月5日。
53) 前掲「沖縄県水産組合沿革」246～248ページ。
54) 「第四回沖縄県水産集談会」『水産界　第422号』（大正6年11月）79ページ。
55) 前掲「沖縄県水産組合沿革」239～240ページ。
56) 前掲「沖縄県水産会報　創刊号」299～302ページ。
57) 「沖縄県水産会々則」前掲「沖縄県水産会報　創刊号」302～305ページ。
58) 立川卓逸「彙報　第8号鰹節読本」（昭和7年）前掲『沖縄県農林水産行政史　第17巻水産業資料編Ⅰ』所収，791ページ。
59) 上運天英保「本県鰹節の製造工程」前掲「沖縄県水産会報　創刊号」271～272ページ。
60) 田崎朝淳「取引斡旋規定の利用」前掲「沖縄県水産会報　創刊号」280～281ページ。
61) 「鰹節検査制度の改善」『台湾水産雑誌　第109号』（大正14年2月）33ページ。
62) 沿岸漁業の不振に対して，大正14年に漁業共同施設奨励規則が制定された。漁業組合などが整備する漁港，水産物の加工・販売・運搬・貯蔵施設などの共同利用施設に対して補助金が交付される。補助金行政への転換である。
63) 沖縄県漁業組合連合会「本会乃沿革」（大正15年4月）前掲『沖縄県農林水産行政史　第17巻水産業資料編Ⅰ』所収，346，370～374ページ，前掲「戦前期沖縄カツオ産業の展開構造」140～142ページ。
64) 安里積勲「事業継続資金の積立を促す」前掲「沖縄県水産会報　創刊号」268～269ページ。
65) 前掲「本会乃沿革」350～388ページ。
66) 沖縄県「産業助成費ニ依ル水産業事業成績調」（発行年不明）前掲『沖縄県農林水産行政史　第17巻水産業資料編Ⅰ』所収，398～413ページ。
67) 沖縄県内務部「沖縄県水産概況」（大正15年）前掲『沖縄県農林水産行政史　第17巻水産業資料編Ⅰ』所収，90ページ，沖縄県水産会「沖縄県水産要覧」（昭和10年）同上所収，164ページ，「鰹節検査問題」『台湾水産雑誌　第132号』（昭和2年1月）70～71ページ。
68) 前掲「本会乃沿革」346ページ。
69) 立川卓逸「琉球近海に於ける鰹漁業の興亡（一）」『水産界　第590号』（昭和7年1月）21，25ページ。同「同（二）」『同　第591号』（昭和7年2月）19～25ページ。
70) 児玉政治「本邦各産地鰹節の大阪市場に於ける品位及其入荷割合に就て」『台湾水産雑誌　第147号』（昭和3年4月）2ページ。

71) 前掲「沖縄県水産要覧」(昭和10年) 163〜164ページ。
72) 沖縄県沖縄史料編纂所『沖縄県史料　近代1　昭和十八年知事事務引継書類』(沖縄県教育委員会, 昭和53年) 336ページ。

# 第4章

# 奄美大島におけるカツオ漁業の展開過程


## 第1節　奄美の社会とカツオ漁業

### 1. 奄美の社会

　奄美特産品としての黒糖，大島紬，カツオ節の三者は，いずれも離島特産の必須条件を備え，かつ強度な自給生活のなかで突出した島外移出用＝本土需要に支えられた商品である。しかも，黒糖・大島紬生産はカツオ漁業の成立と発展を支えてきたので，簡単に説明しておく。

　薩摩藩の支配下に入った琉球・奄美では，黒糖生産は元禄期には相当の普及と商品化をみ，同時に甘藷作・大島紬も導入されて島民の生活水準は向上しつつあった。だが，その後，薩摩藩は島民の土地への緊縛，甘蔗の強制耕作，商業の禁止を強行したうえで，黒糖の徹底的収奪を行ったし，貢納以上の大島紬・漁業生産も禁圧した。

　明治6年，藩専売制の重圧がとり除かれてからは，鹿児島および大阪の商人支配・前期的収奪によって耕作放棄・甘蔗作の荒廃が進む。奄美糖業の復興は，明治30年代の資本主義の確立過程で，とりわけ35年の大島郡糖業奨励規則の制定を機とする。しかし，それも明治末以降は，糖業独占資本の台頭，台湾・沖縄の糖業の発展と裏腹に資本から見放された地域として停滞してしまう。昭和初期における奄美での主要黒糖生産地は，徳之島，沖永良部島であるが，大島本島では南部の瀬戸内4ヵ村（西方，実久，鎮西，東方）[1]が比較的盛んであった。

　一方，大島紬は，明治前期に製法改良・原料転換があり，製品も商品化さ

れ始めたが，一層の発展は締機の発明をみる明治30年代以降のことである。昭和初期における主要生産地は，大島北部の名瀬，三方，龍郷，笠利の4ヵ町村であった。明治後期以降，大島南部での黒糖生産，北部での大島紬生産の興隆は，カツオ漁業という高度な商業的漁業を生み出す土壌となり，漁閑期の副業として定着することでカツオ漁業の再生産を支えた。

黒糖，大島紬，カツオ漁業のいずれも明治30年代に商品経済化の進展とともに企業的発展を遂げる。沖縄県でも同じである。

漁業の方は，カツオ漁業以外は自給漁業の域を出なかった[2]。ひとりカツオ漁業が商業的漁業として成立しえたのは，周辺にカツオが寄る魚礁（曽根）と餌料のキビナゴが豊富であったこと，低廉な労働力があったこと，カツオ節は商品価値が高く，保存性があって本土移出が可能であるという商品特性を備えていたからである。広汎な半農半漁民の存在と狭隘な島内市場を対象にしては，いかに県の奨励があったとしても産業的な発展は望み得ない。

### 2．奄美のカツオ漁業

奄美大島におけるカツオ漁業の勃興は明治33年のことであり，伝搬者は無動力船で漁場の沖合化を推進していた鹿児島県・宮崎県のカツオ漁業者であった。彼らは明治初期以来の地先漁場秩序の混乱と，それに伴う漁獲減少に遭遇して沈滞していたが，明治中期以降，カツオ節需要の増大に刺激されて漁船を改良・大型化し，漁場開拓に乗り出し，ついに奄美大島・沖縄・台湾に到達したのである[3]。

彼らによって伝搬したカツオ漁業はまたたく間に島民の間に普及して，奄美は全国的にも主要なカツオ漁業地の1つとなった。だが，そこでのカツオ漁業は，商品経済化が未発達であった農（漁）村で突如生成したがために，本土のそれと異なった特異な性格を帯びたし，その展開も制約され，地場小資本の域を脱しきれないままで終始した。このことは，昭和55年現在（本章は昭和55年の論考である。以下，同じ），奄美大島でカツオ漁業を営む3経営体（名瀬市大熊の2つの生産組合，大島郡瀬戸内町の1個人経営体）が，いずれも近海操業，したがって季節的操業，村落共同経営，餌料採捕から節加工まで一貫経営という特徴をもっていることからも推察されよう[4]。

# 第 4 章　奄美大島におけるカツオ漁業の展開過程

本章の課題は、「南方」漁場への進出がわが国カツオ漁業の重要な発展軌跡であるというとき、それら地域における具体的な展開過程の解明なくして全体像をとらえ、性格づけることはできない[5]。上述したような操業・経営形態の違いと「南方」漁場への進出に乗り遅れた地区の脱落の過程を見過ごすことになるからである。こうした立場から「南方進出」の始点となった奄美大島を事例に、カツオ漁業の発達を産業論的な視角からだけではなく、カツオ漁業の伝搬と普及過程をその地域の村落社会構造とかかわらせ、いわば地域論的な視点をもって考察することである。

考察対象を第二次大戦までとし、4つの時期区分にしたがって論述する。それは、明治 33～42 年のカツオ漁業の導入期、明治 42 年～大正 7 年の漁船動力化時期で最盛期、第一次大戦後から昭和恐慌までの爛熟期、昭和恐慌から太平洋戦争までのカツオ漁業の衰退および消滅期、である。

奄美大島におけるカツオ節生産量の推移を沖縄県のそれと比べながらみて

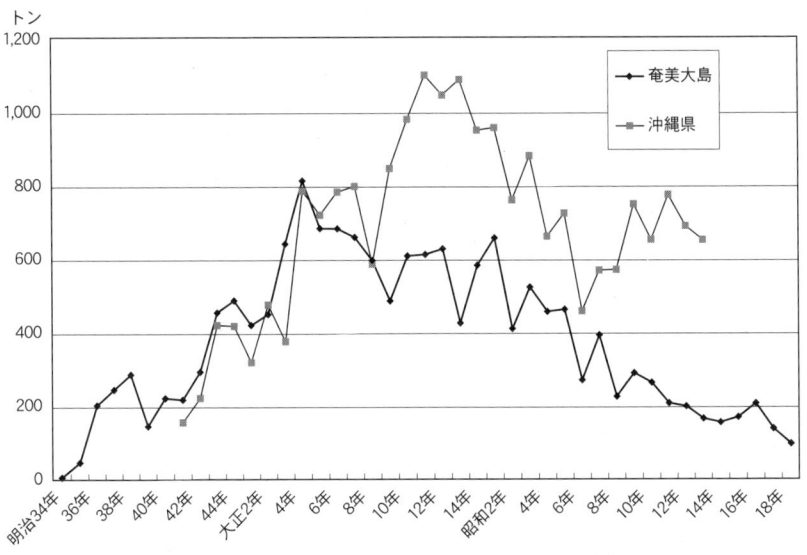

資料：奄美大島は『奄美大島水産業沿革史』、沖縄県は『沖縄県統計書』による。

図 4-1　奄美大島と沖縄県のカツオ節生産量の推移

おこう（図4-1）。奄美大島のカツオ節生産は明治34年に始まるが，生産量は漁船隻数の増加，漁船動力化によって三段跳びのように跳ね上がって大正3〜昭和元年の期間が最も高く，600〜700トンとなった。その後は，急速に低下し，昭和10年代は200トンを割り込むようになった。沖縄県のそれは，奄美大島よりやや遅れて始まるが，大正初期まで奄美大島と肩を並べて急上昇している。その後，奄美大島が高止まりしたのに対し沖縄県はさらに生産量を伸ばして大正後期がピークとなった。1,000トンを超えた年もある。昭和に入ると急激に下がり始めるが，昭和恐慌以後は横ばいに転じて（600〜800トン），下がり続ける奄美大島との差が大きく開いた。なお，沖縄県は昭和恐慌期を前後して南方カツオ漁業への転進を図るが，奄美大島からの転出者はいない。カツオ漁獲競争の激化によって「南方」漁場が開発され，カツオの回遊路にあたる奄美大島が産地として先行するが，さらに南の沖縄県が台頭してくると先取り競争上不利となって衰退に向かう。地理的な不利を乗り越える生産力の増強がみられなかったのである。

## 第2節　カツオ漁業の勃興とその特徴

### 1. カツオ漁業の伝搬と普及

　奄美にカツオ漁業が伝搬する明治33年から漁船動力化が始まる42年までの10年間を無動力船時代と称することができる。この10年間をさらに2分して，前半をカツオ漁業が導入され，普及して重要産業の1つとして確立する時期，明治37年以降の後半を漁場沖合化に伴う再編整理期とすることができる（以下，表4-1参照）。

　奄美では，本格的なカツオ漁業が導入される前は，カツオの群来があっても漁獲することはまれであった。それは，漁労手段が未発達であったこととともに，生食は幾多の迷信が阻害していたし，カツオ節製法も知られていなかったからである。わずかに糸満漁民（沖縄県糸満からの移住）が釣りで漁獲したものが，島役人などの上流階級に賞味されていたに過ぎない[6]。

　一方，本土側では，明治10年代に表面化する沿岸カツオ漁場の荒廃，餌料不足，20年代の経済成長に支えられたカツオ節需要の増加・価格高騰に

第4章　奄美大島におけるカツオ漁業の展開過程

**表4-1　無動力船時代の奄美カツオ漁業**

| 年次 | 漁船隻数 | 漁獲高(千貫) | 1隻平均漁獲高(貫) | 節製造高(千貫) | 対県比(%) | 節価格(円/貫) |
|---|---|---|---|---|---|---|
| 明治34年 | 6 | 9 | 1,417 | 2 | 1 | 2.88 |
| 35年 | 42 | 65 | 1,547 | 13 | 7 | 2.80 |
| 36年 | 105 | 275 | 2,619 | 55 | 24 | 3.00 |
| 37年 | 138 | 330 | 2,391 | 66 | 36 | 3.50 |
| 38年 | 109 | 416 | 3,815 | 77 | 21 | 3.58 |
| 39年 | 97 | 198 | 2,037 | 40 | 24 | 3.73 |
| 40年 | 82 | 262 | 3,194 | 60 | 28 | 4.70 |
| 41年 | 83 | 276 | 3,326 | 59 | 32 | 4.90 |

資料：琉球農林省大島支部水産課編『奄美大島水産業沿革史』(1951年)，農林統計研究会『水産業累年統計　第3巻』(昭和53年)

　刺激されて漁船を改良・大型化し，沖合漁場に乗り出していた。漁場に恵まれた奄美に到達したのは，鹿児島県本土・宮崎県のカツオ漁業者であった[7]。奄美における本格的なカツオ漁業は，明治33年，鹿児島県肝属郡佐多村の前田孫吉（情報提供者が同村の土持畝助他）が大島郡西方西古見村に出漁し，好成績を収めたことに始まる[8]。島民の創業者は朝虎松で，彼は上記漁船に乗り込み，漁法を習得し，さらにカツオ漁業が盛んな川辺郡を視察，斯業の有望なことを確信したうえで，翌34年，同志22人を募り，宝納丸組合を結成，近隣諸村にも借金して漁船を建造して操業した[9]。この明治34年には宝納丸の他にも西方・実久方で5隻が従業している。

　明治35年以降は，大島南部ばかりでなく，西部，北部へも拡大し[10]，目覚ましい勢いで普及して，37年にはカツオ節製造量で県全体の36％を占める主要カツオ漁業地に成長した。だが，明治37年頃をピークに，以後，節価格の上昇にもかかわらず，本土のカツオ漁業が20～30年代初頭において遂行したカツオ漁業の再編過程が，奄美では漁場の沖合化，節製法を薩摩型から日向型に転換するという形で現れる。

　(1) カツオ漁業の乱立による競争の激化は，餌料漁場の荒廃，餌料不足と節加工の粗製乱造を招くが，その過程で無謀な起業者，とりわけ農業からの転進者から脱落する者が出始めた。彼らは漁業に未熟であるばかりでなく，

港湾施設が貧弱であったため漁船は小型であり，漁場沖合化に遅れをとったのである。また，農業＝甘蔗作の発展が漁業の本格化を押しとどめる作用を果たした[11]。

(2) 漁船は，当初16～20人乗りだったが，後には二十数人へと少々大型化し[12]，漁場は明治34～36年頃は離岸1～5カイリであったのに40年代には十数カイリ～30カイリの曽根に拡大した[13]。

漁場沖合化に伴って，日帰りができない荒天時には，漁獲したカツオの腐敗防止手段が講じられるが，それでも鹿児島県本土で行われていた「沖煮」方法はとられなかった。主な原因は，後述するように奄美のカツオ漁業は経営内分業が行われていたからである。

漁場拡大のための漁船の大型化は，同時に船型の薩摩型から日向型への転換を伴った。薩摩型は6丁櫓であり，キビナゴ餌料を活かすのに餌樽を用い，汐汲み替え労働が必要なのに対し，日向型は8丁櫓であり，胴間に活間を備え，キビナゴ以外の餌料使用の経験にも富んでいたため，省力化と航走能力にすぐれ，漁場沖合化に適していたし，餌料不足への対応が勝っていたのである。宮崎県の漁業者は擬似餌釣りに長じ，また運用が簡便で携行が可能な餌料網（小台網）を採用していたことも，鹿児島県本土船より優位に立てた要因であった[14]。

(3) カツオ節製法は当初薩摩型と日向型が混在し，また粗製乱造に陥りがちだったが，改良節と呼ばれる土佐節の系列に入る日向節に統一され，拙速主義の弊害も漸次克服されていく[15]。

製法の統一と改善の意義は，薩摩節が固有の伝統製法を墨守し，販路も農村向けであり，「沖煮」によっていよいよ評価を落としていくのに対し，改良節は都市での需要に即した製法で，販路を拡大し，品質・価格を向上させた。奄美産のカツオ節は後者の流れに乗って，大島節の名称を得，販路も鹿児島中心から東京仕向けへと漸次移行していった[16]。

## 2. 奄美カツオ漁業の特質

奄美のカツオ漁業は本土のそれと異なる特徴を有し，それが基本的には今なお継承されている。

① 生産組合経営が支配的である点

奄美でのカツオ漁業は，本土のように船主・親方と漁夫といった階級差はなく，平等出資・平等就労・平等分配を原則とする生産組合経営が支配的である。生産組合の組合員は，村落住民に限られ，1戸1人で，通常は戸主があたり，その資格は世襲とされた[17]。村落と生産組合・組合員家族が相互に緊密に結合していたことは，餌場・燃料源・労働力および資金調達で必要であったし，運命共同体として経営に持続性をもたせた。こうした共同経営は，低い生産力段階での農（漁）民層分解の未熟，耕地利用にみられる農民的・個別的占有権の薄弱さを反映したもの，換言すれば自給的・共同体的生産の上に，高度な商品生産経営を行う場合にみられる一般的形態であった[18]。

逆に，生産組合が村落なり組合員家族の表の姿であるかぎり，その経営展開は自ずと村落や組合員家族の存在形態によって規制され，限界づけられる。

生産組合経営が支配的ななかで，一部にみられた島民による親方船＝個人経営船（鹿児島・宮崎からの入漁船はすべて個人経営船）は，黒糖や大島紬の生産で台頭してくる「だんな層」の経営であった[19]。

② 社会的分業が未成立な点

奄美カツオ漁業の第2の特徴は，餌料採捕・カツオ漁労・カツオ節製造の労働工程が経営内で一貫して営まれ，社会的に分業していない点である。島民経営のカツオ漁業は，22〜23人で発起され，本船乗組員は青壮年を中心に16〜17人で，高齢者が餌取りないし節製造を担当し，組合員家族（婦女子）がそれを補助した。経営内では，家族分業の形態をとって作業は分化していた。県本土では本船乗組員が釣獲したカツオの腐敗を避けるために船上，あるいは出漁先で行う「沖煮」などは，漁場沖合化に伴う必然的結果であり，その解消は氷の使用が始まる大正10年の漁製分離（カツオ漁労とカツオ節製造の分業化）にあったが，日帰り操業を基本とし，生産組合が組合員家族の連合体であった奄美のカツオ漁業ではついに社会的分業は成立しなかった。

③ 政策による保護育成

明治30年代に入って，鹿児島県は次々と勧業政策を打ち出していくが，奄美では黒糖・大島紬・カツオ漁業が重点的に保護育成された。漁業勧奨の中心は，カツオ漁業の創業資金の援助とカツオ節の品質改良にあった。

奄美にカツオ漁業が起こって間もない明治36年に，県は大島郡鰹漁業奨励規則を発布，その中で「カツオ漁業奨励ノ為大島郡内ニ成立セル生産組合ニシテ鰹漁船共用ノ目的ヲ以テ之ヲ新造シタル場合ニハ本則ニ依リ其ノ製造費ヲ補助スルコトアルヘシ」と謳っている。補助対象が生産組合に限定されたのは，餌漁場の共同利用という実態に即してのことと思われるが，その結果，生産組合経営形態が促されることになった。補助金額は，新造漁船に対し，その構造，規模，設備などで条件が満たされれば1隻につき300円以内で交付される。300円というのは当時の新造船の約半額にあたるが，実際に補助金を交付されたのは，明治42年までに12件で，全経営体の1割程度に過ぎなかった。大半が生産組合経営であっても漁船を新造するほどの余裕もなく，中古船によって操業を行っていたのである。

　カツオ節の改良では，明治36年に水産技師を置き，37年に設置された大島水産組合に対し節製造改良のための補助金を交付し，39年にはカツオ節模範製造所を設置した他，製造試験，節削り女工の育成などにも取り組んでいる。官民一体となった改良運動は，薩摩型から日向型への転換で商品価値の向上に成果をあげたが，経営の零細性，資金不足からくる半製品のままでの売り急ぎ，粗製乱造は止めようもなかった。

　④　商人資本による搾取

　カツオ漁業の起業者たちは共通して資金不足に悩み，前記奨励金や組合員出資金以外は近隣諸村や商人資本（節仲買人・資材商人）に依存しなければならなかった。そこには，しばしば異常な高利，商人資本による詐取，仕込み支配が蔓延して，カツオ漁業における資本蓄積を阻害した。そうした環境のなかで，中古船販売における売買差益の問題がクローズアップされてきた。奄美では，元来，造船用建材に乏しく，和船建造者もおらず，中古船を宮崎県の出漁者から購入していた。ところが，その「漁船ノ構造極メテ粗造ニシテ三年乃至四年ヲ経過セシカ到底使用ニ堪ヘサルニ至ル」[20] 代物もあった。宮崎県の出漁者の背後には仕込み商人がいたが，彼らは漁船動力化の過程（機関製造と漁船建造が他の地方で行われるようになって）で生産部門から後退していく[21]。

## 第3節　漁船動力化の過程

ここでは，カツオ漁船の動力化が始まる明治42年から第一次世界大戦の終わる大正7年までを対象とし，特に漁船動力化の過程を中心に考察する（以下，表4-2参照）。

奄美のカツオ漁船に動力機関が取り付けられた最初は，明治42年焼内村屋鈍の漁得丸であった。同年中に表4-2では動力船は5隻だが，6隻建造された（焼内村5隻，鎮西村1隻）というし，宮崎県からの出漁船5隻も石油発動機船になったという[22]。

翌明治43年，動力船は一挙に32隻となり，44年以降，隻数において無動力船を凌駕するに至る。この間，無動力船の減少は著しく，大正期にはほとんどその勢力を失うまでになる[23]。動力船も機関種類別にみれば，石油発動機（灯油・軽油使用）が一貫して最も多いが，大正初期，一時，蒸気機関船が採用されたが，失敗するや吸入ガス機関船が増加する。

漁船動力化は，無動力船による漁場沖合化よりさらに漁場を拡大し，漁獲高，カツオ節製造高，それに1隻あたり漁獲高を飛躍的に伸張させた。漁船

表4-2　奄美における漁船動力化とカツオ漁業の発展

| 年次 | 漁船隻数 | うち動力船（隻） 石油 | 蒸気 | ガス | 漁獲高（千貫） | 1隻平均漁獲高(貫) | 節製造高（千貫） | 対県比（%） | 節価格（円/貫） |
|---|---|---|---|---|---|---|---|---|---|
| 明治42年 | 74 | 5 | - | - | 397 | 5,631 | 79 | 31 | 4.00 |
| 43年 | 80 | 31 | 1 | - | 573 | 7,160 | 122 | 40 | 3.40 |
| 44年 | 69 | 32 | 5 | - | 633 | 9,173 | 131 | 35 | 3.54 |
| 大正元年 | 51 | 36 | 6 | - | 483 | 9,473 | 113 | 20 | 3.75 |
| 2年 | 53 | 33 | 13 | 1 | 655 | 12,362 | 121 | 30 | 3.68 |
| 3年 | 50 | 26 | 5 | 12 | 866 | 17,316 | 172 | 26 | 3.12 |
| 4年 | 61 | 27 | 2 | 26 | 1,056 | 17,318 | 218 | 36 | 2.55 |
| 5年 | 75 | 38 | - | 32 | 880 | 11,738 | 183 | 38 | 3.08 |
| 6年 | 67 | 32 | - | 30 | 1,026 | 15,319 | 183 | 33 | 4.54 |
| 7年 | 47 | 14 | - | 31 | 929 | 19,768 | 177 | 36 | 5.85 |

資料：表4-1に同じ。

動力化で1隻平均漁獲高は在来船に比べ4〜6倍に急増した。

漁船動力化を契機に，奄美のカツオ漁業はその経営内容も大きく変化した。表4-3は，カツオ漁船の種類別隻数および価格を鹿児島県平均と大島郡（奄美）を比較したものである。明治44年10月現在，県下165隻のカツオ漁船のうち35％が奄美に属するが，動力化率・機関種類別普及率とも県全体と奄美の間に大きな差はない。県全体のカツオ節製造量に占める奄美の割合は同じく35％なので，その生産力に遜色はないが，漁船機関はかなり異なる。

まず，石油発動機船では機関は県本土のそれと同じく関西で製造されるので，馬力数に比例した価格となっている。船体は，奄美でも大半（24隻）が島内で建造されるまでになったが，船体が県平均より小規模（長さ50〜60尺，幅10〜11尺）であるにもかかわらず，価格が高く，建材不足を反映し

表4-3　漁船種類別隻数および価格の比較
　　　　（明治44年10月現在）

| 種類 | | 鹿児島県 | 大島郡 |
|---|---|---|---|
| 石油発動機船 | 隻数 | 85 | 31 |
| | 平均馬力数 | 21 | 19 |
| | 機関価格（円） | 1,867 | 1,730 |
| | 船体価格（円） | 1,100 | 1,233 |
| 蒸気機関船 | 隻数 | 13 | 5 |
| | 平均馬力数 | 9 | 8 |
| | 機関価格（円） | 3,526 | 3,468 |
| | 船体価格（円） | 2,576 | 2,880 |
| 吸入ガス機関船 | 隻数 | 1 | 0 |
| | 平均馬力数 | 20 | |
| | 機関価格（円） | 2,500 | |
| | 船体価格（円） | 1,700 | |
| 無動力船 | 隻数 | 66 | 22 |
| | うち新造船 | ＊　32 | 9 |
| | 建造価格（円） | ＊　565 | 599 |
| 計 | 隻数 | 165 | 58 |

資料：『さつまぶし』74〜85ページ。
＊：無動力船66隻から内容が不明な熊毛郡の22隻を除いて計算した。

ている。蒸気船（汽船）は船体・機関とも大阪で製作された。その船体価格が奄美の方が高いのは，県本土側には合ノ子型（和洋折衷型）和船があるのに対し，奄美のものはすべて西洋型であるためである。船体は石炭・ボイラーの容積・重量が大きくなるため長さ60～65尺，幅11～12尺と一段と大きく，価格も高い。ただし，燃料（石炭）が安いため，一時大量に奄美で導入されたが，成績不良で間もなく姿を消した[24]。

　吸入ガス機関は蒸気船に代わって登場し，急速に普及，第一次大戦後から昭和恐慌前後まで支配的な発動機関となる。これは全国的趨勢と異にしており[25]，単に漸次高騰する石油に比べて燃料の木炭がきわめて低廉で入手しやすいから吸入ガス機関が普及したとか，逆に吸入ガス機関の致命的な欠陥（猛毒の一酸化炭素の発生）のために第一次大戦中目ざましい改良発展をとげた石油発動機への再転換があったという全国的趨勢で用いられる説明以上の要因が奄美にあったことになる。その要因とは，村落共同カツオ漁業経営に照応した村落所有林からの木炭供給体制にある。それについては後述する。

　無動力船は明治44年には相当数残っているが，奄美の特徴は中古船が大多数であり，新船建造も9隻のうち8隻までが宮崎県で行われていたことである。しかし，その宮崎県からの出漁船も漁船動力化の過程で無動力船需要が減少したことと，出漁船の仕込み主であった商人資本が生産部門から撤退したことによって奄美のカツオ漁業からも退却する。

　無動力船は長さ43～50尺，肩幅9尺前後であったのと比べれば，漁船の動力化は漁船自体の大型化を伴っていた。価格面でいえば，中古船が400円台，新船が600円台であったのが，石油発動機船ならその5倍，吸入ガス機関なら7倍，蒸気船となると10倍の資金が漁船に限っても必要となり，餌料網，カツオ節製造器具・施設など，あるいは操業経費を加えれば一層多額の資金が要求される[26]。

　無動力船から動力船への切り替えにはこのような多額の資金を要するが，奄美の場合，一般漁業界の常態でもあった資金不足に加えて商品経済が未発達であったため金融は未発達で，金利は年2割5分～3割という高水準にあった。ときに，明治43年の漁業法改正，日本勧業銀行法・農工銀行法・北海道拓殖銀行法の3つの特別銀行法の改正により，漁業権を担保として，

または漁業組合に対しては無担保で低利資金の貸し付けが可能となった。同じく，鹿児島県でも明治44年に水産業奨励規則を公布して，水産業の発展に寄与すると認められるものにはその費用の3分の1以内で補助することになって，漁船動力化を側面援助した。だが，それでも足りない部分は，生産組合同士の合併，商人資本依存への傾斜，組合員への配当の削減で補わなければならなかった。

　生産組合同士の合併は，資本調達の手段であると同時に，規模拡大するカツオ漁業の労働力，餌場，燃料源などを確保する手段でもあった。生産組合同士の合併によって，組合員は従来の20～23人から2，3倍に膨れあがる[27]。倍増した組合員のうち，漁船乗組員は数人～10人増えるだけで，最も増加するのは餌料部門であった。漁場の沖合化，漁船の動力化の過程で，餌料キビナゴの不足とその不適合が明らかになり，1隻平均カツオ漁獲量の飛躍的増大に示されるところの餌料需要の激増が，より能率的な餌料網の採用，代替餌料の利用とともに，餌料網数の維持・増加（経営体は合併によって減少したにもかかわらず），人数の増加をもたらした[28]。

　餌料採捕は定置漁業権，または特別漁業権漁業であり，主要餌料のキビナゴの蓄養技術が確立していない段階にあっては[29]，それらの漁業権を占有することはカツオ漁業が存続するための絶対条件であった。明治34年に漁業法が成立し，専用・定置・区画・特別という4種の漁業権が設けられたが，大島郡では漁業組合もなく，したがって専用漁業権も発生しなかったし，区画漁業権もほとんどなかった。キビナゴ餌料の不足が痛感され，漁業権の物権化が認められる明治43年の漁業法改正に前後して，大量の定置・特別漁業権の認可申請が出され，免許されたことは[30]，漁船動力化への対応であったことは明らかである。逆に，餌料需要の増大に対応するために生産組合同士の合併は，村落の範囲内で行われた。1村1ないし複数の無動力船組合が動力化を契機に1村1組合に収斂していき，村落共同経営の性格を強めていくのは，漁場共有を強化し，それを基礎にカツオ漁業を保持するためであった。

　一段と村落共同経営の性格を強めたカツオ漁業経営はまた，その動力船の燃料として，村落共有林から供給される木炭を使用する吸入ガス機関船を普

及させる。村落共同化と並行した吸入ガス機関の普及という点に全国の発動機関の変遷とは異なった奄美の特性が窺われるが，村落共同を基礎とした奄美の特性は，その発展の制約となる。

　生産組合の合併は，規模拡大した経営にみあう資本と労働力調達の手段でもあった。合併によって賄えない部分は，労働力ならば他村・他島から，資本ならカツオ節仲買人・問屋に依存することになる。他地域からの労働力吸収については次節で述べるので，商人資本への依存についてみれば，宮崎県からの出漁者の後退の後に，明治末頃より島外からカツオ節仲買人，船具・燃油問屋等の進出が活発となり，盛んに高利貸し付け，仕込みを行い，ためにカツオ漁業経営体のなかには倒産したり，問屋下請け化する者が出始めた[31]。

　また，カツオ漁業者の資産差し押さえとともに，定置漁業権を取得して漁業者に高額で賃貸する「利権屋」も現れ始めた[32]。前期に引き続き県がカツオ節改良運動を展開しているが[33]，業者側も大正6年，大島水産信用販売購買利用組合を設け，組合による委託販売，漁業用資材の共同購入，発動機関の修繕を行い，また節類倉庫を設け，保管中の節を担保として資金融通に乗り出した[34]。

　こうした官民一体のカツオ節改良運動の結果，製法の改良，品質向上が図られたが，仕込みをした仲買商・問屋の下で節加工，仕上げ，販売が行われるようになると，その成果は漁業者にもたらされるとは限らなかった。

## 第4節　奄美カツオ漁業の爛熟

　第一次大戦後から昭和恐慌までの期間を奄美カツオ漁業の爛熟期とする（以下，表4-4参照）。それは戦後恐慌，震災恐慌，昭和恐慌という相次ぐ恐慌の発生と束の間の繁栄が交差するなかで，漁業生産力の全般的停滞にもかかわらず，異常な節価格の高騰によってもたらされた。

　カツオ節価格は，大正4年は10貫目あたり30円であったが，第一次大戦終了後には2～3倍に急騰し，大正13年には110円台に達した。一般物価の上昇を上回る節価格の高騰は，カツオ漁村の繁栄をもたらし，商人資本の

表4-4 爛熟期から衰退・消滅期に至る奄美カツオ漁業

| 年次 | | 漁船隻数 | 機関種類別 | | 漁獲高(千貫) | 1隻平均漁獲高(貫) | 節製造高(千貫) | 対県比(%) | 節価格(円/貫) |
|---|---|---|---|---|---|---|---|---|---|
| | | | 石油 | ガス | | | | | |
| 爛熟期 | 大正 8 年 | 42 | 2 | 38 | 796 | 18,946 | 160 | 45 | 9.46 |
| | 9 年 | 45 | 1 | 43 | 638 | 14,168 | 130 | 21 | 9.87 |
| | 10 年 | 39 | - | 39 | 815 | 22,033 | 163 | 26 | 10.06 |
| | 11 年 | 54 | - | 54 | 822 | 20,903 | 164 | 35 | 9.66 |
| | 12 年 | 77 | - | 77 | 840 | 10,911 | 168 | 30 | 8.75 |
| | 13 年 | 70 | 2 | 68 | 567 | 8,105 | 114 | 23 | 11.06 |
| | 14 年 | 47 | 3 | 44 | 1,046 | 22,257 | 156 | 27 | 9.32 |
| | 昭和元年 | 40 | 3 | 37 | 856 | 21,399 | 176 | 28 | 9.38 |
| | 2 年 | 44 | 4 | 40 | 547 | 12,439 | 110 | 22 | 9.38 |
| | 3 年 | 31 | 4 | 27 | 616 | 19,868 | 140 | 25 | 8.83 |
| | 4 年 | 47 | 7 | 40 | 567 | 12,054 | 122 | 25 | 7.69 |
| | 5 年 | 42 | 9 | 33 | 423 | 10,079 | 124 | 33 | 6.64 |
| | 6 年 | 35 | 8 | 27 | 291 | 8,317 | 72 | 16 | 5.36 |
| | 7 年 | 29 | 5 | 24 | 333 | 11,466 | 105 | 23 | 3.95 |
| 衰退・消滅期 | 8 年 | 26 | 13 | 13 | 264 | 10,146 | 60 | 15 | 5.01 |
| | 9 年 | 24 | 16 | 8 | 420 | 17,513 | 77 | 11 | 6.38 |
| | 10 年 | 24 | 19 | 5 | 426 | 17,766 | 70 | 17 | 5.18 |
| | 11 年 | 23 | 19 | 4 | 339 | 14,722 | 55 | 10 | 4.76 |
| | 12 年 | 18 | 17 | 1 | 265 | 14,701 | 53 | 9 | 15.01 |
| | 13 年 | 19 | 19 | - | 221 | 11,652 | 44 | 7 | 14.99 |
| | 14 年 | 20 | 20 | - | 203 | 10,154 | 41 | 7 | 20.01 |
| | 15 年 | 19 | 19 | - | 224 | 11,776 | 45 | 8 | 30.03 |
| | 16 年 | 13 | 13 | - | 127 | 9,768 | 55 | ? | 53.87 |
| | 17 年 | ? | ? | ? | 180 | ? | 36 | ? | 18.02 |
| | 18 年 | ? | ? | ? | 125 | ? | 25 | ? | 17.96 |
| | 19 年 | ? | ? | ? | - | - | - | - | - |
| | 20 年 | 4 | 4 | - | - | - | - | - | - |

資料：表4-1に同じ。
注：大正8～9年に無動力船が1～2隻ある。

進出を促した。カツオ漁業地には餌料採捕従事者として他地方から多数の出稼ぎ者が集まり、地元の婦女子はカツオ節加工に専従するようになった。このため労働力不足となった農業では、徳之島から入作が起こったり、カツオの肉片・煮汁を利用した養豚や、それを肥料とした農業が発達し、また木炭

を供給する林業も興隆した。カツオ景気に便乗した遊興施設や商業の発展もあって漁村人口は肥大化した[35]。漁業者・加工従事者の配当・賃金も上昇し，漁村は「ビールで足を洗う」ほど沸き立った[36]。

そうした繁栄のなかで，カツオ漁業の再興を図る者や新規加入者が続出し[37]，既存漁業者との間で激しい競争を繰り広げる。この時期の目まぐるしいカツオ漁船の浮沈は，主に一般経済界の変動と脆弱な生産力基盤，とりわけ餌料不足にあった。その一例として，大正8年，奄美に進出した宮崎県南那珂郡油津町に本拠をもつ日南水産（株）が翌9年，早くも「物価騰貴ノ為メ漁労費製造費共ニ多額ヲ要セシニ拘ラズ春季一時鰹漁獲アリシノミニテ夏秋両季ヲ通ジテ殆ンド収穫ナク　加フルニ経済界激変ニ遭遇セシヲ以テ事業ノ成績ハ全ク不結果ニシテ巨額ノ損失ヲ見」るに至ったが，とりわけ奄美事業所は「餌料常ニ不足シ活動意ノ如クナラサル」ため，10年には大幅に規模縮小したことからも窺えよう[38]。

餌料不足に対応して，鹿児島県は大正9年に鹿児島県漁業取締規則（明治44年制定）の改正を行い，「大島郡ニ於テハ鰹ノ餌料ニ供スル目的ノ外キビナゴヲ採取シ又ハ所持販売スルコトヲ得ス。其ノ製品ノ所持販売ニ付テモ亦同ジ」という新しい規定を設けて，カツオ漁業の保護に乗り出した。それでも餌料不足は深刻となり，鹿児島湾へ蓄養イワシを求める事態が現れた[39]。

大正末から昭和にかけてカツオ節価格が下落し始めると，県本土・枕崎のカツオ漁業は生産力の拡充によって産業資本的展開を遂げていくのに対し[40]，奄美のそれは旧態を墨守したがために，生産力格差がいよいよ顕著となった。島外からの大型船が出没するようになっても，奄美のカツオ漁業者は島外から購入した中古の吸入ガス機関船（30〜40馬力程度）で日帰りの沿岸操業であったため，次第に圧迫されて，その結果，カツオ節製造量の県全体に占める比重は前期までの3割台から2割台に低下し，カツオ漁業地としての重要性を失っていくのである。

奄美における生産力の停滞をもたらした根本原因は，カツオ漁業へ資本投下がなされなかった点にある。漁期が終われば翌年の再生産費をも費消してしまうような放漫経営，派手やかさを競い，散財を美徳とするような経営感覚では，利益の内部留保・資本蓄積などは思いも及ばない。村落共同経営と

いう経営主体のあってなきが如き「もたれない経営」が奄美カツオ漁業の後進性を決定づけたのである。カツオ節価格が下落しつつある時，大正13年以降の連年の風害と不漁，ことに大正15年の暴風による甚大な被害は，必然的に商人資本への隷属化あるいはカツオ漁業からの撤退につながった。多額の負債をかかえた生産者は，製造したカツオ節を生産地で「債権者」に手渡すか，半製品のまま中央市場に売り急ぐことになった[41]。

　カツオ漁業からの撤退は，生産組合船で割に少なく，親方船（個人経営）で目立った。生産組合の強靱性は，餌場・林野の村落所有に基礎づけられ，かつ組合と組合員家族が労働力・会計両面で一体となっているため弾力性があるためである。生産組合の危機には配当の極度の切り詰めで耐えた。ただ，組合経営の強さはあくまで相対的なもので，商人資本からの仕込み支配，カツオ船は本土漁業家が所有し，組合は餌料部門を担当し，大仲経費控除後の残額を両者で折半する経営形態も出現した[42]。後者の如き，餌料採捕とカツオ漁労部門の経営分離に対し，鹿児島県は大正15年に再び鹿児島県漁業取締規則を改正し，「大島郡ニ於テハキビナゴノ採取ヲ目的トスル漁業ハカツオ漁業者ニ限リ之ヲ免許又ハ許可ス」という規定を加えた。だが，その結果は，島民による餌料採捕とカツオ漁労との一体経営が望ましいという政策意図に反して，本土カツオ漁業者による餌場支配という傾向を促進することになった。

## 第5節　昭和恐慌以後のカツオ漁業の衰退

　昭和恐慌より第二次大戦開戦までを衰退期，第二次大戦中を消滅期とする（以下，前掲表4-4参照）。

　奄美のカツオ漁業に決定的な衝撃を与えたのは昭和恐慌であった。恐慌の発生はカツオ節価格の急落と市場の閉塞をもたらしたばかりでなく，生産資材の入手が困難となって休・廃業が続出し，カツオ節製造量は激減する。カツオ漁業の衰退によって漁村人口は一転して停滞・減少した。入作農民は帰村し，村民は大挙して島外へ出稼ぎに出ることになった[43]。かろうじて生き残ったカツオ漁船も，漁獲の減少，カツオ節価格の低落で，極限まで分配を

切り下げてもなお負債は累増する一方で，過半の餌料採捕漁業権は担保に供され，また売買された。奄美地方は再び「ソテツ地獄」に見舞われることになった[44]。

大正13～昭和14年に大島郡では11件の定置漁業権と3件の特別漁業権が担保に供されているが，それらはいずれもキビナゴ餌料の採捕漁業権であり，ほとんどが共同的に所有されていたものである。さらに，漁業権を担保とした負債の発生は昭和3～5年に集中しているし，債権者は東京のカツオ節問屋（5件），大島水産信用販売購買利用組合（個人経営者に対して4件），進出してきた商人資本（4件），枕崎のカツオ節問屋（1件）となっていて，昭和恐慌を契機に商人資本への隷属を深めていく[45]。加えて重要なことは，商人・高利貸し資本の支配が強化されていくなかで，経営主体が村落共同の生産組合から親方経営（個人経営）へと転換していく点である[46]。

全体の隻数が減少していくなかで勢力を伸ばす個人経営船は，その操業方法を漸次切り替えていく。特徴的なのは，餌場の個人占有化と漁船発動機関の吸入ガスから焼玉式への転換である。機関種類の変更は，第一次大戦後に目覚ましい発達をとげた石油発動機（燃料はより安価な灯油から軽油へ，軽油から重油へと移る）の採用ということだが，村落共有林の個別的利用が不可能であった事情も無視しえない。県の漁業奨励もあって[47]，機関馬力が50馬力を超すものも現れ，漁場の拡大とカツオ節価格の向上のために日帰り操業ながらも氷を使用するようになった[48]。

それにもかかわらず，昭和恐慌以降も積極的に「南方」進出を遂げていく先進地・枕崎との生産力格差は拡大する一方であり，「南洋節」の登場で奄美のカツオ漁業はいよいよ圧迫される。例えば，昭和10年現在，県下のカツオ漁船65隻のうち，枕崎町の24隻を含む42隻が県本土にあり，大島郡は23隻であって，隻数からすれば相当な勢力であるが，枕崎町のそれは80～100トン，120～200馬力を主力とし，260トン，400馬力のものも出現しているのに対し，奄美ではいずれも30トン未満，30馬力前後に過ぎない[49]。

昭和16年，奄美のカツオ漁船はわずか13隻になっていた。それも戦争の深化とともに，資材の入手難と徴兵による労働力不足によって生産力は急速に低落し，またカツオ漁船も徴用されたりして，昭和19年にはカツオ漁船

は完全に姿を消した。終戦時まで生き延びたカツオ漁船はわずか4隻で，それも満身創痍であった。戦場と化した奄美ではカツオ節製造工場の大半が破壊されて，明治33年以来45年間続いた活動は一時中断する[50]。

注

1) 以下，地名は当時の名称を用いる。行政区域名は幾度か変更され，複雑だが，大島南部の瀬戸内町に関して簡略に述べておく。奄美大島では明治以降も旧藩以来の13方がそのまま継承されるが，うち瀬戸内町関係は東方，渡連方，実久方，西方の4方，48ヵ村であった。それが明治41年の島嶼町村制の施行で従来の方は村，村は大字となり，東方村，鎮西村，焼内村の3ヵ村，51大字に改編された。これはほぼ東方が東方村に，渡連方と実久方が鎮西村に，西方が焼内村に変わったのである。大正5年には鎮西村から実久村が分化し，焼内村が西方村と名称を変更する。昭和11年に東方村は古仁屋町となり，31年には西方村，古仁屋町，鎮西村，実久村が合併して瀬戸内町となる。

2) カツオ漁業が導入される以前の奄美漁業は，クリ舟に2，3人が乗り込み，サンゴ礁内での釣り，芭蕉繊維の小型建網類・敷網類および地曳網類，サワラ・タコ突漁，婦女子による採貝採藻が主であった。名越左源太「南島雑話」『日本庶民生活資料集成 第一巻』(1968年) 15～18ページ，『瀬戸内町誌（民俗編）』(昭和52年) 61～66ページ。これらのうちカツオ餌料網のキビナゴ網は改良されるが，カツオ漁業に関係のない漁業は長く未発達で，島内の水産物需要すら賄えない自給的漁労の域を出なかった。鹿児島県『大島郡要覧』(大正11年) 参照。

3) 沖縄県への本土カツオ漁業者の出漁は，明治18年に鹿児島県人が，明治27年に宮崎県人が敢行し，沖縄県人によるカツオ漁業の嚆矢は明治34年とされている。琉球政府『沖縄県史 第3巻』(1972年) 530ページ。台湾への最初の出漁は明治39年，沖縄県人によって行われた。台湾総督府『台湾水産業視察復命書』(明治43年) 80ページ。

4) 名瀬市大熊の2つの生産組合は，ともに組合員22人，55トンのカツオ漁船を有する。その内容は，八木庸夫・片岡千賀之『漁業生産共同化存立の諸条件』(昭和53年，九州水産振興開発協議会) にまとめられている。大島郡瀬戸内町の個人経営船については，市川英雄『水産業の現状と水産振興の方向』『大島本島南部地域総合振興調査』(昭和54年，九州経済調査協会) に記されている。

5) わが国のカツオ漁業史を全般にわたって記述したものに伊豆川浅吉『日本鰹漁業史 上・下』(1958年) があるが，奄美大島・沖縄・台湾・南洋群島については欠落している。鹿児島県『鹿児島県水産史』(昭和43年) においても奄美のカツオ漁業についてはわずかにふれているだけである。

6) 前掲「南島雑話」70ページ。前掲『瀬戸内町誌（民俗編）』69～70ページ，名瀬市大熊壮年団編『大熊誌』(昭和39年) 143ページ。

7) 鹿児島県内務部『鹿児島県水産調査報告』(明治36年) 43, 266 ページ。漁場沖合化の過程は, 新漁場の発見を伴っている。それについては川崎肺堂『坊泊水産誌』(昭和11年) を参照のこと。宮崎県でみると, 南那珂郡南郷村の坂本平輔は近海が不漁のため, 明治19年, 鹿児島県七島沖に出漁, 翌20年には奄美出漁を計画したが, 漁夫に反対されてやむなく長崎県五島近海に出漁した。明治34年に至ってようやく大島出漁を行う。この年は, 西方管鈍村を根拠地として操業したが, 軌道に乗り始めた頃に漁夫の過半が帰郷を主張したので, 漁船・漁具を西方久慈村の者に「譲渡」し, 操業方法を伝授して帰郷する。これが宮崎県の奄美出漁の嚆矢である。坂本は明治37年まで奄美への出漁を繰り返し, 38年には沖縄県の慶良間諸島, 八重山郡与那国へ, 43年には台湾に出漁している。守拙生「日向紀行」『水産界　第439号』(大正8年3月) 37〜38ページ。宮崎県立図書館所蔵資料でも坂本の沖縄出漁は明治38年となっているが, 前掲『沖縄県史　第3巻』では明治34年に浜田弥平治, 坂元平輔等が入漁したとしている。530ページ。

8) その後,「前田孫吉氏は船員達の不忠実な処から遂に失敗」した。角野三波「奄美大島鰹漁業の開拓者　朝虎松氏」『水産界　第496号』(大正13年3月) 20ページ。

9) 朝虎松は明治元年生まれ, 34年に島民で初めてカツオ漁業に着手, 以降, 旧式曽根の発見, カツオ漁業先進地の千葉, 静岡, 高知県への視察 (大正2年), 沖縄出漁 (大正10年) など, カツオ漁業の発展に貢献した。前掲「奄美大島鰹漁業の開拓者 朝虎松氏」18〜21ページ, 琉球農林省大島支部水産課『奄美大島水産業沿革史』(1951年) 19〜20ページ。

10) 大島北部の笠利町でも, 明治35年頃, 打田原・前肥田・赤木名・金久の4村落に4隻のカツオ漁船が出現した。打田原・前肥田両村落のものは各々15人からなる生産組合であった。打田原の場合, 田畑3町歩を担保として個人から600円を借り, 漁船購入資金とした。技術者を宮崎県油津と十島村悪石島から各1人を雇用し, 7〜10人が乗り組み, 50〜60km沖合にまで出漁した。カツオ節は名瀬の仲買人に販売した。しかし, いずれも漁船動力化の過程で撤退した。『笠利町誌』(昭和48年) 26〜27ページ。

11) 漁船は当時, 長さ50尺, 肩幅10尺内外が普通なのに, 農村部のそれは40尺, 8.5尺と一段と小型であった。『鹿児島県大島郡鰹漁業一斑』(著者, 発行年は不明だが, 明治43年頃, 鹿児島県水産試験場がまとめたものと思われる) 9ページ。農村部の漁船が小型なのは, 港湾が未整備のため荒天時には陸揚げする必要があったため。

12) 漁船は全国の最先端をいっていた川辺郡坊泊のカツオ漁船は肩幅12尺, 明治40年には13尺台で, 乗り組み漁夫が三十数人であったのに比べれば, 県本土から奄美への出漁船はかなり小規模であった。前掲『坊泊水産誌』, 前掲『鹿児島県水産調査報告』120〜121ページ。理由は, 餌料採捕, カツオ漁労, 節加工が未分離であったためと思われる。

13) 漁船の大型化, 漁場の沖合化によって各種曽根が発見されている。前掲『鹿児島県大島郡鰹漁業一斑』,『明治四三年度 鹿児島県水産試験場報告』92ページ。

14) 前掲『鹿児島県水産調査報告』152ページ。船型の転換事例として, 名瀬村大熊では明治35年の1・2号船, 36年の3号船はいずれも薩摩型であり, 指導者も枕崎か

ら招聘したのに，37年建造の4号船は日向型とし，38年には1・2・3号船ともに薩摩型から日向型に切り替えている。前掲『大熊誌』144～145ページ。

15) 前掲『奄美大島水産業沿革史』9ページ。「大島郡のものは改良製にして従来の薩摩風に幾分の土佐風を加味せられたる製品」であった。「第一回鰹節即売品評会概評」『大日本水産会報　第315号』(明治41年12月) 44ページ。他に『大島郡要覧』(大正11年)，MH生「薩摩節及日向節の製造法に就て(一)」『水産界　第410号』(大正5年11月) 33ページ，松浦厚『日西海琛』(明治41年) 155ページ参照。

16) 伊谷以知二郎は，「地節(薩摩節のこと)若クハ屋久節ハ古来ノ堅キ地盤ニ供給スル事トシテ著シク増加スル大島節ハ他ノ新需要ニ供給スル……」鹿児島県節類水産組合『さつまぶし』(明治45年) 20ページ，と述べている。他に，「第二回鰹節品評会審査概評」『大日本水産会報　第328号』(明治43年1月) 62ページ，永井良「薩摩節の製法並に形態について」『同上　第374号』(大正2年11月) 6～7ページ参照。なお，創業当初，カツオ節は島内消費であったが，間もなく市場調査が行われ，東京・鹿児島市場を中心とし，地売りはなくなった。昇曙夢『大奄美史』(昭和24年) 539ページ。

17) 現名瀬市大熊の2つの生産組合の定款にはないが，最も原生的な形態をとどめていた宇検村の金吉丸生産組合は，その規約の中で，「組合員は宇検村居住の者にして戸主又は一人前の相続人たるもの」とし，その「株券を相続人の他，家族といえど絶対に譲渡できない」とした。また，出漁経費は，「出資によらず毎年事業開始当初において組合員から借入れる」としていた。水産庁『昭和三十年度　奄美大島農林水産関係現地調査報告』283ページ。

18) 口三島，七島あるいは屋久島では，奄美より一層，村落共同所有，村落共同経営の色彩が強かった。その理由は，古くからカツオ漁業を営みながら，幕末から明治初年にかけて進出してくる枕崎の問屋資本の仕込み制によって産業資本的展開が閉塞させられたからである。上記地方のカツオ漁業については，赤掘廉蔵『鹿児島県諸島ノ実況』(明治20年)，笹森儀助「拾島状況録」前掲『日本庶民生活史料集成　第一巻』，『宮本常一著作集　第16巻屋久島民俗誌』(1974年)，堤元「上屋久町産業の展開構造」(1963年，草稿)参照。

19) 親方船経営の事例として，鎮西村西阿室の茂家は，明治13年当時，村落の平均耕地面積が2反程度であるのに，3町1反を有する不在地主であり，「由緒ある家」であった。出村卓三「瀬戸内町の鰹漁業史」『南日本文化　第8号』(昭和50年) 32ページ。

20) 前掲『鹿児島県大島郡鰹漁業一斑』10ページ。

21) 宮崎県における奄美出漁の中心地であった南郷漁業組合での出漁状況は，明治34年に坂本平輔によって先鞭がつけられ，38～40年は13隻になるが，漁船動力化の過程で隻数は減少した。明治41年12隻，42年8隻(うち2隻は発動機船)，43年4隻(汽船1，発動機船3)，44年3隻(すべて発動機船)，大正元年2隻(ともに発動機船)で，大正2年になると6隻(汽船1，発動機船5)と再び増加する。なお，南郷から沖縄・長崎五島出漁は明治42年を最後に消滅する。宮崎県立図書館所蔵資料。

22) 前掲『鹿児島県大島郡鰹漁業一斑』3ページ，前掲『さつまぶし』74～75ページ。

第 4 章　奄美大島におけるカツオ漁業の展開過程

漁得丸は県下で 4 番目の動力漁船であり，船体は長さ 55 尺，肩幅 11 尺の 15 トンの船で，大分県佐賀関の造船所で 1,000 円で建造され，兵庫県明石の木下鉄工所の石油発動機 17.5 馬力（1,300 円）が取り付けられた。同船は当初は生産組合船であった。屋鈍出身の向実盛氏談。

23) 明治 44 年 10 月現在のカツオ漁船の分布は，大島南部の焼内村 18 隻（動力船 15 隻），鎮西村 16 隻（7 隻），西部の大和村 14 隻（6 隻），北部の名瀬村 8 隻（6 隻），龍郷村 2 隻（2 隻）の計 58 隻（36 隻）である。前掲『さつまぶし』74～85 ページ。

24) 岡本信男『近代漁業発達史』（昭和 40 年）によれば，奄美では興業銀行から低利資金を借り入れ，20 トン型の蒸気船十数隻が建造されたが，いずれも失敗したとしている。124 ページ。前掲『さつまぶし』では，勧業銀行から 16 隻分の低利資金の導入が予定されている。それらはすべて生産組合経営で，明治 44 年から着手した，とある。103～104 ページ。

25) 吸入ガス機関付き漁船は漸減しつつある大正 6 年末，全国に 151 隻（カツオ漁船とは限らない）あったが，主要地域は鹿児島県 30 隻，愛媛県 23 隻，高知県 21 隻といった西南カツオ漁業地帯であった。鹿児島県 30 隻のすべては奄美のカツオ船であった。石原虎司「発動機付漁船の現況及所感（一）」『水産界　第 431 号』（大正 7 年 8 月）32～33 ページ。

26) 明治 42 年頃で，石油発動機船の創業費が漁船建造費，同回航費，餌料網，カツオ節製造場など一式で 4,740 円という。これは無動力船の 6 倍近い。1 漁期の操業経費（大仲経費）も動力船は無動力船の 3 倍近い 3,000 円余が必要である。詳細は，『明治四二年度　鹿児島県水産試験場報告』88～91 ページ。

27) 事例をいくつかあげれば，焼内村屋鈍の在来船は組合員が 20～23 人で，乗組員は 18～20 人であったのに，動力船・漁得丸は各々 41 人，25 人，漁明丸は 46 人，30 人となった。『明治四二年度　鹿児島県水産試験場報告』88，91 ページ。また，名瀬村大熊では明治 42，43 年に各 20 人余の組合員からなる 4 つの生産組合が合併して 40 人余の 2 つの動力船生産組合となった。前掲『大熊誌』145 ページ。焼内村宇検でも，明治 35 年に万漁丸組合（22 人）と金吉丸組合（約 20 人）が発足したが，43 年に金吉丸が石油発動機船に転換した時に多額の資本を要したため組合員の配当は当分行われなかったし，45 年には動力化を検討していた朝日丸（万漁丸の改名）を糾合した。「大島郡宇検村字宇検鰹漁業組合金吉丸」（大島支庁所蔵）。

28) 奄美には古来から芭蕉繊維で製作される小地曳網があったが，カツオ餌料網として綿糸製の四張網（長さ 15 尋，縦 14 尋位の綟子網）が使用された。その後，餌料不足が深刻となって，明治 40 年頃，宮崎県から八田網，小台網が導入され，ムロ，ガツン（メアジ）も利用されるようになった。前掲『瀬戸内町誌（民俗編）』74 ページ，前掲『鹿児島県大島郡鰹漁業一斑』12 ページ，本章第 5 章（または拙稿「宮崎県におけるカツオ・マグロ漁業の発展構造 ── 戦前篇 ──」『鹿児島大学水産学部紀要第 27 巻第 1 号』（1978 年）188～190 ページ）参照。また，鹿児島県でも明治 44 年，改良餌料網試験を行い，ガツン，ムロを捕獲し，大正 3 年よりその餌料網の調整方法を指導している。前掲『大島郡要覧』（大正 11 年）。

29) 県水産試験場によるキビナゴ蓄養試験はあり，見通しを得たものの，戦前の奄美で

は実施されなかった。県本土のカツオ漁業は餌料のキビナゴからカタクチイワシへの転換，カタクチイワシの蓄養技術の確立が漁船動力化と同時にみられたことで，餌料の制約から解放され，飛躍的に発展していく。キビナゴ蓄養試験については，明治36～38年度『鹿児島県水産試験場報告』参照。

30) 前掲『鹿児島県水産史』によって，明治36～昭和23年の漁業権免許数をみれば，大島郡は定置漁業権が327件あるが，うち254件が台網類である。特別漁業権は165件で，うち敷網漁業たる第6種特別漁業権は108件を占める。このことからしても，大島郡における漁業権の大半がカツオ餌料に関係したものであることがわかる。248,254ページ。だが，それら漁業権について執筆者が，奄美の漁業は自給的漁業であり，漁業権に対する権利意識が低い，小台網は大衆魚を漁獲し，島内で消費される程度，大島近海のカツオ漁業は坊・枕崎地方の漁業者によって独占されていたとしている点は誤りである。

31) 前掲『名瀬市誌 下』51～52ページ。名瀬村大熊では明治42年に3つの動力船組合が作られるが，45年には5組合に分裂し，それも大正2,4年に全部解散してしまう。その原因は極端なカツオの不漁と商人資本による収奪であって，その手法はカツオ販売を条件に動力船建造資金を借りたが，カツオ節価格の高騰にもかかわらずカツオ価格を固定し，建造資金に高利を課し，諸資材を高く売りつけるものである。前掲『大熊誌』146ページ。

32) 鹿児島新聞 大正6年10月22日。

33) 大正初年から模範的な製造所の建設に補助金を交付し（5年間で22工場に適用），2年から静岡県焼津から教師を招聘し，3～6年は先進地へ伝習生を派遣した。

34) 勝部生「大島の鰹漁業」『水産界 第471号』（大正10年12月）38～39ページ，前掲『大島郡要覧』（大正11年）。

35) 前掲「瀬戸内町の鰹漁業史」35～36ページ。

36) 大正後期，校長の月給が50円であった時に，1漁期の組合員への配当が屋鈍の漁得丸で1,200円，漁勢丸で800円，漁明丸で650円もあった。1人当たり配当高の高低は餌場の良否が大きく影響した。前掲，向実盛氏談。

37) 大正11年，大熊では7年ぶりに宝勢丸生産組合の出現をみたが，それは前轍を踏まないように村外の商人資本からの借入れはやめて，村内の紬業者に資金を依存している。大島紬の生産は大正期以降，大島北部を中心にいよいよ盛んとなるが，その原料が島内で自給されるので，恐慌の打撃は少なかった。組合員は22人と少なく，平等主義，世襲制，村落共同経営原則を貫きながらも若干名を歩合制で雇用することで，労働刺激的賃金体系を織り込み，競争力をもった。前掲『大熊誌』147ページ，前掲『名瀬市誌 下』53ページ。

38) 前掲「宮崎県におけるカツオ・マグロ漁業の発展構造」206～208ページ。

39) 大正11年，宇検村の金吉丸は初めて鹿児島湾へ餌料購入に赴いた。前掲「大島郡宇検村字宇検鰹漁業組合金吉丸」。鹿児島湾が明治末，カツオ餌料地として確立していく過程については，拙稿「錦江湾の漁具・漁法の盛衰」岩切成郎編『錦江湾』（南日本新聞社，昭和53年）参照のこと。

40) 枕崎でも大正9年までは30トン，40～50馬力のものが最大で，漁場もトカラ列

島周辺であったが，10年には40トン，60〜70馬力のものが，13年には無水式が登場し，大正末年には75〜105トン，100〜220馬力のものが10隻に及んだ。それに伴い，漁場も次第に拡大し，沖縄・大東島・台湾へ，次いで昭和2年の原耕による南洋漁場開発に連なっていく。カツオ節改良も大正10年，製氷会社が設立されて「沖煮」の廃止，同14年の漁製分離によって著しく進展し，改良薩摩節を生む。各年度『鹿児島県水産試験場報告』参照。

41) 『大島郡産業振興計画書』（発行年，発行者とも不明だが，昭和2年に大島支庁がまとめたものと思われる）98ページ。

42) 前掲『瀬戸内町の鰹漁業史』38〜39ページ。前述した日南水産（株）の奄美での経営方式は「根拠地タル花天事業地ニ第二日州丸一隻ヲ直営シ，管鈍・阿室・加入・須古茂・実久・西阿室ノ六ヶ所ニ一隻ノ貸船ヲナシテ就業シタリ。収穫方式ハ花天ニテハ生魚ノママ十分ノ七ヲ本社所得トシ，他ノ場所ニテハ生魚ヲ製造シテ粗節トシ，之ヲ折半シテ其一半ヲ収ムルノ契約」であった。前掲「宮崎県におけるカツオ・マグロ漁業の発展構造」207ページ。

43) カツオ漁業の中心地であった実久村では，大正12年度末の本籍人口は7,068人，現住人口は6,605人，離村率は6.6％に過ぎなかったのに，昭和14年は本籍人口は7,771人と増加しているが，現住人口は4,910人で，離村率は36.8％となった。当時の村役場が行った調査では，出稼ぎ者は3,109人で，出稼ぎ先は県内が414人，県外が2,611人，外国52人，その他32人であった。泉有平「鹿児島県大島郡実久村調査」（大正13年），稲田精秀「大島郡実久村農村調査」（昭和16年），これは鹿児島大学農学部農業経済学教室所蔵の農村調査報告書である。

44) 宇検村の金吉丸は，昭和2〜4年は2隻経営であるが1隻は5年に経営難のため売却する。昭和12年は，「経営困難と南洋漁業熱高まり漁業技術者海外移出組合員五十六名より三十名脱退し二十六名となり組合員の人心動揺を来し人物払底とにより経営維持困難」に陥った。大正4〜14年頃の1人あたり配当額が400〜500円であり，昭和2年は最高1,200円に達したのに，3〜10年は200円平均に激減し，13〜19年は300円平均とやや回復した。前掲「大島郡宇検村字宇検鰹漁業組合金吉丸」。

45) 前掲『鹿児島県水産史』483〜487ページ。

46) 昭和恐慌によるカツオ漁船の減少，経営主体の転換は県本土でもみられる。『山川町史』（昭和33年）278〜280ページ，前掲『鹿児島県水産史』868〜869ページ。奄美の事例を示せば，西方村屋鈍では昭和3〜4年に生産組合船が全滅し，そのうちの1隻（2号漁得丸）が親方船に転換し，昭和8年までに親方船は3隻に増えるが，結局失敗し，翌9年に他村・本土資本によって再興される。向実盛氏談。現在も稼働している平祐丸は，昭和6年に実久村芝の生産組合が解散した際，その会計担当者が買い取り，個人経営としたものである。平祐丸も好成績を収めていたが，その秘訣は餌料部門の25人は他村落出身者で，しかも日給制をとって，カツオ漁労からの分離を図ったことにある。前掲『昭和三十年度　奄美大島農林水産関係現地調査報告』284ページ。鎮西村武名では，宮崎県船が不況で本土に退却した後は1隻の生産組合船だけが残ったが，それも東京のカツオ節問屋からの仕込み資金を焦げ付かせ，昭和9年，部落の全財産を抵当に差し押さえられて解散となり，経営は代わって個人に委託され

る。仕込み資金と負債返却のためすべてのカツオ節が充当され，同人の所得はわずかに塩辛やカツオの頭の販売代金だけであった。前掲「瀬戸内町の鰹漁業史」40ページ。西方村西古見の宝納丸組合も解散した昭和4年から個人経営としている。前掲『奄美大島水産業沿革史』57ページ。

47) 鹿児島県は，予算が少なくさしたる活動もなかった県水産試験場大島分場（大正15年設立）を中心として，無線電信局の設置，試験船によるカツオ漁業調査，先進地からの漁労・製造教師の招聘，餌料採捕試験を行わせ，また漁業奨励計画をたて，漁船の大型化を図り，漁場を沿岸から七島・沖縄沖合にわたる近海漁場に拡大させるために，低利資金の融資を行った。前掲『大島郡産業振興調査書』91ページ。

48) 前掲『昭和三十年度 奄美大島農林水産関係現地調査報告』269, 271ページ。昭和6年に大阪の竹内商店が古仁屋製氷所を建設した。

49) 『鹿児島県水産試験場 昭和十三年度事業報告』97〜98ページ。ちなみに大島郡23隻の分布は，大島南部が実久村7隻，西方村4隻，宇検村2隻，東方村1隻，大島郡西部の大和村6隻，三方村3隻である。

50) 大和村の万漁丸（明治43年組合結成）は昭和19年に焼失，同村漁得丸（明治43年組合結成）は昭和20年に徳之島で空襲に遭い，沈没した。前掲『奄美大島水産業沿革史』55ページ。宇検村の金吉丸は昭和20年に徴用され，空襲を受けて船体を大破，21年に修理して再開した時は，製品取引きは皆無で，深刻な食糧不足のため漁獲物は生食に向けられた。前掲「大島郡宇検村字宇検鰹漁業組合金吉丸」。名瀬市大熊の宝勢丸（生産組合船）も昭和18年に徴用され，翌年空襲で沈没した。再建は昭和21年で，傭船で行われた。同地の金鉱丸（生産組合）は昭和23年，密入国船の払い下げを受けて発足した鵜徳丸組合を前身とする。前掲『大熊誌』148〜149ページ。

# 第5章

# 宮崎県におけるカツオ・マグロ漁業の発展


## 第1節　統計による概観

　最初に統計によって宮崎県のカツオ・マグロ漁業の発展過程を鳥瞰しておこう。表5-1はカツオ・マグロ漁獲高とカツオ節製造高の推移を示したものである。カツオ漁獲高は県全体では明治後期まで伸張し，明治末に低下し，大正期以降は大きく振幅しながらも横ばいで推移している。郡別では常に県南部の南那珂郡が最も多く，その動向は明治後期まで増加し，それ以降は停滞傾向にある。県中部の宮崎郡の動向も同様で，両郡の動向は県全体のそれを規定している。独特なのは県北部の東臼杵郡で，そこでは明治末以降も漁獲高を伸ばし，県全体に占める割合を徐々に高めている。

　この統計は属地統計で，県内水揚げだけを示していて，宮崎県船が県外に水揚げする分は含まれていない。実のところ明治末以降，漁船の動力化によって漁獲量は増加するが，県外水揚げも増えて，県内水揚げが停滞しているのである。県外水揚げをするのは南那珂郡が中心で，宮崎郡は文字通りカツオ漁業が衰退し，東臼杵郡は漁船動力化によって県内水揚げを増やしている。

　カツオ節の製造高は，カツオの県内水揚げとよく似た動きをしている。カツオはほぼ全量がカツオ節の原料となった。製造高が多いのは南那珂郡で，宮崎郡は衰退したのに，東臼杵郡は量は少ないが安定している。カツオ節製造量の平均は40千貫（150トン）で，宮崎県からカツオ漁業とカツオ節製造が伝わった奄美大島，沖縄県よりはるかに少ない。

　マグロ漁獲高はカツオの場合と異なり，県外船の水揚げが多かった。マグ

**表 5-1　宮崎県のカツオ，マグロ漁獲高とカツオ節製造高の推移**

|  |  | 宮崎県 |  | 南那珂郡 | 宮崎郡 | 東臼杵郡 |
|---|---|---|---|---|---|---|
|  |  | 千貫 | 千円 | (千貫) | (千貫) | (千貫) |
| カツオ漁獲高 | 明治22年 | 105 | 21 | 81 | - | 23 |
|  | 24年 | 130 | 26 | 111 | - | 18 |
|  | 31年 | 204 | 27 | - | - | - |
|  | 35年 | 347 | 275 | 333 | 9 | 5 |
|  | 41年 | 143 | 105 | 93 | 27 | 22 |
|  | 44年 | 161 | 102 | 102 | 16 | 42 |
|  | 大正 5年 | 151 | 83 | 105 | 3 | 35 |
|  | 10年 | 94 | 209 | 57 | 12 | 23 |
|  | 昭和元年 | 305 | 391 | 166 | 25 | 112 |
|  | 6年 | 179 | 122 | 116 | 18 | 45 |
|  | 10年 | 128 | 91 | 76 | 9 | 42 |
|  | 15年 | 316 | 379 | 207 | 14 | 94 |
| カツオ節製造高 | 明治32年 | 48 | 15 | - | - | - |
|  | 35年 | 25 | 83 | 16 | 6 | 2 |
|  | 41年 | 38 | 159 | 23 | 8 | 7 |
|  | 44年 | 35 | 130 | 19 | 6 | 9 |
|  | 大正 5年 | 25 | 111 | 21 | 2 | 3 |
|  | 10年 | 18 | 204 | 11 | 4 | 3 |
|  | 昭和元年 | 121 | 532 | 37 | 3 | 81 |
|  | 6年 | 42 | 232 | 26 | 2 | 13 |
|  | 10年 | 39 | 202 | 29 | - | 11 |
|  | 15年 | 42 | 122 | 32 | 0 | 10 |
| マグロ漁獲高 | 明治22年 | 10 | 1 | 5 | - | 5 |
|  | 24年 | 12 | 1 | 5 | - | 7 |
|  | 31年 | 23 | 8 | - | - | - |
|  | 35年 | 10 | 5 | 9 | - | 0 |
|  | 41年 | 70 | 57 | 32 | 18 | 18 |
|  | 44年 | 131 | 83 | 47 | 20 | 63 |
|  | 大正 5年 | 115 | 117 | 113 | 1 | 29 |
|  | 10年 | 74 | 212 | 45 | 8 | 16 |
|  | 昭和元年 | 148 | 262 | 89 | 12 | 44 |
|  | 6年 | 175 | 186 | 84 | 25 | 65 |
|  | 10年 | 1,089 | 1,174 | 1,081 | 1 | 7 |
|  | 15年 | 273 | 355 | 253 | 8 | 12 |

資料：各年次『宮崎県統計書』，および宮崎県立図書館所蔵資料より作成。
注：明治22，24年の南那珂郡には北那珂郡を含む。昭和6年以降の宮崎市は宮崎郡に，10年以降の延岡市は東臼杵郡に含めた。

ロ漁業の勃興は明治36年のことで,漁船を大きくして根拠地を県外に移していたカツオ漁業の裏作として定着した。その後,漁船の動力化によって漁獲量は飛躍的に増加する。最初は東臼杵郡や宮崎郡にも相当な漁獲があったが,次第に南那珂郡に集中していく。

本文では,上記を参考に,明治期,大正期,昭和戦前期に時期区分をした。

①明治期:明治前期は封建的な束縛から解放され,また商人資本による仕込みでカツオ漁業が叢生した。明治後期になると,無動力漁船での「沖合化」が進み,県外に根拠地を移したカツオ漁業が形成され,その裏作としてマグロ漁業が導入される。商人資本からの自立化が進んだ。

②大正期:漁船動力化の開始とそれにともなう技術革新,根拠地漁業に代わる沖合漁業の発展によって漁獲高が急増し,県外水揚げも増加する。県外水揚げ地は鹿児島県山川・枕崎港で,カツオ節製造との分離が進行する。マグロ漁業は種子島漁場が開発され,南那珂郡(油津町・南郷村)が基地化し,県外船の水揚げも急増した。

③昭和戦前期:漁船の大型化・高馬力化の一方,小型漁船の動力化も進み,二重構造が形成される。昭和恐慌期に大型船による遠洋カツオ・マグロ漁業は挫折した。県北部・東臼杵郡と県中部・宮崎郡では地先漁場に留まり,イワシ漁業との兼業が深まった。戦時体制下になると漁業生産力は崩壊する。

なお,本研究のために,宮崎県立図書館所蔵の水産行政文書を利用した。以下,とくに断らない限り,この行政文書によっている。

## 第2節 無動力船による「沖合化」とマグロ漁業の勃興

### 1. カツオ漁業の「沖合化」と技術,経営

(1) カツオ漁業の「沖合化」

明治初期の封建制度の撤廃と職業の自由などによって,カツオ漁業-カツオ節製造は株制,藩専売制がなくなり,各地で勃興した。親方子方関係も弛緩した。一方,新規着業者の増加,新規漁具漁法の導入で旧来の漁業秩序が動揺する[1]。

古くからカツオ漁業が盛んであった南那珂郡油津町および周辺漁村には明

治10年頃, カツオ漁船が150隻いて, 2万円の漁獲をあげていた。ところが, 明治20年頃にはカツオ漁業は危機的な状態に落ち込んだ。その理由は, ①カツオ漁業への大量進出でカツオの沿岸来遊が減少した。②カツオ漁業の障害になる夜焚漁業やフカ延縄漁業が出現した。③西南戦争後のデフレ政策によってカツオ節需要の低下, 価格の下落が起こり, カツオ漁業経営が窮迫した。こうして明治20年にはカツオ漁船は71隻に半減した。カツオ漁業の窮迫は, 経営体の減少だけでなく, 商人資本への依存を強めることになった。

カツオ漁業は, 沿岸漁場での日帰り操業を基本としていたが, 一方で魚群の沿岸来遊が減少し, 他方明治20年代の経済復興, カツオ節需要の回復は漁場の沖合化を促した。明治24年は県外出漁の初期で, 12隻に過ぎなかった。県外出漁は南那珂郡から鹿児島県大隅近海へカツオ釣り, タイ延縄による出漁である[2]。

漁場沖合化のための漁船の大型化, 堅牢性が追求され, 乗組員も10人前後から20人前後に増加した。この漁場の沖合化はカツオ漁業の裏作としてマグロ延縄漁業を成立させた。宮崎県では漁場の沖合化といっても, その地理的条件からして, 北は長崎県, 南は鹿児島県・沖縄県・台湾という県外出漁になる。南那珂郡の例でみると, 長崎県の根拠地は五島で, 明治21・22年に東臼杵郡や宮崎郡の漁船が出漁したのに続いて明治24年頃, 南郷村から出漁し, 明治39年には9隻となった[3]。鹿児島県での根拠地は奄美大島で, 明治29年に南郷村の坂本平輔が最初に出漁した。その後, 出漁船は増加し, 明治40年には13隻となった。奄美大島への出漁では, 漁期が終わると漁船漁具を島民に売却し, 乗組員の一部は漁労指導を行った。翌年には新造船で出漁したので, 奄美大島のカツオ漁業は急成長した[4]。沖縄県への出漁も坂本平輔が明治38年に行ったのが最初で[5], 慶良間諸島, 八重山諸島を根拠とするものが明治42年には7隻となった。明治40年頃にはさらに南下して台湾にまで拡大した。

このように県外出漁が盛んとなって, 明治末には宮崎県出漁組合が組織された[6]。事務所を県水産組合の事務所に置き, 南那珂郡, 宮崎郡, 東臼杵郡に支部を, 奄美大島・那覇と五島に出張所を設けた。その業務は, 組合員の保護取締り・遭難救助, 風紀の矯正・出漁地での親睦, カツオ節の共同製造

および共同販売，日用品・餌料の供給，漁船漁具の改良などである。

　宮崎県のカツオ漁業の沖合化は県外出漁であり，根拠地漁業の形態をとった。根拠地漁業とは出漁先で餌料採捕，カツオ釣り，カツオ節製造を一貫して行うもので，カツオ節製造のために約10人の女子を随行した。鹿児島県のカツオ漁船は，一部は根拠地方式をとったが，大半は「沖煮」（船上加工），または委託加工（出漁先の加工場に節製造を委託）したのと対照的である。根拠地漁業は，漁船が小さく，日帰り操業をするには向いている。宮崎県の漁場の「沖合化」は，カツオの沿岸来遊が減少するや魚群の回遊する地へ根拠地を移動するもので，本来の沖合化とは異なる。

　さらに奄美大島の例にみられるように漁期が終わると漁船漁具，製造機器一式を売却して帰郷するので，出漁先では過密操業を起こし，出漁を拒まれるようになった[7]。また，根拠地漁業は漁船動力化の過程で一挙に追い落とされてしまう。南郷村の例では明治40年頃には二十数隻に達していた出漁船は，他県船の動力化で一時数隻にまで激減してしまう。油津町では商人資本が関心を向けたマグロ漁業に，東臼杵郡では多くのカツオ漁業者はブリ大敷網やイワシ漁業に転換した。

### (2) カツオ漁業技術

　カツオ漁場の「沖合化」に伴って漁業技術も変化する。油津町の漁労方法をみると，往時は長さ9尋の和船に15～20人が乗り，6挺櫓を操作した。日帰り操業が普通で，漁獲は200～300貫であった。漁期は3～9月で，餌はヒラゴイワシの小さいものか，サバ仔を使った。船に活間はなく，餌樽を積み，餌を活かして出漁した。明治37年頃から船内に活間が設けられるようになった[8]。東臼杵郡伊形村では，湾外で八田網によって小イワシ，ムロアジ仔を漁獲して餌樽に入れて運んでいたが，明治23年頃，活間を設けるようになった。漁船は長さ8.3尋で，7挺櫓を有していた。乗組員は20～25人であった[9]。

　鹿児島県では明治末までキビナゴが使われ，活間で活かすのが難しいので餌樽を使ったが，宮崎県はキビナゴが少ないため活間での蓄養が早くから行われ，漁場の「沖合化」とともに蓄養期間の長いカタクチイワシに変わって

いく。

餌料網も変化した。そもそも漁網は明治30年代に麻糸から綿糸に転換するが、餌料網は四艘張網から沖合で操業できる棒受網に替わる。油津町では明治8～9年にその転換が起こり、棒受網が沖で操業すると、沿岸で採れなくなるとして四艘張網の反対に遭っている。南那珂郡大堂津では、棒受網は明治15～16年に大分県から導入され、小資本で営むことができ、簡単軽便なことから急速に広まった。さらに、漁船の大型化、漁場の沖合化が進むと、餌料需要が増大し、棒受網より大規模な小台網（定置網）が登場する。小台網の登場は餌料部門とカツオ漁労との分離をもたらした。

小台網が最初に用いられたのは明治38年のことで、宮崎県水産試験場が北陸地方から導入した。その後、数年のうちに県下70～100ヵ所に設置されるほどの盛況となった。

(3) カツオ漁業経営

無動力船時代のカツオ漁業経営を明治37年の事例でみることができる（表5-2）。漁期は通常4～10月の7ヵ月であるが、東臼杵郡は盛漁期のみカツオ漁業を行うので、専業者が極めて少ないのに対し、南那珂郡は県外出漁が多いので、漁期も長く、専業者も多い。冬場の兼業は餌料網の棒受網によってイワシ・サバ漁業を行い、マグロ延縄との兼業はまだ一般化していない。漁場は県下沖合が普通で、県内であれば乗組員は12人、県外出漁では23人が平均である。

創業費は県内操業の場合は470円で、うち漁船建造費が220円、漁具新調費が130円、漁夫12人への前貸しが120円である。県外出漁では漁夫の人数も多いし、1人あたり前貸しも2倍必要で、奄美大島では1,000円以上、五島出漁では750円の運転資金が必要となる。

漁業収入はカツオ漁獲高の2,500貫＝1,000円、経営費は835円で、利益は165円となる。経営費の内訳は、漁夫への分配が615円で大部分を占め、さらに128円も船頭、および餌網船頭の割増配当である。その他に、酒肴料、漁船漁具修繕費、公費負担がある[10]。

賃金形態は2通りある。上記のように漁獲高を19.5代で割り、漁夫に1

表5-2 明治37年のカツオ漁業とカツオ節製造経営　　　　　　（単位：円）

| カツオ漁業 | | カツオ節製造 | |
|---|---|---|---|
| 470 | 創業費計 | 623 | 創業費計 |
| 220 | 漁船新造費 | 84 | 製造場建設（12坪） |
| 80 | 漁具新調費（含餌料網） | 39 | 製造器具購入 |
| 50 | 餌取網新調費 | 500 | 現金 |
| 120 | 漁夫12人への前貸し | | |
| 1,000 | 収入計，カツオ2,500貫 | 1,049 | 収入計 |
| | | 1,000 | カツオ節400貫 |
| | | 49 | 荒粕140貫，塩辛，臓腑 |
| 835 | 経費計 | 935 | 経費計 |
| 615 | 漁夫12人への配当 | 833 | 原料購入1,666貫 |
| 77 | 船頭割増配当1.5人分 | 18 | 薪1,166貫 |
| 51 | 餌取船頭割増配当1人分 | 64 | 労賃延べ183人 |
| 51 | 酒肴料1人分 | 14 | 箱40箱 |
| 11 | 公費負担 | 3 | 公費負担 |
| 30 | 漁船漁具修繕費 | 4 | 器具修繕費，他 |
| 165 | 利益 | 114 | 利益 |

資料：宮崎県立図書館所蔵「明治三十七年水産経済調査」より作成。
注：小数点以下は四捨五入。

代ずつ（計12代），船代として7.5代を配分し，船主から船頭，餌網船頭に増代，酒肴料として1代が支出される代分け制と，漁獲高から酒肴料，漁船漁具修繕費，公費負担を差し引き，残額を船主4，乗組員6で配分する大仲歩合制である。前者は県内操業，後者は県外出漁の場合だと思われる。

　表5-3は，明治37年の全国と宮崎県のカツオ漁業経営を示したものである。宮崎県のカツオ漁船数は全国の8.5％を占めるのに，創業費は1％を占めるに過ぎない。1隻あたり創業費は全国平均が1,062円であるのに対し，宮崎県は125円に過ぎず（上記の470円と異なる理由は不明），規模の零細性が際だっている。上述した宮崎県の県内操業船の創業費は470円，県外出漁船は運転資金だけでも1,000円以上，または750円なので，県外出漁船が全国平均に相当する。

　宮崎県ではカツオ漁船の約半数が南那珂郡に集中しているが，1隻当たり

表 5-3 カツオ漁業とカツオ節製造経営の資本構成 (明治 37 年)

| | | 経営体数 | 創業費 (円) | 創業費内訳 (%) 自己資金 | 個人貸金 | 問屋銀行 | 経営体あたり創業費 (円) |
|---|---|---|---|---|---|---|---|
| | 全国 | 2,703 | 2,870,849 | 52 | 36 | 11 | 1,062 |
| カツオ漁業 | 宮崎県 | 230 | 28,759 | 8 | 92 | - | 125 |
| | 東臼杵郡 | 81 | 1,439 | 19 | 81 | - | 18 |
| | 宮崎郡 | 37 | 6,758 | - | 100 | - | 183 |
| | 南那珂郡 | 112 | 20,563 | 10 | 90 | - | 184 |
| カツオ節製造 | 宮崎県 | 68 | 40,150 | 36 | 64 | - | 590 |
| | 東臼杵郡 | 11 | 4,320 | 30 | 70 | - | 392 |
| | 宮崎郡 | 12 | 3,300 | - | 100 | - | 275 |
| | 南那珂郡 | 45 | 32,350 | 40 | 60 | - | 719 |

資料:全国のカツオ漁業は「水産銀行に関する調査書」,その他は宮崎県立図書館所蔵資料。

創業費は宮崎郡とほぼ同じである。東臼杵郡のそれは極めて低い。東臼杵郡のカツオ漁船は盛漁期のみ沿岸で操業するに過ぎない。

創業費のうち自己資本の占める比率は全国平均では 52% であり,借入れ先も問屋・銀行が少額ながらもあるのに対し,宮崎県は創業費が少ないうえに自己資本比率も低い。経営の自立性が弱いだけでなく,借入れ先も全面的に個人貸金に依存している。金利は全国平均は年約 2 割なのに,宮崎県は 2 割 4 分と高く,商業金融も未発達である。

### 2. カツオ節製造とその経営

明治 24 年の調査によると,カツオ節の生産は 5.1 万円で,宮崎県の水産加工品生産高の 44% を占めた。当時のカツオ漁業はカツオ節製造を兼営していることが多い。兼営であれば,原料のカツオを購入する資金は不要となる。

カツオ節の輸送は,和船便に頼るために需要と供給がずれてリスクが高く,それを避けるために近隣地方に販売する傾向があった。明治 10 年代に汽船の便が開けてから計画的な出荷が可能で,投げ売りすることもなく,経営が

安定した。交通の発達によってカツオ節は市場が拡大し，価格も安定してカツオ漁業の発達を支えた。明治24年の状況は，カツオ節は管内で販売する他，大部分を大阪へ汽船で輸送し，問屋に販売を委託する。油津，細島の二港から出港する汽船に託した[11]。

　カツオ節製造量は，漁場の「沖合化」に応じて増加したが，増加分は出漁先で製造・販売され，県内の製造量は停滞気味であった。カツオ節の価格は，明治37年に高騰し，以後10貫当たり40円前後で推移している。明治37年の高騰は日露戦争による軍事食糧の需要の高まりによるものだが，官民一体となった品質改良の努力の結果でもあった。県水産試験場は設立初年度の明治36年からカツオ節改良のために製造伝習を行っている。それまでのカツオ節は品質が極めて悪く，形状は一定せず，脂肪は多く，煮熟は不足，削りは不完全，乾燥は不良，黴付けは不備といいところなく，したがって市価は上らなかった。

　カツオ節の製造伝習は，高知県から実業教師を招聘し，土佐節に倣った。その結果は徐々にあらわれ，南那珂郡のカツオ節の多くは土佐節に匹敵するようになった[12]。

　表5-2で明治37年時点のカツオ節製造経営をみると，地域間，経営間の格差が大きく，盛漁期や大漁時のみに製造する宮崎郡や東臼杵郡，副次的に本枯れ節を作る場合から専ら本枯れ節を作る南那珂郡まである。事例は4～7月の4ヵ月操業の場合で，専業的な経営をモデルにしている。創業費は623円で，内訳は製造場の建設，製造器具の購入の他の500円は運転資金である。

　収入は1,049円で，ほとんどがカツオ節の売上高（1,000円＝400貫）である。経営費は935円で，うち原料費が833円（1,666貫）と大部分を占め，他に労賃，薪，箱，公費負担，器具修繕費などがある。利益は114円となる。

　カツオ節製造は，創業費の8割が運転資金，経営費の9割が原料費という極めて低次加工である。当時，県下に68戸のカツオ節工場があって，それはカツオ漁船230隻の3割にあたる。船主＝カツオ節製造が崩れている。カツオ節工場の3分の2は南那珂郡にあって，そこの工場は東臼杵郡や宮崎郡のそれに比べて大きく，専業的であった。

表5-3によると,加工場あたりの創業費は,南那珂郡719円,東臼杵郡392円,宮崎郡275円で,地域差が大きい。創業費の構成をみると,自己資本比率は3～4割で,他は個人貸金である。カツオ漁業経営の場合より自己資本比率が高い。

それにしても,宮崎県のカツオ節製造は他産地のそれに比べて零細であった。京阪市場で日向節の名声が高まらないのは,小規模生産で,かつ各加工場の製法がばらばらなためで,それに対応するには共同製造所の設置が急務とされた[13]。共同経営は,県内水揚げが増えないなかで,原料の安定確保のためでもあった。この共同製造所は,明治末～大正初期に現れてくる。その例として,明治40年の油津町のカツオ節生産販売組合,明治41年頃の都農水産物生産販売組合共同製造所,大正6年の南郷村の共益水産共同製造組合がある。

油津町のカツオ節生産販売組合の経営計画(明治40年)をみると,製造期間は6ヵ月で,原魚はカツオ漁船20隻と契約し,その漁獲物の半分,ないし全部を購入する。製法は土佐節の製法に則り,地方販売用は夏季食料としての半製品(生利節)が中心で,県外出荷は阪神地方を主とする。製造規模は個人経営の場合に比べて特段に大きく,創業費は現金を除いても約1,000円であり,収入は約4,900円,経営費は4,700円で,従業者は17人とした。

製造器具機械も充実し,それが品質改良につながった。カツオ節製法も大きく変化する。油津では裁断は土佐式,培乾は湿乾式,黴付けは静岡式といった各地の製法の長所を取り入れた結果,製品の品質は大きく向上した。ただ,宮崎県のカツオ節製造は,カツオ漁船が動力化しても県内水揚げが増えるわけではなく,製造規模も零細なまま土佐節に混入して販売される状況が続いた[14]。

大正9年の新聞によれば,カツオ節工場は県北部のものは小規模で,県南部の油津のある製造所では5,000～6,000尾の処理能力があるのに,400～500尾の処理能力しかなく,冷蔵庫も普及していないので,大漁だとその処理に困り,投げ売り状態になる,としている[15]。

降って昭和13年のカツオ節製造業者は,東臼杵郡は43(土々呂7,島野

浦 10, 門川村 26), 南那珂郡 16 (油津 6, 大堂津 4, 南郷 6) であった[16]。明治 37 年と比べると全体で 9 経営体の減少にすぎないが, 南那珂郡は 45 から 16 へと 3 分の 1 に激減している。これは, 零細加工場が合同して共同加工場を設立したことによる。宮崎郡にあった 12 の加工場はカツオ漁業が衰退して消滅した。東臼杵郡は小型カツオ漁船と結びついた零細, 副業的な加工で, 地域間, 経営間格差はいよいよ拡大した。加工場は 11 から 43 へ約 4 倍になった。

### 3. マグロ延縄漁業の勃興

宮崎県におけるマグロ漁業の創始は明治 36 年である。地勢上, マグロの来遊は少なくなかったが, 従来は主に一本釣りで漁獲するだけで, 生産額は極めて少なかった。延縄や曳縄による漁獲は, 明治 36 年 4 月に開設された県水産試験場 (宮崎郡青島村折生迫) が先進地の千葉県布良から漁具を取り寄せ, 試験操業したことに始まる。延縄漁具は幹縄 180 尋 (15 尋ごとに枝縄) のもの 10〜20 鉢を使用した。房総地方では漁場は沖合 30〜80 里であったが, 宮崎県では 20 里内外の沿岸であった[17]。魚種はキハダが最も多く, 次いでメバチ, ビンナガであった。試験操業は, 驚くほどの好成績を示し, 忽ちにして試験場近くの漁村に普及した[18]。試験操業が行われた明治 36 年度に 35 隻が着業し, 37 年度は 59 隻, 38 年度は 99 隻と飛躍的な広がりをみせた。

マグロ延縄が盛んなのは宮崎郡, なかでも水産試験場のあった折生迫であったが, 南那珂郡では油津町, 大堂津, 南郷村が, 東臼杵郡では細島町, 土々呂, 門川村が漁業地となった。マグロ延縄は漁場の「沖合化」を進めていたカツオ漁業の裏作として普及したため, マグロ漁業地はカツオ漁業地と重なっている。

漁期および漁場は, 11 月初旬からマグロが回遊し, 12〜3 月を盛漁期とし, 4 月初旬になると県南部, 県中部とも終漁する。県北部や大分県南部は 5 月初旬〜7 月下旬までが漁期である[19]。

明治 40 年代に入るとマグロ延縄は宮崎県の重要漁業の仲間入りをし, 大分, 鹿児島, 愛知県などからの入漁も増加しつつあった。明治 44 年・大正

元年に種子島沖の新漁場が発見されて，漁獲高は急増した。その中心を担ったのが漁船の大型化を推し進めた南那珂郡であって，折生迫の地位は低下した。漁獲物は京阪神，東京方面へ販売された。

### 4. 商人資本の支配と後退

明治初期，封建的束縛が廃されて台頭したカツオ漁業は，明治10年代末の漁村恐慌によって大打撃を受けた。その再興は商人資本のカツオ漁業への進出によって果たされた。前述したようにカツオ漁業経営における自己資本比率は著しく低かった。

商人資本によるカツオ漁業の支配については，「明治三十七年水産経済調査」[20] では次のように記されている。県下における漁業資本の供給は，主に漁村の仲買人が行い，漁業者は漁獲物の全てをその仲買人に販売する条件であった。こうした方法で仲買人は利子や手数料を回収していた。このため，仲買人は漁業者を下僕のように思い，漁業者は仲買人を主人のように思ったので強制されても対抗できず，魚価は仲買人のいいなりであった。ただ，仲買人は資力が十分でなく，漁船漁具の改良や新規漁業への投資をせず，旧慣を墨守して漁業の発展を阻害した。また，カツオ漁業は鹿児島県奄美大島，沖縄県，長崎県平戸方面に出漁することが多く，収益の多くは当地の問屋などに吸収された。

南郷漁業組合の例でみると，明治36年の漁業組合設立当時は，漁夫は船主に従属していた。漁獲物は船主と漁夫が協議した価格で船主が引き取り，それに3割の利益を加えて商人に売却する習慣があって，漁夫は船主に利益を壟断され，さらに不漁の際に少額の前借りを行うと利子が膨らみ，数年後には家屋宅地を担保とし，あるいは船主の名義となった。

こうした商人資本による搾取は，漁業奨励策によって次第に解消され，漁業経営の自立化が進む。その点で大きな役割を果たしたのが明治35年の漁業法の制定に基づく漁業組合の設立と共同販売事業の開始であった。最初から，県当局者は非常な覚悟をもって漁業組合を創設させ，全ての漁業組合に水揚げ場を設置させた[21]。また，県下沿岸で漁獲したものは県が指定する場所に水揚げして競売にかけることとし，組合の共同販売を強制した[22]。

## 第5章　宮崎県におけるカツオ・マグロ漁業の発展

共同販売所の設置は，商人資本との激しい闘いを伴いながら実現した。いくつかの事例をあげる。

東臼杵郡門川村漁業組合（明治35年設立）：仲買人は，共同販売所ができると不利になるとして組合員を扇動してその実現を妨害したが，明治38年2月に「漁物販売取締規則」が制定され，共同販売所が設置された。

南那珂郡油津漁業組合（明治35年設立）：漁業者と製造仲買人との直接売買は漁業者に不利なので，漁業組合の設立と同時に共同販売事業を開始した。当初，漁業者は共同販売の意義を認めず，密売したり，なかには製造仲買人が脅迫して妨害することもあった。明治39年度から組合員の諸税を組合が負担することにしたので，漁業者も組合事業が有益なことを理解するに至った[23]。

南那珂郡大堂津漁業組合：明治38年に旧魚揚げ場を継承し，共同販売事業を開始したが，カツオとイワシは仕込み主との特売が続き，一般仲買人は魚揚げ場から直接買い入れる方法がなかった。明治41年に刷新されて，一般漁獲物と同じ競売となった。このため，製造業が勃興し，魚価も上昇した。

南郷漁業組合も同じで，共同販売開始後，商人資本による利益の壟断は崩れ，魚価は3割方上昇した。これまで船主中心の漁村であったのが，次第に漁業者中心の漁村に変容した[24]。

県の指導による漁業組合の設立と共同販売所の設置，共同販売額の増加は商人資本のカツオ漁業からの撤退をもたらし，漁業経営の自立化，資本蓄積の条件を整え，漁業拡大の基礎となった。

カツオ船主の自立を促したのは，共同販売による魚価の上昇に限らない。組合活動の活発化はカツオ漁業への融資の道を開き，県の水産奨励金の貸し付け対象を広げていった。大堂津漁業組合では，漁業者は船主に従属していたが，漁業組合設立後は漁船漁具を所有し，さらに進んで個人または共同で動力漁船を建造，購入するようになった。

さらに，明治後期のマグロ延縄の兼営が順調であったことが，商人資本からの自立に役立った。一方，商人資本は県内水揚げが増えないカツオ漁業から後退し，隆盛に向かうマグロ漁業に利益の源泉を移していく。

## 第3節　漁船の動力化と企業的経営群の形成

### 1. 漁船の動力化

　日本における漁船動力化の最初は，明治39年の静岡県水産試験場の富士丸だが，宮崎県では明治40年に東臼杵郡門川村で建造された10馬力の石油発動機船が最初である。この漁船は長崎・五島にカツオ漁で出漁し，それが終わる10月からはイワシの運搬船となった[25]。

　次いで明治41年に魁丸が建造された。船主は宮崎郡青島村折生迫の漁業者で，19トンの西洋型帆船にユニオン式石油発動機（20馬力）をとりつけた。魁丸はカツオ釣り・マグロ延縄に従事する計画で，カツオ釣りは4～9月を漁期とし，宮崎県沿海，奄美大島，長崎五島・平戸，沖縄県下一円を漁場とする。奄美出漁の3ヵ月間は餌取網（棒受網）を持参するが，五島出漁の3ヵ月間は出漁先での餌料購入を予定している。漁獲物は県下で操業中は地元の折生迫で，県外出漁中は出漁先でカツオ節を製造する。カツオ節製造のため地元から製造人10人（主に女子）を連れて行き，出漁先に根拠地を設けて，そこで製造する。

　マグロ延縄は11～3月を漁期とし，カツオ釣りと同じ漁場で操業し，漁獲物は鮮魚のまま寄港地で販売する。カツオ釣りの乗組員数は27人（カツオ節製造人を除く），マグロ延縄は10人の予定であった。

　魁丸の創業費は現金1,500円を含め7,068円で，明治37年の無動力漁船の470円（表5-2）の15倍である。このうち漁船建造費（附属具，端艇を含む）が2,710円，石油発動機関および据え付け代が1,650円である。経営収支は，収入はカツオ部門（カツオ節3,240貫が主）が11,340円，マグロ部門が4,095円としている。経営費はカツオ部門が8,411円，マグロ部門が2,765円で，いずれも賃金がその大半を占め，燃油代，餌料費が続く。船主所得はカツオ部門が3,187円，マグロ部門が1,330円と高い利潤を期待している。

　しかし，魁丸は発動機関が小さすぎて速力が出ず，目的を達成できなかった。初期の発動機関は不完全なものが多い。例えば，石油発動機は電気着火

器に関する事故が多く，粗製濫造の弊害も現れており，高価な灯油を消費するという欠点があった。この石油発動機に代わるものの1つに蒸気機関がある。蒸気機関は明治42年の遠洋漁業奨励法の改正によって奨励金が増額したことに刺激され，カツオ釣り漁船を中心にかなりの数採用された。その例に南那珂郡南郷村の西村伝作がいる。西村は，石油発動機関の故障の多さに鑑みて，40トンの蒸気船を建造した。この大型船は，3〜11月はカツオ漁業（35人乗り），12〜2月は宮崎〜阪神方面の鮮魚運搬（10人乗り）に従事する予定である。創業費は11,400円（機関製造費は5,500円と高い），収入は17,200円（うちカツオ漁業14,000円，運搬業3,200円），経営費は16,281円（うち賃金は4,316円で低い），船主所得は919円としている。漁船規模が大きく，乗組員も多いだけに，燃料費（2,850円），餌料費，食料費が魁丸より大幅に高い。結果は，燃料費が安く，便利ではあったが，普及しなかった[26]。その理由は，機関の他にボイラーや石炭を積むので容積，重量ともに嵩張り，したがって船体を大きくすれば建造費が嵩むし，従来の漁船に取り付ければ航行範囲が限定される。また，石炭の積み込みに時間を要し，漁獲機会を逸するという欠点があったからである。

　石油発動機にかわるもう1つの機関は吸入ガス機関であった。これは木炭を使用するので灯油に比べ5分の1〜6分の1の燃料代ですむが，発生するガスは一酸化炭素で猛毒なこと，発生したガスに混入している木炭の微粒子を除去する洗浄器が不完全であり，また木炭の供給が不安定であるといった事情のため普及せず，宮崎県でも1〜2隻建造されただけで終わった。

　こうした発動機採用の混乱から抜け出し，広範な普及をみたのが焼玉機関である。スウェーデン製のボリンダー式がそれで，燃料に価格の安い軽油を使い，電気着火式に比べて故障が少なかった。宮崎県で焼玉機関（有水式）を最初に採用したのが，大正2年の南郷村の漁福丸（15馬力）である[27]。

　それで大正期には漁船発動機といえばボリンダー式一色となったが，これも発動機を冷却するために清水が必要で，その容量・重量は燃油の2〜3倍も必要とあって自ずと航行圏が清水の積載量によって制約された。さらに軽油の需要が高まり，価格も騰貴したので，その改良が叫ばれるようになった。

　それらを解決したのが第一次世界大戦であった。戦争は発動機の改良・進

歩を促し，戦後，重油使用あるいは冷却用の清水を必要としない無水式を生み出した。無水式石油発動機は大正末期に普及し，長期航海，沖合進出を可能にした。

明治43年の県下の動力漁船は20隻で，東臼杵郡門川村6隻，伊形村4隻，東海村1隻，宮崎郡青島村2隻，南那珂郡細田村2隻，南郷村5隻となっている。漁船規模は15トン前後，馬力数は15～25馬力でいずれも石油発動機関であった。

発動機関の価格は馬力数に応じて1,500～2,500円（最も多いのは20馬力で1,800円）である。船体はいずれも地元漁港で建造され，価格は900～1,100円であった。漁船動力化初期では発動機関は主に関西で製造され，その価格は船体価格の約2倍であった。

その後，県下の動力漁船（カツオ・マグロ漁船に限らないが，初期のものはすべてカツオ・マグロ漁船）の推移は，大正期と昭和初期の2段階で著しく進展した。大正5年は34隻であったが，昭和元年は198隻，5年は380隻と急増した。しかも大正期の動力化は中・小型漁船が中心なのに対し，昭和初期のそれは小型漁船の目ざましい普及と一部の中・大型漁船の出現を特徴としている。ただ，大正元年が18隻であるように，大正期の動力化が徐々にしか進まないのは，宮崎県のカツオ・マグロ漁業の零細性，後進性を物語っている。鹿児島県では明治41年に最初の動力漁船をみてから数年を経ない44年には99隻のカツオ動力船（石油発動機船85隻，蒸気機関13隻，吸入ガス機関1隻）が出現し，当時のカツオ漁船の6割が動力化していた[28]。

表5-4によって，大正4年のカツオ・マグロ漁業の状況をみよう。船体は木製で，地元で建造するが，大きさは18～19トンである。発動機関は焼玉式で20～30馬力である。焼玉式が普及して，その製造地は関西から関東へ移っている。

漁業種類はカツオ釣りとマグロ延縄の兼営で，漁期は，カツオ釣りが4～10月の7ヵ月，マグロ延縄が11～2月の4ヵ月が標準である。漁場は鹿児島，沖縄，長崎，高知方面である。乗組員はカツオ釣りで30人前後，マグロ延縄で10人前後である。カツオ漁期の雇用とマグロ漁期の解雇という季節調整が行われた。

表5-4 大正4年のカツオ・マグロ漁業

| 地区 | トン | 馬力 | 機関製造 | 漁業種類 | 漁期 | 乗組員 | 漁場 |
|---|---|---|---|---|---|---|---|
| 島野浦 | 18 | 30 | 東京・池貝鉄工所 | カツオ釣り マグロ延縄 | 3～10月 11～2月 | 34 10 | 宮崎，高知，長崎，鹿児島，沖縄 |
| 島野浦 | 18 | 30 | 東京・池貝鉄工所 | カツオ釣り マグロ延縄 |  | 26 11 | 鹿児島，沖縄，高知，長崎，宮崎 |
| 土々呂 |  | 25 |  | カツオ釣り | 4～10月 | 30 | 沖縄，鹿児島 |
| 細島 | 18 | 20 | 東京・池貝鉄工所 | カツオ釣り マグロ延縄 | 4～10月 12～2月 | 25 | 鹿児島，宮崎，高知 |
| 門川 | 19 | 30 | 東京・池貝鉄工所 | カツオ釣り マグロ延縄 | 3～10月 11～2月 | 28 8 | 和歌山，高知，宮崎，長崎，台湾 |
| 南郷村 | 19 | 25 | 大阪 | カツオ釣り マグロ延縄 | 4～10月 12～2月 | 30 | 宮崎，鹿児島 |
| 油津町 | 19 | 25 | 東京・新潟鉄工所 | カツオ釣り マグロ延縄 | 4～10月 11～3月 | 30 | 宮崎，鹿児島 |

資料：宮崎県立図書館所蔵資料より作成。

## 2. カツオ漁業の再編

### (1) カツオ漁業の再編

　大正期における各地のカツオ漁業の動向をみよう。県北部の東臼杵郡島野浦漁業組合では，大正8年現在，漁業を専らとし，春と秋はカツオ漁業で島民の生活を支えてきたが，ここ十数年来，魚群の来遊が減少して，在来漁船（無動力）では収支が償わず，休業した。

　一方，県南部の南那珂郡油津町漁業組合では，明治20年頃から長崎五島・平戸方面へカツオ漁業で出漁したが，漁業者が少なくなり，明治40年頃には中止となった。漁船動力化の波に乗れず，一時カツオ漁業は衰退したが，大正末に復活の兆しをみせる。動力船は鹿児島，長崎方面に出漁したが，無動力船は地区内にとどまるため漁獲量が少なく，カツオ節の生産額は年々減少した。

　南郷村漁業組合のカツオ・マグロ漁船は50隻以上もあり，大半は台湾，沖縄，鹿児島，長崎方面に出漁していたが，動力船の発達に圧倒され，漸次

衰退し，明治44年には動力船2隻のみとなって漁村の疲弊が著しかった。漁業組合がその回復策を講じた結果，動力船が15隻に達して漸く愁眉を開いた。大正11年は動力船が二十余隻となり，すべて鹿児島，長崎方面へ出漁し，数十万円の漁獲をするようになったが，無動力船は地区内にとどまるため漁獲が少なく，カツオ節の生産額も年々減少した。

　このように漁船の動力化を契機にカツオ漁業は大きな転機を迎える。漁船の動力化は，漁獲能力を一段と高め，無動力カツオ漁業を駆逐した。宮崎県船は規模が小さく，漁船動力化が緩慢であったため，他県のカツオ動力船によって圧迫され，また，根拠地漁業方式は消滅する。

　無動力カツオ漁業はカツオ魚群の来遊の減少と餌料不足によって不振を極め，カツオ節生産も停滞・衰退した。一方，動力船は漁獲物の水揚げを漁場に近く，カツオ節工場・餌料供給，漁業・生活資材の供給に恵まれている鹿児島県山川・枕崎に集中させた。水揚げが山川・枕崎に移行することは漁業とカツオ節製造が分離するということであり，地元のカツオ節製造の衰退をもたらし，共同経営の契機となった。

　漁船動力化によって操業方法も大きく変化した。船型は和船型から西洋型あるいは和洋折衷型へと改良され，船首に釣獲台が設けられてより多くが船首部で釣獲できるようになり，また釣獲時に柄杓で海水を撒いていたのも撒水器にとってかわり，漁獲能率が高まった。餌料もマイワシ・ヒラゴイワシなどを出漁前に採捕するか地元で購入していたのが，山川や海潟（鹿児島湾）周辺でカタクチイワシを購入するように変わった。

　カツオ漁業の経営方法も大きく変わった。漁船建造は無動力船に比べて2～3倍の資金を要する。発動機の価格は船体建造費に匹敵するか2倍もするし，燃料代，餌料購入代，食費（航海日数の延長によって）などの新しい出費が加わったり，増加したことで，船主は資本制経営を採用するようになる[29]。

　無動力船と比較すると，所要資本額は一挙に10～20倍に跳ね上がった。その一部は水産奨励金や漁業組合の貸付金によって賄われるにしても，大半は個人貸金に依存せざるを得ない。貸し主も零細で，借り入れは思うに任せず，その結果，漁船動力化の過程でカツオ漁船は半減してしまう。反対に動

力化した階層は，カツオ漁獲高を大いに高め，マグロ延縄の兼営で資本蓄積を果たし，商人資本から自立していった。

　漁船動力化に伴う新たな問題の１つは，船型の西洋化，発動機関の据え付け，活間の設置など造船技術，航海技術が変化したことであった。このため，和船の舟大工は新しい造船技術を習得しなければならず，船匠講習会が開かれたし，機関士の養成も焦眉の的となった。南那珂郡の機関士養成計画（大正８年）によると，動力漁船は漸次増加しつつあるものの，機関士については高給をもって他府県から雇用し，経営上も不便なので，郡で養成するとその趣旨を述べている。

　東臼杵郡の機関士養成に関する意見（大正５年）も，目下の課題は機関士の不足と技術水準の低さ，それに雇用における種々の弊害であるとしている。機関士の多くは海軍機関兵の在郷者であって，人数も非常に限られるので，機関士が増長して，その機嫌を損ねると種々の口実を設けて出漁しなかったり，機関士を冷遇すると機関を乱暴に取扱って，燃料を浪費し，経営に損失を与えるので船主は種々の優遇を与え，多額の前貸しを認めるようになった。大正期には，機関士や機関長の賃金は船長や漁労長のそれを上回っていた。昭和期に入って発動機関の改良と機関技術の普及によってその地位も低下し，機関士問題が解消する。

### (2) カツオ餌料の蓄養試験

　カツオ漁船の動力化，大型化，航海日数の延長に伴ってカツオ餌料の需要も増加した。餌料採捕は四艘張網，棒受網，小台網などによって行われたが，餌料不足が生じた。大正７年の状況は，出漁の途次，棒受網か小規模な四艘張網で自給するにとどまり，餌料供給を行う者もなく，餌料が乏しく，カツオ漁船の多くは鹿児島県山川港を根拠地として出漁する状態にあった[30]。

　鹿児島県では，明治39年には鹿児島湾内の蓄養適地と小イワシの調査に基づいて，山川および海潟がカタクチイワシの供給地となっている。キビナゴからカタクチイワシへの餌料転換，カタクチイワシの蓄養技術の確立によって鹿児島県のカツオ漁業は大きな発展を遂げる。ただ，奄美大島にはカタクチイワシが生息しないのでキビナゴを用いた日帰り操業が続いた。この点，

宮崎県の県外出漁＝根拠地漁業は餌料面からも，経営規模の点からも真の沖合漁業に発達したとはいえなかった。

宮崎県における最初の蓄養は，大正3年に宮崎県水産会の後援のもとで東臼杵郡土々呂漁業組合が行ったが，その成績は芳しくなかった。その後，個人による蓄養が行われている。県水産試験場が蓄養試験を行ったのは大正6年と遅い。それによると，本県のカツオ餌料の蓄養は専らカゴを用いているが，水の交換が良くないので，多くの餌料を長い期間蓄養するには不向きであるだけでなく，保管や使用に不便であるとした[31]。蓄養試験は南那珂郡福島村で行い，長期多量の蓄養には網生け簀がはるかにカゴより勝れていることがわかったが，この地方には餌料採捕がなく，蓄養事業が成り立たないので中止された。

大正10年，県南部の福島村では蓄養施設として鹿児島県山川港と同じ竹製のカゴを設置している。イワシ採捕は四艘張網と地曳網を使う。蓄養期間は旧2月20日〜5月頃の10日間位で，歩留まりは5割であった。

大正10年の東臼杵郡島野浦では，イワシの蓄養施設は竹カゴと綟子網を使用した生け簀という簡単なもので，歩留まりは1週間蓄養して6割である。蓄養場所はイワシ漁場に近く，比較的斃死が少なく，成績良好であった。これが，県北部唯一の蓄養設備であった。翌大正11年，県北部は二艘張網，四艘張網，あるいは餌料網が増加して小イワシの漁獲が多いが，カツオ餌料が不足するので県水産試験場と島野浦漁業組合が蓄養試験を行った。漁場から蓄養場への運搬にカゴを用いず，採捕網の魚取部に魚を集めたまま漁船と漁船の間に挟んで持ち帰ったことなどで運搬中の斃死が2割に及んだ[32]。

蓄養方法は，一辺3m余の六角形の生け簀をいくつか設置し，4〜5月に付近の漁場で餌取網で漁獲した小イワシを短期間蓄養し，カツオ漁船に供給するものであった。しかし，規模が小さいだけでなく短期蓄養のため6〜7月以降の小イワシ退散時に来遊するカツオに対して供給の術がなかった。

降って，昭和7年，島野浦漁業組合は網仕切り式による蓄養に乗り出す。その背景にあるのは慢性的な餌料不足のため，漁利を他県船に奪われ，餌料を山川港に求めなければならない不便さであった。同組合地区では餌取網が11統，四艘張網と巾着網が各数統，それに付近の漁村からの網を加えると，

漁獲量は2万桶（1桶は2斗入り）を超す。その大部分は蓄養施設がないばかりに煮干しに製造されている。これを餌料として販売すれば価格は10倍になる。蓄養設備を整えて，静穏区域を作り，張網で外界と遮断し，盛漁期に漁獲した小イワシを収容し，1～2ヵ月蓄養して6～7月以降の餌料欠乏期に備えようというものであった。この計画が実施されたのか否か，成績などは不明だが，郡内のカツオ漁船は小型で近海操業をしており，またイワシ漁業と兼業する経営形態が強まっている。

### (3) カツオ・マグロ漁業会社の出現とその挫折

宮崎県カツオ・マグロ漁業のなかで特異な地位を占めたものに日南水産（株）がある。日南水産は県下唯一の水産会社として大正8年に設立された。発行株数1万株，資本金は50万円であった。本社は南那珂郡油津町に置かれ，カツオ釣り，カツオ節の製造と販売，マグロ延縄を計画した。第一次大戦による好況で，カツオ節の需要が増加し，価格も高騰しているなかで，漁労，製造，販売を一貫して行い，かつ大量生産・販売のメリットを追求しようとした。出資者は油津町のカツオ・マグロ船主で，それらの所有船を併合した合同企業体である。事業所は鹿児島県の山川と奄美大島に，販売所は静岡県清水に置いた。

初年度（大正8年度）の状況をみると，会社は漁船，餌料，機関士を提供し，監督者を乗り組ませて操業し，漁獲物は会社7，漁業者3の割合で配分する。漁業者に配分された分は一定の価格で買い入れる契約である。会社がカツオ節を製造し，または他で製造されたカツオ節を買い入れて販売したが，大正9年度からは主として生売りとし，カツオ節製造は規模を縮小した。

山川事業所は，カツオ漁業の根拠地として良漁場を控えていること，餌料供給が豊富なことで選定された。鹿児島湾内に好餌料漁場があるが，買い付け競争の激化で価格が高騰したので，次年度には餌料漁場に餌料カゴを配備し，小型動力船を使用して山川に運搬して安価で十分な餌料を確保することにした。

奄美大島事業所は，1隻を直営し，島内6ヵ所に1隻ずつ貸船して就業させた。配分方法は，直営船は漁獲の7割を会社が取得し，貸船の場合は荒節

に製造して売上高を折半する契約である。

　清水はカツオ漁業・カツオ節製造の中心地であり，また東京市場に近いためカツオ節の需給，価格動向を知るのに便利である。そこに販売店を設け，また大正9年度には1日2,000尾処理のカツオ節工場を設けることにした。

　大正8年度に出漁したのは13隻で，その配置は山川4隻，奄美大島8隻，油津および山川に1隻である。その漁獲は175千尾で，生産性は山川所属船で高く，奄美大島のもので低い。山川根拠の漁船は年35航海，1航海3～4日であるのに比べ，奄美大島の漁船は漁期は長いが（4月中旬～11月），日帰り操業である。それは漁場に近いのと餌料とするキビナゴが蓄養困難なためである。一方，マグロ延縄には6隻が従事したが，漁獲量はわずかで，航海は1～2回で打ち切っている。

　会社の経営収支をみると，初年度は25千円の利益があったが，大正9年度は14万円という大赤字を出した。損失の理由は，物価騰貴による漁労経費と製造経費の高騰，極度の漁獲不振，さらには大戦後の恐慌であった。早くも経営危機に陥った日南水産は，カツオ漁業を大幅に縮小して，山川3隻，奄美大島2隻とした。奄美大島の縮小が大きいのは，餌料不足のためである。マグロ延縄は3隻とした。また，清水販売所は閉鎖し，主に東京，大阪への委託販売に切り替えた。その他，カツオ漁業を変更して定置網漁業に代えるべく，大正10年に南那珂郡市木村地先にブリ大謀網の出願をした。

　日南水産によるブリ大謀網経営は，出願の度に近隣の漁業組合と対立しながらも継続したが，カツオ・マグロ漁業は解消したようである。大戦好況のなかで出現した会社経営，複船経営は短期間で挫折し，その後のカツオ・マグロ漁業は会社経営は言うに及ばず，複船経営もほとんど現れず，一艘船主ばかりになった。

### 3. マグロ延縄漁業の基地化

　マグロ延縄漁業は明治36年以来，急成長を遂げた。動力船によるマグロ延縄は前述した魁丸の例でいうと，漁期は11～3月の5ヵ月間，出漁地はカツオ漁業と同じ地元折生迫，奄美大島，長崎県の五島・平戸，沖縄県である。漁場としての種子島は未だ注目されていない。漁具は1鉢250尋のもの

40鉢を使い，無動力船の20～25鉢に比べるとさらに長くなった。乗組員は船長，漁労長，機関士各1人，漁夫7人の計10人で，その出身地は船長が愛知県，漁労長が静岡県，漁夫は地元民である。船長，漁労長はマグロ漁業の先進地から雇用しており，宮崎県は後発地であることを示している。県外からの雇用者は，カツオ漁期には従事していない。

明治44年・大正元年に種子島漁場が発見され，マグロ漁業の本格的な発展につながるが，漁期はマグロの沿岸来遊に規定されて，県北部は4～9月，県南部および県中部は11～3月に営まれた。いずれもカツオ漁業と兼営である。

漁法改良で特筆されるのは，大正2年に県水産試験場の船にラインホーラーが設置されたことである。ラインホーラーの設置で，使用漁具は60鉢まで可能となり，労働生産性を大いに高めた。また，天候が急変した時でも縄を引き上げることができ，放棄することもなくなった。

表5-5で，大正4年度の県下のマグロ延縄の状況をみよう。マグロ延縄漁船は動力船27隻，無動力船155隻，計182隻の多きに達している。隻数が多いのは県南部では油津，南郷（大堂津はカツオ漁に専業化していて少ない），県中部の折生迫，県北部の門川，細島，土々呂である。このうち動力船は県南部に集中，とりわけ南郷が多くを占めた。折生迫はマグロ延縄の発

**表5-5** 大正4年度のマグロ延縄漁業

| 漁業組合 | 動力漁船数 | 平均乗組員 | 同漁獲高(円) | 無動力漁船数 | 平均乗組員 | 同漁獲高(円) | 入漁船数 | 同漁獲高(円) | 漁獲高計(円) |
|---|---|---|---|---|---|---|---|---|---|
| 南郷 | 16 | 15～19 | 21,828 | 3 | 10 | 1,215 | 9 | 10,954 | 33,997 |
| 大堂津 | 3 | 15 | 3,470 | 2 | 8 | 3,910 | | | 7,380 |
| 油津 | 3 | 30 | 5,639 | 65 | 9 | 26,068 | 57 | 25,831 | 57,538 |
| 内海 | 4 | 9 | 3,824 | 5 | 9 | 2,671 | | | 6,495 |
| 折生迫 | | | | 21 | 8 | 10,317 | | | 10,317 |
| 土々呂 | | | | 16 | 8 | 18,919 | | | 18,919 |
| 門川 | | | | 30 | 7 | 15,836 | | | 15,836 |
| 細島 | 1 | 13 | 164 | 13 | 5 | 3,473 | | | 3,637 |
| 計 | 27 | | 34,925 | 155 | | 82,409 | 66 | 36,785 | 154,119 |

資料：『大正4年度 宮崎県水産試験場業務報告』9～10ページ。

祥地だが，動力船はない。県北部にも動力船はない。乗組員数は漁船の動力化によって10人前後から15人前後に増加した。漁場は地先沖合から主要漁場となった種子島に集中するが，県北部の東臼杵郡は特異で，無動力船に7～8人が乗り，地先沖合で夏季マグロを対象としている。

　宮崎県以外の状況をみておくと，明治37年に鹿児島県串木野の漁船が油津港を根拠にマグロ延縄に従事しているし，42年には大分，鹿児島，愛知県などからの出漁者が増加し，大正4年では鳥取，高知，鹿児島県などから動力船が入港し，油津港などは殷賑を極めた。この大正4年に入港した地元外船は66隻（県外船58隻，県内船8隻）で，うち57隻が油津港を，9隻が南郷を根拠地にしている。また，入漁船はすべて動力船（石油発動機船57隻，吸入ガス機関7隻，蒸気機関2隻）であった。県外船の内訳は，鹿児島県19隻（枕崎10隻，串木野6隻，他），高知県26隻，鳥取県10隻，などである。

　串木野船が入港するに至った経過は，串木野では明治10年代から春季は朝鮮近海のサバ漁，秋季は対馬周辺のカジキ延縄を行っていたが，そのサバ漁が不振となって，それに代わるものとして日向灘のマグロ漁業に注目し，油津港を根拠として周年，延縄でマグロとカジキを漁獲するようになった。同じ鹿児島県でも枕崎船は，カツオ漁業と兼営であって，カツオ漁業に専業化する前の形態である。

　入漁船は県下マグロ水揚げ高の4分の1を占めた。県外船のウェイトはこの後さらに高まっていく。1隻あたり水揚げ高をみると，動力船は1,294円で，無動力船の532円より著しく高い。ただ，入港船は557円で，動力船であるにもかかわらず県内での水揚げ期間が2ヵ月と短いため低かった。漁船の動力化は間違いなく漁獲量の大幅な増加をもたらした。

　マグロ漁業は，カツオ漁業と兼営されることによって，周年操業が可能となり，経営の自立化，漁船の動力化・沖合化を助けた。

　大正後期の種子島沖漁場についてみると，出漁者は鹿児島，宮崎県のカツオ漁業者が中心で，マグロ延縄の漁期は11月中旬～3月下旬の約5ヵ月，その前半はキハダとメバチが，後半はカジキが主対象となる。宮崎県船の一部は高知県沖へ出漁した。漁獲物は油津漁業組合の共同販売所に水揚げし，

キハダ，メバチは阪神方面へ，カジキは鹿児島，名古屋，横浜などへ送られた[33]。

## 第4節　第二次漁船動力化と二極分化

### 1. カツオ・マグロ漁業の動向

　表5-6は，昭和13年と15年の地域別カツオ・マグロ漁船数を示したものである。昭和13年の120隻のうち約半数が「遠洋漁業」に従事し，他の半数は近海操業である。県南部の南郷，油津，大堂津は漁船数が多く，かつ全船が「遠洋漁船」である。ところが，油津，南郷には20トン以上の中・大型船があるのに，大堂津はすべてが小型船でしかもカツオ専業である。県中部の折生迫，内海はすべて近海漁業であって，県北部も近海操業船が多い。

　昭和15年の「遠洋漁船」のうち，マグロ専業は3隻にすぎず，カツオ専業とカツオ・マグロ兼業が半数ずつを占める。カツオ専業には大堂津の15隻すべてが含まれる。

　昭和13年から15年の短期間のうちにカツオ・マグロ漁船は半減する。地域的には県南部は変わらないのに，県中部は全廃し，県北部も大幅減となった。

表5-6　昭和13年と15年のカツオ・マグロ漁船隻数

| 漁業組合 | 昭和13年 | 昭和15年遠洋漁船 計 | ～20トン | ～50トン | 50トン～ |
|---|---|---|---|---|---|
| 南郷 | 23 | 25 | 8 | 5 | 2 |
| 油津 | 12 | 12 | 2 | 3 | 7 |
| 大堂津 | 15 | 15 | 15 | － | － |
| 折生迫 | 15 | － | － | － | － |
| 内海 | 4 | － | － | － | － |
| 門川 | 19 | － | － | － | － |
| 土々呂 | 4 | 2 | 1 | 1 | － |
| 細島 | 20 | 4 | 4 | － | － |
| 島野浦 | 5 | 6 | 1 | 5 | － |
| 計 | 120 | 64 | 41 | 14 | 9 |

資料：「鰹鮪遠洋漁業に関する調査」（昭和15年）より作成。

昭和期に入って，中・大型船は三陸や台湾方面へ出漁することでカツオ漁期が延長（したがってマグロ漁期は短縮）するが，県北部に多い小型漁船は，沖縄・長崎出漁から撤退してカツオ漁期が大幅に短縮（3～7月頃）し，その分，イワシ漁業が加わってマグロ延縄の漁期は8～9月と1～2月に二分されたり，イワシ漁業と並行して行われるようになった。

　表5-7は，昭和4～5年の小型カツオ・マグロ漁業を示したものである。事例中4つは県北部であり，漁船の規模は10トン未満，10～15馬力で，大正4年（表5-4）の動力船と比べると小型漁船にも動力化が及んだことがわかる。発動機関も県内で自給するようになった。漁業種類は，油津の場合はカツオ・マグロであるが，県北部では棒受網やイワシ流網などが加わって，とくにマグロ漁期が短縮するか，二分されている。乗組員は10～15人で，漁業種類によって人数が変わることなく，年雇による操業体系をとっている。漁場は，大正4年と比べて，沖縄県や高知県がはずれ，大分県が加わるなど範囲が狭くなった。

表5-7　昭和4～5年の小型カツオ・マグロ漁船の操業

| 地区 | トン | 馬力 | 機関製造 | 漁業種類 | 漁期 | 乗組員 | 漁場 |
|---|---|---|---|---|---|---|---|
| 油津町 |  | 15 | 油津町 | カツオ釣り<br>マグロ延縄 | 4～9月<br>11～3月 | 13<br>10 | 宮崎，鹿児島 |
| 伊形村<br>土々呂 |  | 15 |  | マグロ延縄<br>棒受網<br>イワシ流網 | 周年<br>9～11月<br>12～2月 |  | 東臼杵郡，種子島 |
| 門川村 | 9 | 12 | 伊形村<br>土々呂 | マグロ延縄<br>カツオ釣り<br>棒受網 | 12～2月<br>3～8月<br>9～11月 | 15 | 宮崎，鹿児島 |
| 門川村 | 4 | 8 | 伊形村<br>土々呂 | カツオ釣り<br>マグロ延縄<br>タイ・ハモ延縄 | 3～7月<br>1～2，8～9月<br>10～12月 | 10 | 宮崎，鹿児島，大分 |
| 門川村 | 10 | 15 | 神戸市 | カツオ釣り<br>マグロ延縄<br>棒受網 | 3～7月<br>1～2，8～9月<br>10～12月 | 11 | 宮崎，鹿児島，長崎，大分 |

資料：宮崎県立図書館所蔵資料より作成。

## 2. カツオ漁業の二極分化

　昭和13年当時のカツオ漁業の操業方法をみると，20～30馬力の小型漁船は，カツオ漁期といえども漁況次第でシイラ，イワシ漁業を営む。カツオ漁は定置網や地曳網で漁獲したイワシを活かし，日帰りで出漁するものが多い。ただし，県南部の大堂津の漁船は漁期中はカツオ漁業を専業とし，漁場も薩南諸島である。

　40～50馬力以上の中型船は餌料の関係で山川港を根拠として出漁し，山川港や枕崎港に水揚げする。油津，南郷などの30隻内外がそれである[34]。カツオの水揚げは県内より県外の方が多い。昭和14年のカツオ水揚げ高は135万円で，そのうち県内水揚げが30％，県外（山川と枕崎）水揚げが70％である。つまり，漁船動力化がもたらした漁獲の増加分は県外に水揚げしたこと，また宮崎県のカツオ漁業の発達は県内のカツオ節加工の発展を伴わなかったのである。

　漁獲高が多いのは油津で全体の40％を，次いで南郷が29％と中・大型船の多い2地区のみで全体の7割を漁獲しているし，県外に水揚げしている。逆に地元水揚げが多いのは大堂津，島野浦，細島，折生迫，あるいは土々呂，門川であって，そこでのカツオ漁業は小型漁船によって行われている。

　このようにカツオ漁業は県南部の中・大型船と県北部の小型船の二極に分化し，操業形態を異にしている。

## 3. マグロ漁業の転機

　昭和初期の第二次漁船動力化によって隆盛したマグロ延縄にとって最初にして最大の経営危機は昭和恐慌であった。打開策は，鹿児島県の入港船と油津港の商業資本との対立によって口火が切られる。鹿児島県側は，鹿児島県のマグロ延縄漁業は130隻，従事者1,500人で，12～5月の期間油津港を根拠として操業し，漁獲高50万～100万円の全部を油津港で販売している。一方，油津漁業組合は販売手数料として水揚げ高の7％を徴収し，ほかに「船宿」が船員が上陸して休息したり，餌料の買い入れなどを世話することで3％を徴収する。その他，油津は餌料，氷，食料の購入に不便である，と

申し立てた。

　交渉のため昭和6年に設立した鹿児島県出漁組合（串木野漁船で組織）が油津漁業組合に提出した要求項目は，①「船宿」制の廃止，②販売手数料を5％に引き下げること，③食料品の共同購入を認めること，④燃油価格の決定は入札制度として毎月実施すること，であった。

　油津側はこの要求を拒んだので，出漁組合は隣りの南郷村に交渉の場を移し，そこで全面的に容れられたので，根拠地を油津から南郷に移した。出漁組合が根拠地を移すことができたのは，船団出漁方式をとって団結していたこと，漁獲量の大半を占めていたことによる。

　根拠地の移動で，出漁組合は大きな利益を得た。南郷には昭和7年度は78隻が62万円の水揚げをしたが，手数料は前年に比べて18,000円少なくなり，共同購入による漁業用氷で3,300円，餌料で1万円，燃油で4万円，その他を含めて約8万円の負担を軽減することができた[35]。油津港側も鹿児島県船に対する妨害工作が不発に終わると，南郷に合わせて販売・購買手数料を引き下げるようになった。

　南郷村には目井津港，栄松港などがあり，目井津港には昭和6年に大分県

表5-8　マグロ延縄漁船の漁獲高（昭和11年度）

| 根拠地 | 県別船籍 | 漁船隻数 | 漁獲高（千円） | 1隻あたり漁獲高（円） |
|---|---|---|---|---|
| 油津 | 鹿児島 | 65 | 557 | 8,572 |
| 〃 | 大分 | 49 | 504 | 10,280 |
| 〃 | 高知 | 55 | 384 | 6,981 |
| 〃 | 長崎 | 9 | 73 | 8,155 |
| 〃 | 宮崎 | 29 | 212 | 7,323 |
| 〃 | その他 | 17 | 65 | 3,836 |
| 南郷 | 鹿児島 | 104 | 1,116 | 10,734 |
| 〃 | 大分 | 20 | 219 | 10,953 |
| 〃 | 宮崎 | 9 | 36 | 4,014 |
| 計 |  | 357 | 3,168 | 8,873 |

資料：『昭和十一年度　宮崎県水産試験場業務概要』より作成。
注：期間は昭和12年5月まで。

保戸島のマグロ漁船約100隻が油津港から移り，栄松港には昭和8年に串木野船90隻，保戸島の十数隻が入港して，ともにマグロ漁港基地として活況を呈した[36]。

表5-8は，昭和11年度の根拠地別，船籍別の漁船隻数，水揚げ高を示したもので，油津港は鹿児島，高知，大分，宮崎，長崎，和歌山などの船が224隻，全体の63％の船が根拠地とし，57％の水揚げをしている。南郷は鹿児島県船（串木野船）が圧倒的に多く，次いで大分，宮崎県と続く。37％の船が43％の水揚げをしている。したがって，鹿児島県船，とくに串木野船は船も大きく，1隻あたりの漁獲高も高い。反対に油津港にとどまった漁船は小型船が多く，またカツオ漁業との兼営が多かった。

## 4. 大型漁船の出現

昭和に入り，宮崎県のカツオ・マグロ漁業は二極分化の傾向をみせるが，一方の大型船の操業，経営をみておこう。宮崎県立図書館に所蔵されている政府の遠洋漁業奨励法や県の水産奨励規則による奨励金交付申請書のうちから50馬力以上のものをとりあげると6例がある（表5-9）。そのうち3例は明治末と昭和初期のもの，他の3例は昭和10～12年のもので，昭和恐慌期の前後に中・大型船が出現している。

昭和初期に100トンを超す大型船が出現した背景は，カツオは3～6月は自県沖と鹿児島県七島灘に相当回遊するが，7～11月には全く姿を見せなくなったので，カツオを求めて遠洋に乗り出すためであった。

漁船の大型化・鋼船化・高馬力化は多額の資金を要する。番号2・3の大型鋼船の場合，創業費に12.5万円近くを要している。その額がいかに多額かは，番号4～6の「中型船」の創業費が2万円足らずであったことからもわかる。

昭和初期までに建造された大型船がその後出現せず，40～50トン，100馬力前後の「中型船」にとどまってしまう理由は，1つは後述する大型船と「中型船」の経営収支の問題であるが，他の理由は漁業者の性格であろう。大型船の建造には南郷村の西村伝作がからんでいる。西村は，明治35年設立の目井津漁業組合（南郷漁業組合の前身）の発起人であり，販売事業に努

表5-9 中・大型カツオ・マグロ漁船

| 番号 | 出願年 | 出願者 | トン | 馬力 | 機関製作所 | 漁業種類 | 漁期 | 漁場 | 乗組員 |
|---|---|---|---|---|---|---|---|---|---|
| 1 | 明治43年 | 西村伝作 | 40 | 90 | 新潟鉄工所 | カツオ釣り<br>運搬業 | 3～11月<br>12～2月 | 宮崎～長崎～台湾<br>宮崎～大阪・神戸 | 35<br>35 |
| 2 | 昭和4年 | 西村喜相<br>西村伝作<br>山下弥三郎 | 120 | 200 | | カツオ釣り<br><br>マグロ延縄 | 2～11月<br><br>12～1月 | 三陸沖～小笠原～台湾<br>北海道～台湾 | 76<br><br>36 |
| 3 | 昭和5年 | 西村伝作 | 123 | 205 | | カツオ釣り<br><br>マグロ延縄 | 2～11月<br><br>12～1月 | 三陸沖～小笠原～台湾<br>北海道～台湾 | 67<br><br>26 |
| 4 | 昭和10年 | 福井忠太郎 | | 80 | 日本発動機 | カツオ釣り<br>マグロ延縄 | | | |
| 5 | 昭和11年 | 矢野平波 | | 105 | 吉見鉄工所 | カツオ釣り<br>マグロ延縄 | | 宮崎, 鹿児島, 三陸沖<br>宮崎, 鹿児島 | |
| 6 | 昭和12年 | 石井弥三郎 | 58 | 120 | 新潟鉄工所 | カツオ釣り<br>マグロ延縄 | 2～10月<br>11～2月 | 鹿児島, 三陸沖<br>種子島, 奄美大島, 大東島 | |

資料：宮崎県立図書館所蔵資料より作成。

力し，38年には県下で最初の水産会社を創設して定置網漁業を始めた[37]。明治43年には県下で最初の蒸気機関船を建造したかと思うと，前述した日南水産（株）の取締役として宮崎県のカツオ・マグロ漁業の発展に尽した。彼の果敢なパイオニア精神が県下最初の大型船を建造させたのである。

　中・大型船が南郷村，油津町に集中しているのは，この地区こそ県下最大の漁港であり，カツオ・マグロ漁業地であったからに他ならない。それでも宮崎県のカツオ・マグロ漁業は遠洋漁業として発展しなかった。

　漁業種類はカツオ漁とマグロ漁の兼営だが，同じ兼営といっても小型漁船における兼業とは性格が異なる。乗組員の構成と賃金形態を番号2（番号3も同様）でみておこう。カツオ漁期（10ヵ月）の乗組員は67人，マグロ漁期（1.5ヵ月）は26人であるが，幹部と機関部船員12人は年雇であるのに対し，漁夫・餌買い人は漁期ごとの季節雇いである。さらに乗組員全員は固定給が基本であって，歩合給は賃金全体の18％に過ぎない。カツオ漁期の

漁夫，餌買い人，油差しなどの1人あたり賃金は500円前後で，幹部の船長，漁労長は700円，機関長，通信長は1,000円である。固定給によって優秀な漁夫と機関員を確保し，漁獲競争を乗り切ろうとした。

大型船では，マグロ延縄漁具の大規模化（幹縄の長さ210尋のもの120鉢），ラインホーラーの設置，無線電信装置の取り付けなどの改良を図ったが，カツオ餌料については餌買い人を置くなどしてその安定確保に努めた。

大型船の経営収支を番号2（昭和元～3年），番号3（昭和3～4年）でみると，番号3が昭和3年にいくらか利益を出した他はすべて損失となっている。その損失も年を経ると縮小したので，大型船と新漁場に慣れれば好転すると思われたが，その後，昭和恐慌によって破局的打撃を受ける。昭和恐慌期に販路が閉塞し，魚価が暴落した。とくにカツオの魚価低落はひどく，マグロが20円（10貫あたり）から15～16円になったのに対し，カツオは15円から一気に6～7円となった。昭和恐慌は，借入金に依存した創業費と経営費，カツオ専業化を目指した大型船に大打撃を与えた。昭和恐慌期を境に，大型船の出現は影を潜め，せいぜいカツオ・マグロを兼営する「中型船」となった。

## 第5節　漁業賃金の変遷

カツオ・マグロ漁業の賃金をまとめておく。賃金形態は，大きく固定給（漁業経費は船主負担），歩合給（漁獲高の一定割合を賃金とする。経費は船主負担。代分け制（しろわ）を含む），大仲歩合給（おおなか）（漁獲高から漁労経費＝大仲経費を引いて残りの一定割合を賃金とするもの）の3つに分けることができる。無動力船時代の明治期，第一次漁船動力化が起こる大正期，小型船も動力化した昭和期に分けて，その形態をみよう。

### 1. 明治期

明治24年は，漁獲物の配分は，船主が4代（うち3代が船代），乗組員は各1代とする。このうち船頭は1代の他に船主から1代を受ける代分け制であった[38]。こうした代分け制は，他地方で行われる固定給では漁夫が出漁を

拒んで船主に損害を与えたり，かといって高い賃金を払う船主もいないので，カツオ漁業に限らず，県下普通の方法であった[39]。宮崎郡青島村折生迫の例では，明治維新後，乗組員と船主との配分は半々の単純歩合制で，船主の取り分が少ないように見えるが，漁獲物を船主が安く買い取るので，船主が多くの利益を占めるとされている。この船主も商人資本に縛られていた。

明治37年の調査では，代分け制と大仲歩合給が併用されていたとする。代分け制は漁獲物を乗組員12人分（12代）と船代7.5代を加えた19.5代で割り，乗組員はそれぞれ1代の配分とした。船頭には別途船主から増代が支給される。大仲歩合給は大仲経費を引いて残りを船主4，乗組員6の割合で配分する。ただ，無動力船時代には代分け制，大仲歩合給といっても，船主がカツオ節工場を経営していれば漁獲物の買い叩き，大仲経費の過大な見積もりによる詐取が横行していた。

### 2. 漁船動力化の初期＝大正期

表5-10は大正期以降の小型カツオ・マグロ動力漁船における賃金形態の変遷を示したものである。初期の動力漁船・魁丸の賃金形態は大仲歩合給で，カツオ漁業部門は漁獲高から大仲経費を引いた残りを船主4，乗組員6の割合で配分し，職務給は漁労長2代，船長・機関士各1.5代，製造人・平漁夫1代であった。機関士，漁労長，船長には船主から固定給が支給され，大仲歩合給と固定給が併用されていた。平漁夫（107円）と漁労長（355円）との賃金格差は3.3倍である。マグロ延縄部門では売上高から大仲経費を差し

表5-10 小型カツオ・マグロ漁船における賃金形態の変化

| 時期 | 事例数 | 漁船トン数 | 賃金形態別隻数 |
|---|---|---|---|
| 大正4～5年 | 10 | 18～19 | 固定給＋歩合給4，歩合給＋大仲歩合給6 |
| 大正8～9年 | 8 | 12～15 | 固定給1，歩合給＋大仲歩合給5，大仲歩合給2 |
| 大正10～13年 | 9 | 7～10 | 固定給7，固定給＋歩合給2 |
| 昭和3～5年 | 14 | 10 | 固定給3，固定給＋歩合給7，歩合給＋大仲歩合給2，大仲歩合給2 |
| 昭和7～11年 | 9 | 10 | 固定給＋歩合給1，大仲歩合給8 |

資料：宮崎県立図書館所蔵資料より作成。

引いて船4代,漁労長2代,船長1.5代,機関士・漁夫1代で配分する大仲代分け制である。漁労長と船長には別途船主から固定給が支給される。漁労長が234円,漁夫が67円となる。この魁丸の例は特殊で,漁船動力化の時期に賃金形態は,歩合給・大仲歩合給から固定給を基本とするものへと変化した。県下最初の大型船(西村伝作経営)も,幹部,機関部船員は月給制で,カツオ漁夫は1漁期80円の固定給と漁獲高の3%(1人あたり12円)の歩合給からなっていた。カツオ漁夫の歩合給の比重は低かった。

大正3年頃の門川漁業組合では,動力漁船に25人ほどが乗り組むが,賃金は月給制と大仲歩合制の2種類である。月給によるものは1人平均14～15円で他に売上高の8%が歩合として配分される。大仲歩合給の場合は,漁獲高から大仲経費を引いて残りを船主と乗組員で折半する。しかし,その後,次第に月給制に改められ,大仲歩合を行うのは2割ほどになった。

同じく,大堂津漁業組合では,県外出漁は地元漁船に乗って出漁する者が減少し,地元外船に雇われるケースが増えた。そのことは船主と漁夫間の血縁・地縁関係を希薄にした。従来,雇用主と漁夫との契約は主に歩合制であったので,漁夫も漁獲物の販売について口を挟み,休漁の場合は浪費する癖があったが,月給中心に変わって,契約時に多額の前借りをして家族の生活費に充てるので,漁業に精励し,浪費を戒めたという。台湾のカツオ漁業に雇傭される宮崎県出身者は毎年600～900人に及び,その雇傭条件は往復旅費,漁獲高の1割の歩合給と月30～33円の固定給であった。他地方に流出した漁夫の賃金水準・形態が宮崎県船にも逆流したことも影響している[40]。

表によると,大正4～5年のカツオ・マグロ漁船の賃金形態は,主に固定給と歩合給,歩合給と大仲歩合の2つの方式がとられている。この場合の歩合給は漁獲高の10%,大仲歩合給は折半であり,船長,漁労長,機関士(長),水夫,油差しなどの幹部,機関部船員にはいずれも固定給がついている。

全国的にみれば,宮崎県の場合とは逆に,漁船動力化の過程で賃金形態は固定給から歩合給へと切り替わったとされている。『日本漁業の経済構造』では,明治初年から30年頃までは固定給へ移行し始めたが,支配的な賃金形態になる前に再び歩合給に変わった。固定給の芽生えは明治30～40年代

に刈り取られてしまう。固定給が挫折するのは，経営費が倍増する漁船動力化が進展するなかで，歩合制に資本蓄積の地盤を発見したためであるという[41]。

一方，伊豆川浅吉は，固定給や歩合給と固定給の併用は明治期から大正期にかけて大幅に減ったとしたうえで，これは漁業技術の発達を契機として前期的商人資本が一時的に後退したことが原因であるとする[42]。

両者の見解は，明治末には以前はかなり普及していた固定給が崩壊し，歩合給に変わったという点では共通している。

大正14年度の全国のカツオ釣り漁業の賃金をみると，九州（長崎，鹿児島）・沖縄の賃金水準は，四国（高知）・本州（静岡・千葉・福島）のそれより相当低い。漁夫の賃金でいうと，九州・沖縄はすべて歩合給であるのに対し，四国・本州は静岡県を除き，固定給と歩合給である。このように同一時期でも地域によって賃金水準も賃金形態も異なる[43]。漁業生産力や労働力の需給状況の違いによるものと思われる。

宮崎県では漁船動力化の時期に全国的動向とは逆に，歩合給あるいは大仲歩合給から固定給へと移行している。それは一方で，カツオ漁業経営の商人資本からの自立化がマグロ漁業の発展にも支えられて進み，かつ第一次大戦好況によってもたらされたカツオ漁業の発展が，沖合化，動力化に対応しうる優秀な漁夫・技術者に対する需要を高め，漁夫の立場を有利にしたために生じた。このことを裏付けるように，反動恐慌にみまわれた大正8～9年には固定給はすっかり影をひそめ，歩合給＋大仲歩合給，ないし大仲歩合給が大多数となる。このうち，歩合給は水揚げ高の1％と極く少額であって，実質的には大仲歩合給のみとなった。大仲歩合給の配分比率は半々が標準である。

幹部・機関部船員についても固定給は少数事例となり，歩合給＋大仲歩合給が支配的な形態となった。歩合給，あるいは大仲歩合給は賃金を後払いとし（流動資本の節約），漁夫賃金を船主利益と連動させることによって監督労働を不要にし，かつ漁獲が少なければその間の労働は不払い労働となる特徴をもつ。また，大仲歩合給は経費を船主と乗組員の共同負担とすることで経費節減のインセンティブが働く。経済不況，恐慌局面にあって，漁業経営

の悪化を漁夫への負担の転嫁によって切り抜けるため，歩合制賃金，とくに大仲歩合給が広く採用されたのである。

船主利益は大正4～5年は15％前後であったのに，歩合制賃金の普及をみた大正8～9年頃には十数％，あるいはそれ以上の高率のものまで現れた。大正10～13年頃にはより小型漁船によるカツオ・マグロ漁業にイワシ漁業あるいは小規模延縄を追加した操業方式が拡がるが，恐慌からの脱出によって漁業経営は再び余裕を取り戻し，すべての漁船で固定給が採用される。

### 3. 昭和戦前期

昭和初期では固定給中心がまだ支配的であるが，大正末に比べると歩合給，ないし大仲歩合給を採用する漁船が増えている。ただ，歩合給は漁獲高の5～10％で，以前よりいくらか低下し，一方，大仲歩合制の漁夫への配分は50～60％に上昇しているので，固定給と歩合給，歩合給と大仲歩合給の併用であっても歩合給の占める比重は10％台に過ぎず，歩合給の割合は低下している。これは漁船の動力化や船価高騰で，創業費や大仲経費が高騰したことを反映している。

昭和4年度の油津におけるマグロ延縄の配分方法は大仲歩合制で，総漁獲高から大仲経費を引いて，残りを船主45％，乗組員55％で配分するのが一般的であった。豊漁船の事例では，漁獲高が19,800円，そこから大仲経費を引いた残り13,000円を上記比率で配分し，乗組員の配分を21人で割ると，平均1人あたり約340円となっている[44]。

また，昭和初期に現れる中・大型漁船の賃金形態は固定給を中心とした。それは，総資本に占める労賃部分の比重が低く，賃金形態によって経営が左右されにくくなったこと，固定給により優秀な漁夫を確保して漁獲競争を勝ち抜かんとしたためである。

カツオ・マグロ漁業の賃金形態は，昭和恐慌以降，経営の逼迫を反映して大仲歩合給が圧倒的多数となる。大仲歩合給の漁夫配分割合は60％と高くなったが，利益率も昭和初期の10％台から20～30％へと高まっている。幹部・機関部船員も漁夫と同じく大仲歩合給としている。動力船の普及と発動機関の改良で機関技術が一般化して，機関部船員の厚遇はなくなった。漁

労長と漁夫との賃金格差は2倍程度に縮小している。昭和16年頃の配分方法は，大仲歩合給が主で，船主と乗組員の配分率は大・中型船の場合は5：5，小型船の場合は4：6であった[45]。

以上，カツオ・マグロ漁業の賃金形態の変遷をたどってきたが，賃金形態を固定給と歩合給（代分け制，大仲歩合給を含む）に大別すれば，前者は漁夫に，後者は船主に有利な賃金形態であるということができる。その形態が入れ替わるのは，船主と漁夫の力関係の変化による。両者の力関係といっても，戦前期には労働運動はほとんどみられないので，経済の繁栄・好況局面と不況・恐慌局面で漁夫に対する需要と経営上の必要性の変化が基本となっている。

漁業における労働運動が未発達な理由は，カツオ・マグロ漁業に限らず，歩合制，あるいは大仲歩合制は船主の利益と連動しており，共同経営であるかのような幻想をいだかせること，船頭を通じての漁夫の雇用，船主と漁夫とは血縁・地縁的なつながりが強いという社会的な側面などが影響している。

注

1) 日向国・飫肥藩のカツオ漁業，カツオ節製造は藩専売制であったが，「右ノ制度ハ明治維新ト共ニ廃シ爾後明治十年迄ハ飫肥商社ニ於テ鰹漁業並ニ節製造ヲ行ヒタリシカ同商社解散ト共ニ漁業ハ自由漁業トナレリ」。農林省水産局『旧藩時代の漁業制度調査資料　第1編』（昭和9年）325ページ。
2) 農商務省農務局『水産事項特別調査　上巻』（明治27年）29ページ。
3) 守拙生「日向紀行」『水産界　第439号』（大正8年4月）37ページ。
4) 『鹿児島県大島郡鰹漁業一班』（発行年は記されていないが，明治末）では奄美大島のカツオ漁業は明治33年に鹿児島県佐田村の漁業者が伝えたとしている。9～10ページ。
5) 上田不二夫「近代沖縄鰹漁業史と渡名喜」『渡名喜村史　下巻』（昭和58年）では，宮崎県船の沖縄県への進出状況は，明治21～22年頃から散発的に現れ，明治33年には油津の浜田弥平次が沖縄県で最初にカツオ漁業を始める座間味村の青年を指導したとする。716～717ページ。
6) 『明治四十年　宮崎県県治要覧』は出漁組合の創立を明治40年としているが，明治37年4月の新聞にはすでに設立したことが記されている。
7) 宮崎新報　明治37年4月23日。
8) 『油津漁業協同組合設立七十年史』（昭和47年）141ページ。

9）宮崎県水産課所蔵資料。
10）同じ明治37年の「長崎県水産業経済調査」によると，カツオ釣りは61戸で，西彼杵郡野母村の事例では漁夫は28人，営業資本額（宮崎県では創業費）は1,375円，漁業収入が2,175円，同支出が1,361円となっている。また，カツオ節製造は71戸で，野母村の例では営業資本額1,216円，収入1,499円，支出1,361円となっている。カツオ漁業，カツオ節製造とも宮崎県より規模は大きい。拙稿「明治38年の長崎県水産業経済調査について」『長崎大学水産学部研究報告 第89号』（2008年3月）21～32ページ。
11）前掲『水産事項特別調査 上巻』413ページ。
12）『宮崎県水産試験場創立十年記念号』（大正元年）50～51ページ。
13）前掲『明治四十年 宮崎県県治要覧』。
14）ＭＴ生「薩摩節及日向節の製造に就きて（続・完）」『水産界 第416号』（大正6年5月）35～37ページ，農林省水産試験場『水産試験成績総覧』（昭和6年）163ページ。
15）宮崎新聞 大正9年5月14日。
16）『昭和十三年度 宮崎県水産試験場業務概要』30ページ。
17）『明治三十六年度 宮崎県水産試験場業務報告』41ページ，『明治三十七年度 宮崎県水産試験場業務報告』2ページ。
18）前掲『明治三十七年度 宮崎県水産試験場業務報告』1ページ。
19）『明治四十一年度 宮崎県水産試験場業務報告』9ページ。
20）「明治三十七年水産経済調査」（宮崎県立図書館所蔵資料）。
21）宮崎新報 明治37年1月10日。
22）『明治四十四年度 宮崎県水産試験場業務報告』6～7ページ。
23）日州新聞 明治41年6月6日。
24）日州新聞 明治41年6月23日。
25）前掲「日向紀行」37ページ。
26）前掲『明治四十四年度 宮崎県水産試験場業務報告』6ページ，宮崎県立図書館所蔵資料。
27）前掲『油津漁業協同組合設立七十年史』70ページ。
28）鹿児島県節類水産組合『さつまぶし』（明治45年）74～85ページ。
29）伊豆川浅吉『日本鰹漁業史 下巻』（昭和33年）は，カツオ漁業が資本家的経営となるのは昭和以降の漁船の大型化・高馬力化によってであり，大正期のカツオ漁船の動力化は，資本蓄積が低く，前期的な社会関係をまとっているので，資本家的経営とは呼ばないとしている。184, 253ページ。
30）『大正七年度 宮崎県水産試験場業務報告』7ページ。
31）『大正六年度 宮崎県水産試験場業務報告』33ページ。
32）『大正十一年度 宮崎県水産試験場業務報告』13～14ページ。
33）門垣天星編『大分県水産誌』（昭和2年）163, 180ページ。
34）『昭和十三年度 宮崎県水産試験場業務報告』4～5ページ。
35）冨宿三善『串木野漁業史』（昭和46年）250～253ページ，『鹿児島県水産史』（鹿

児島県，昭和43年）896ページ。
36) 南郷町郷土史編さん委員会『南郷町郷土史』（南郷町役場，昭和55年）584～585ページ。
37) 日州新聞　明治41年6月23日。西村伝作は目井津出身で，遠洋漁業の開拓者である。明治40年，県の低利資金を得て蒸気機関漁船を建造，奄美大島を根拠にカツオ漁業に従事し，その後，カツオ漁船を増やすとともにマグロ延縄漁業を行った。大正8年には日南水産（株）を設立し，11年にはブリ大謀網を設置した。昭和2年に農林省の補助を得て100トン余の大型船を建造し，台湾を根拠にカツオ漁業，カツオ節製造を行った。昭和5年にはドックと鉄工所を建設している。前掲『南郷町郷土史』567～577ページ。
38) 前掲『水産事項特別調査　上巻』555～556ページ。
39) 宮崎県水産課所蔵資料。
40) 前掲『日本鰹漁業史　上巻』111ページ。
41) 近藤康男編『日本漁業の経済構造』（東京大学出版会，昭和28年）201～205ページ。
42) 前掲『日本鰹漁業史　下巻』238～239ページ。
43) 「漁業者賃金統計」『水産界　第528号』（大正15年11月）22ページ。
44) 「宮崎県油津に於ける重要なる漁業調査」『水産界　第576号』（1930年11月）32～33ページ。
45) 南洋水産協会「邦人の南洋出漁調査（五）」『南洋水産　第87号』（昭和17年8月）15ページ。

# 第6章

# 宮崎県におけるイワシ漁業の展開

## 第1節　イワシ漁業の概要

　宮崎県のイワシ漁業は，部分的にカツオ漁業と結びついていて，カツオ漁業への餌料供給，カツオ漁業との兼業業種となっている。その点では，カツオ漁業の発展を側面から支えていた。むろんイワシ漁業の大部分は，独自の発展をたどる。本節では，宮崎県におけるイワシ漁業の変遷を漁具漁法および担い手の変化を中心にみていく。

　表6-1は，宮崎県全体と郡別のイワシ漁獲高の推移をみたものである。県全体のイワシ漁獲高は昭和初頭まで1,000～2,000トンで横ばいで推移したが，その後，飛躍的な増加を遂げ，昭和14年には1万トン，昭和17年には2万トンに達している。昭和期に入ってイワシ資源や漁法に大きな変化があったことを示している。イワシ漁獲金額は年次変動が大きいが，おおむね7～20万円の範囲で推移していた。それが昭和10年代に突出して40万円，あるいは150万円に達する。途中，昭和恐慌期には魚価が低落して漁獲量の伸びが漁獲金額に直結していないことも読み取れる。宮崎県の漁業全体に占めるイワシ漁獲高の割合（金額）は，7～20％の範囲にあって，重要漁業の1つとなっている。

　県全体の漁獲高の推移と郡別（沿海4郡）の漁獲高の推移とは異なっている。特徴的には，大正初期までは宮崎郡，南那珂郡，児湯郡も相当の漁獲があったが，その後は漁獲の9割以上が県北部の東臼杵郡に集中するようになり，他の3郡の漁獲はほとんどなくなっている。大正中期以降，イワシ漁業

**表 6-1　宮崎県の郡別イワシ漁獲高の推移**

| 年次 | 宮崎県 千円 | トン | 県全体に占める各郡の割合（金額）% 県 | 宮崎郡 | 南那珂郡 | 児湯郡 | 東臼杵郡 | その他 |
|---|---|---|---|---|---|---|---|---|
| 明治 24 年 | 35 | 1,886 | 100 | 5 | 26 | 3 | 66 | - |
| 35 年 | 79 | 1,491 | 100 | 27 | 37 | 25 | 12 | - |
| 39 年 | 134 | 1,385 | 100 | 17 | 45 | 3 | 35 | - |
| 44 年 | 165 | 2,770 | 100 | 5 | 33 | 12 | 50 | - |
| 大正 5 年 | 71 | 1,296 | 100 | 14 | 15 | 31 | 40 | - |
| 10 年 | 355 | 1,774 | 100 | 0 | 3 | 1 | 97 | - |
| 昭和 元年 | 193 | 1,884 | 100 | 0 | 1 | 1 | 98 | - |
| 6 年 | 152 | 4,001 | 100 | 0 | 1 | 6 | 93 | 0 |
| 10 年 | 400 | 7,591 | 100 | 2 | 0 | 1 | 94 | 3 |
| 14 年 | 1,572 | 10,695 | 100 | 2 | 1 | 1 | 71 | 25 |
| 17 年 | - | 20,321 | 100 | 3 | 1 | 4 | 92 | 0 |

資料：宮崎県立図書館所蔵資料および『宮崎県勧業年報』,『宮崎県統計書』より作成。
注：明治 24 年の宮崎郡には北那珂郡を含む。
　　その他とは宮崎市（旧宮崎郡），延岡市（旧東臼杵郡）をさす。

**表 6-2　イワシ製品生産量の推移**　　　　　　　　　　　　　　（トン）

| | イワシ漁獲高 | 塩乾イワシ | 塩蔵イワシ | 煮乾イワシ | 魚肥 | イワシ節 |
|---|---|---|---|---|---|---|
| 明治 35 年 | 1,491 | 341 | 198 | 0 | 64 | - |
| 39 年 | 1,385 | 255 | 327 | 13 | 94 | - |
| 44 年 | 2,770 | 217 | 186 | 15 | 7 | - |
| 大正 5 年 | 1,296 | 104 | 66 | 0 | 16 | - |
| 10 年 | 1,774 | 262 | 31 | 3 | 16 | - |
| 昭和 元年 | 1,884 | 286 | 26 | 25 | 72 | 111 |
| 6 年 | 4,001 | 642 | 26 | 239 | 59 | 553 |
| 10 年 | 7,591 | 379 | 35 | 201 | 154 | 156 |
| 14 年 | 10,695 | 773 | 11 | 428 | 205 | 630 |

資料：『宮崎県勧業年報』,『宮崎県統計書』より作成。

は東臼杵郡だけで営まれたといってよい状況になった。

　表 6-2 は，宮崎県のイワシ製品の生産高の推移を示したもので，主要イワシ製品には塩乾イワシ，塩蔵イワシ，煮乾イワシ（煮干し），魚肥（干鰯としめかす〆粕），イワシ節がある。塩乾イワシが常にイワシ製品の中心をなし，昭和期以降，生産量を増加させる。

宮崎県水産試験場は設立初期（明治 38～43 年）に漁獲が増えると予想されたイワシの塩蔵法の改良，塩蔵イワシの関西方面出荷の試験を行っている[1]。塩蔵イワシは大正期になると急速に生産量を減らし，代わって昭和期に煮乾イワシ，魚肥の生産量が増えてくる。イワシ節の統計は大正期以前を欠くが，昭和期に入って盛んになったとみられる。つまり，大正中期以降，イワシ漁業は東臼杵郡に集中するが，昭和初期には大量漁獲漁法への転換による漁獲量の増加に対応して，塩乾イワシ，イワシ節，煮乾イワシ，イワシ肥料の生産が伸長してきたのである。

イワシ製品の生産増加は，市場圏の拡大を前提とする。この点で重要な意義を有するのは，大正 12 年の日豊線の開通であろう[2]。交通網の発達は，従来のイワシの地域消費から阪神，四国という消費地向け（塩乾イワシ，煮乾イワシ，魚肥，イワシ節）への転換を促した。このことはまた，宮崎県のイワシ漁業が，日本資本主義に深く組み込まれ，その動向は他律的な（需要動向に規定される）ものになっていくことを意味した。

## 第 2 節　イワシ漁法の変遷

イワシ漁具統数を郡別に，しかも経年的に示すことができないので，いくつかの年次を事例的に取りあげる。表 6-3 は，明治 35 年，大正 3 年，および昭和 11 年のイワシ漁具統数を示したものである。明治 35 年の主要なイワシ漁法は，刺網，地曳網，棒受網であって，宮崎郡は刺網，児湯郡は刺網と地曳網の中心地であった。カツオ餌料採捕用としても使われる棒受網は，カツオ漁業地やその周辺地域に多く，南那珂郡では鵜戸，油津，細田，南郷，福島，北方に多く，東臼杵郡では北浦，門川，南浦を中心とする。追込網はそれが考案された東臼杵郡，なかでも伊形，岩脇，富高，細島に多い。

注目すべきは，追込網が普及している地域では地曳網が駆逐され，イワシ刺網が厳しく制約されていることである。明治 25 年の東臼杵郡におけるイワシ追込網，イワシ刺網，地曳網の統数を『宮崎県統計書』でみると，イワシ追込網がある漁村には刺網や地曳網はなく，追込網のない漁村で刺網，地曳網が操業されていて，相互に激しく競合したことを示している。

表6-3 各年次の郡別イワシ漁具統数

|  |  | 県 | 宮崎郡 | 南那珂郡 | 児湯郡 | 東臼杵郡 |
|---|---|---|---|---|---|---|
| 明治35年 | 刺網 | 117 | 44 | 2 | 57 | 14 |
|  | 地曳網 | 82 | 27 | 18 | 37 | 11 |
|  | 棒受網 | 177 | - | 78 | 14 | 85 |
|  | 追込網 | 61 | - | - | - | 61 |
| 大正3年 | 棒受網 | 430 | 62 | 197 | 12 | 159 |
|  | 刺網 | 286 | 97 | 26 | 31 | 132 |
|  | 小台網 | 21 | 2 | 9 | - | 10 |
|  | 追込網 | 4 | - | - | - | 4 |
|  | 八田網 | 1 | - | 1 | - | - |
|  | 計 | 742 | 161 | 233 | 43 | 305 |
| 昭和11年 | 巾着網 | 21 | - | - | - | 21 |
|  | 棒受網 | 65 | 11 | 1 | - | 53 |
|  | 刺網 | 70 | 1 | 1 | 14 | 54 |
|  | 小台網 | 20 | 2 | 1 | - | 17 |
|  | 八田網 | 15 | - | - | - | 15 |
|  | その他 | 37 | - | 4 | - | 33 |
|  | 計 | 228 | 14 | 7 | 14 | 193 |

資料：宮崎県立図書館所蔵資料，『昭和11年度　宮崎県水産試験場業務概要』より作成。
注：昭和11年のその他とは，張網，焚入網，小イワシ網，地曳網，敷網，掛曳網，四艘網，枡網をいう。

　明治39年度になると，「県下鰮漁業ノ種類ヲ顧ミルニ地曳網追込網刺網及ビ棒受網漁業ト近時指導セル小台網ノミニシテ地曳網ハ往時隆盛ヲ極メシモ近年漁業ノ進歩ト共ニ鰮ノ沿岸ニ近クコト少キヨリ逐次萎靡衰退シ僅カニ県下中央部一帯ノ砂浜ニ其余喘ヲ保ツニ過キス……追込網モ亦此年不漁ニシテ北部地方ニ存スルモ其状地曳網ノ如シ　刺網ハ近年頓ニ其数ヲ増シ活気ヲ帯ビ来タリシモ徒ラニ魚群ヲ驚逸放散セシメ他ノ漁業ニ妨害ヲ与ヘ紛議ヲ醸スノミナラズ其漁獲物モ亦損傷シ易ク完全ノ漁業ト云フヘカラス　棒受網ハ殆ンド県下ニ普ク其数最モ多シ　然レドモ其漁獲高ノ二割五分ハ空シク餌料トシテ投棄スルノミナラズ其漁具数モ今ヤ増加スベキ余地ナシ」[3]　となった。
　次に，表6-3に戻って大正3年の主要イワシ漁法をみると，棒受網，刺

第6章 宮崎県におけるイワシ漁業の展開

網,小台網(こだいあみ)(台網は定置網の一種)であって,明治35年と比べると,地曳網,追込網の衰退,棒受網と刺網の発展,小台網の登場を知る。うち,棒受網はイワシ漁獲高の6割余を漁獲するまでになり,また,同じく小台網もカツオ餌料を供給することができるので,カツオ漁業の盛んな地域に普及してくる。棒受網は南那珂郡南郷,大堂津,油津,鵜戸,宮崎郡内海,折生迫,東臼杵郡門川,細島によく普及しており,小台網も南郷,細島,門川にその大半が集中している。大正初期には,宮崎,南那珂,児湯郡でもイワシ漁業が相当盛んであった。

大正中期以降,県南部のイワシ漁業が衰退したのは,カツオ漁業がイワシ漁業にかわってマグロ延縄と兼営するようになり,漁船動力化=漁場の沖合化によって餌料を自給から購入へ,購入先も漁場に近く,カツオ水揚げ港として整備されつつあった(明治末にカタクチイワシの蓄養技術を確立した)鹿児島県山川港へ切り替えたことが原因している。

大正期に入って棒受網,小台網,刺網の伸張は,小規模イワシ漁業が,網元支配の大規模網漁業の地曳網や追込網を駆逐しながら成長してくる姿=小商品生産漁家の広汎な成立を物語っている。こうした小商品生産漁家の成長は,明治後期にみられる漁業組合による共同販売事業の推進[4],交通の発達にともなう流通機構の変革が商人資本と結合した網元層による大規模網漁業経営をゆさぶり,その間隙から漁夫層が小商品生産漁家になることによって増幅された。

カツオ漁業の側からこの間の経過をみると,明治20年代に始まる無動力船による漁場の「沖合化」に伴って餌料採捕業は四張網から棒受網,小台網に転換する。宮崎県の場合,漁場の「沖合化」といっても出漁先(奄美,沖縄,台湾)に根拠地を設定し,そこで沿岸域のカツオ漁労,カツオ節製造に従事した。そのうえ,漁期が終われば,出漁先で生産手段一式を売り払ってしまうという商人資本的なやり方をとっていた。この方式は,漁船の動力化によってピリオドを打つが,以後,カツオ漁業は沿岸にとどまってイワシ漁業と兼業するタイプと山川で餌料を購入し,冬季のマグロ延縄と兼業するタイプに分かれる。地域的には前者は県北部で,後者は県南部で現れる。

降って,昭和11年の郡別の漁具統数をみると(表6-3),漁獲高の94%

表6-4 昭和17年の漁法別イワシ漁獲量　　　　　　（トン，％）

| 漁法 | 県 | | 宮崎郡 | 南那珂郡 | 児湯郡 | 東臼杵郡 |
|---|---|---|---|---|---|---|
| 漁獲高計 | 20,321 | 100 | 3 | 1 | 4 | 92 |
| まき網 | 15,393 | 76 | 0 | 0 | 1 | 75 |
| 刺網 | 2,504 | 12 | 0 | 0 | 3 | 9 |
| 敷網 | 1,192 | 6 | 0 | 0 | 0 | 6 |
| 曳網 | 934 | 5 | 3 | 0 | 0 | 2 |
| 建網 | 293 | 1 | 0 | 1 | 0 | 0 |
| その他 | 3 | 0 | 0 | 0 | 0 | 0 |

資料：『昭和17年宮崎県統計書』より作成。

が東臼杵郡で漁獲されるようになり，漁法も巾着網，刺網，八田網が全体の4分の3を漁獲するに至り，大正3年に比べて棒受網，刺網，小台網といった小型漁具の比重が低下し，大規模漁法たる巾着網，八田網が主流を占めるようになった。大正中期以降，県南部，県中部ともにイワシ漁獲高の激減が，漁具統数の大きな変化（減少）に現れている。昭和期に入ってイワシの大量漁獲は，これら巾着網や八田網によってもたらされたのである。

巾着網は東臼杵郡の島野浦，市振，古江に偏在し，八田網は門川のみで使用されている。

次に表6-4は，昭和17年の漁法別郡別漁獲高をみたもので，イワシ漁獲高は2万トンに達し，戦前最高水準を記録した。そのうち92％が東臼杵郡で漁獲されている。主要なイワシ漁法は，まき網（巾着網），刺網，敷網（八田網，棒受網），曳網などであるが，うちまき網による漁獲は全体の4分の3を占めるまでになり，昭和11年より一段とまき網の比重が高まっている。次いで刺網12％，敷網6％となって，敷網（八田網・棒受網）の漁獲割合は低下した。ただ，八田網は東臼杵郡門川町でカツオ漁業と兼営され，餌料を自給している関係上，その漁獲高は統計上に現れにくいという性格をもっている。

昭和初期のイワシ漁法を一覧表にしたのが，表6-5である。主な漁法は，追込網，刺網，流し網，縫切八田網，巾着網（一艘まきと二艘まき）で，漁業地は県北部，県中部が中心である。流し網と巾着網で動力漁船が使用されている。刺網は漁船数，漁夫数が多く，漁網は麻製であるなど旧式のものを

第6章　宮崎県におけるイワシ漁業の展開

表6-5　昭和初期の宮崎県のイワシ漁法

|  | 追込網 | 刺網 | 流し網 | 縫切八田網 | 一艘巾着網 | 二艘巾着網 |
|---|---|---|---|---|---|---|
| 網の規模・網材料 | 敷35～45尋，袖70～80尋綿糸網 | 長さ300～700尋，高さ10尋麻網 | 長さ300～500尋，高さ5尋綿糸網 | 打ち廻し180～200尋，敷80～100尋，袖50～60尋，高さ20尋，綿糸網 | 長さ200～300尋，高さ袖端20尋，中央40尋，綿糸網 | 長さ200～250尋，高さ袖端10～15尋，中央40尋，綿糸網 |
| 漁船数 | 網船2隻，手船2隻 | 網船2隻，手船1隻 | 動力船（5～15馬力）1隻 | 網船2隻，灯船1～3隻 | 動力船（40馬力）1隻，手船1隻 | 網船2隻，灯船2隻，曳船・運搬用動力船2隻 |
| 漁夫数 | 13～14人 | 15人 | 6～10人 | 20～29人 | 22～23人 | 40人内外 |
| 漁期漁業地 | 9～11月県北部 | 10～12月 | 12～4月県中部，県北部 | 10～4月県北部 | 10～12月県北部，県中部 | 9～12月県北部，県中部 |
| 漁獲高漁獲物 | 3千円イワシ，アジ，カマス | 近年，漁獲なしイワシ | 30千円 | 60千円イワシ，小イワシ | 10千円イワシ | 200千円イワシ，アジ，サバ |

資料：後藤豪『宮崎県漁具図譜』（楽水会，昭和9年）18～21，30～32，59～61ページ。

示していて，動力船を使用した流し網に転換したと思われる。

以上，統計からイワシ漁法の変遷の概要をみたが，次に主要な漁法について立ち入って検討しよう。

(1) **イワシ追込網**

イワシ追込網は，明治7年東臼杵郡伊形村の日高喜右衛門・亀市父子が芸州（広島）小坪地方で行われていた中高網[5]に改良を加えたものである。この網の長さは250尋で，200尋のシュロ縄に縫いつけて膨らみがもたせてある。漁船は網船2隻，尻張船1隻，起こし船1隻，手船（魚見船）1隻の計5隻，漁夫20～30人で操作し，魚群を包囲したら投石または投棹で魚を魚捕部へ追いこみ，手早く沈子縄をたぐり揚げて捕獲するもので，一種のまき網である[6]。追込網は明治30年頃には，袋網の口に環をつけ速やかに縮結したり，また翼網にイワシ刺網の網を付けるなどの改良を加えている。

イワシ追込網が行われたのは，表6-3でみたように，東臼杵郡だけで，

明治35年には61統があり，東臼杵郡の岩脇，伊形，富高，細島，岡富などで行われていた。追込網の網主の系譜は，任せ網[7]や地曳網の網主であったようで，その漁獲能率が地曳網に比べ十数倍も高いことから，任せ網や地曳網に代わって，ブリ大敷網に次ぐ県下最大の漁業の1つにまで成長し，その豊凶は東臼杵郡の経済に大きな影響を及ぼすまでになった。

ところが，明治後期になってイワシ刺網が普及するようになって，追込網は急速に衰退してしまう。

(2) 棒受網

棒受網の起源は不明で，はるか以前に大分県南海部郡蒲江村から東臼杵郡島野浦に伝搬したとも，文化8（1811）年に紀州熊野から島野浦に伝えられたとも，また，島野浦の清田清右衛門が明和元（1764）年頃考案したものが上記蒲江村に伝わったともいわれるが，藩政時代から県北部の島野浦を中心に使用されていたことは確かである。

棒受網は少ない資本，労働力で操業ができ，かつ収益性が高いので明治30年には「著シキ発達ヲナシ全国殆ド比ナカラントス　然レドモ其規模ハ最早増大セシムルコト能ハズ」[8]までになった。

その普及については，県南部，県北部では異なる。県南部には明治20年代に普及した。それは，カツオ漁業の「沖合化」にともなって，それに適合的な（簡便な運用漁具）棒受網が餌料採捕用として従来の四艘張網にとって代わられていく。油津町では，「四艘張網モ古クヨリ行ハレ重ニ鰹ノ餌採ニ使用ス　棒受網ハ明治二十八九年頃ヨリ開始セリ……コノ網ノ始メテ本町ニ使用スルヤ漁業上妨害アリトシテ四艘張網大ニ反対セリ」[9]。同じく大堂津でも「従来四艘張網ヲ以テ漁獲セシカ明治十五六年頃ヨリ大分県ヨリ棒受網ヲ以テ入漁シ……本組合員之ニ倣ヒ多数ノ起業者ヲ生シ四艘張網ヲ凌駕スルニ至レリ」[10]となった。

明治35年の統計によれば，棒受網が広く普及した地域は，カツオ漁業が盛んな地域であったことからして，主に餌料採捕用としてカツオ漁業者によって使用されたことを示している。このことは逆に，カツオ漁船の動力化，漁場の沖合化に伴う餌料需要の増大と蓄養の必要性は，餌料採捕とカツオ漁労

第6章　宮崎県におけるイワシ漁業の展開　　　　　　　　　　　　　　*165*

の分離を促し，餌料自給用の棒受網の衰退につながっていく。県南部は，まさにこうした経過をたどった。

　明治末から大正初期にかけて県南部の棒受網が衰退した理由は，以上の他に，棒受網の乱設，小台網やイワシ刺網との競合，乱獲によって「鰮ノ郡来ナキヲ以テ南那珂郡一帯本漁業（棒受網－筆者）絶滅」[11]した。一方，県北部のカツオ漁業は，県南部がマグロ延縄を導入し，漁場の沖合化を図ったのとは対称的にイワシ漁業との結合を強めた（沿岸カツオ漁業の域にとどまる）ため，棒受網は衰退するどころか火光利用を取り入れるなどしてますます発展した。県北部における棒受網の衰退は，昭和期の八田網や巾着網の採用によってようやく顕在化する[12]。

### (3)　イワシ刺網

　旧来，イワシ刺網は県中部を中心とし，県南部・県北部に少なかったのは，他のイワシ漁法の障害となるとして制約されたためであった。それは各漁業組合規約や明治27年2月の漁業取締規則に厳しい制約が課されていることからも明らかである。それが，明治35年の漁業取締規則の改正によって規制が緩和されるや，瞬く間に全県下に普及した。

　刺網使用に最も激しく反対したのは東臼杵郡の追込網漁業者で，反対理由は，「鰮刺網使用ノ一般漁業上ニ最大ノ妨害ヲ普及スル有害苛酷ノ漁具漁法」という点にあり，実態的にも明治35年，東臼杵郡でイワシ漁獲が「甚夕僅少否寧ロ絶無（地曳追込ニテノ漁獲）ナリシハ従来厳禁サレタリシ刺網カ……解放許可サレシニヨリ刺網漁業者競フテ使用シタル結果魚群ヲ遠ク沖合ニ駆逐セシニ原因セル」[13]とした。

　一方，刺網を自由漁業にすべきだとする側では「鰯刺網ハ資本少クシテ其漁獲多ク労少クシテ功多クノ有益無害ノ良漁具」と主張し，「決シテ妨害ヲ与フル漁具ニ無之　即チ優勝劣敗ノ道理ニシテ己レノ営業トセル鰯追込網ノ不完全不熟練ナルハ思ヒ及ズシテ其漁獲ノ少キハ偏ニ我鰯刺網アル故ト盲断シテ妨害ヲ与フル網ナリト申」[14]すのはお門違いだと反発している。加えて，追込網でもその翼網に「鰮刺網ト同一ノ目合ノ網地ヲ」使用しているのに，その追込網業者がイワシ刺網の非をならすのは不合理極まりないと反論して

いる。こうして，両者が敵対するなかで，イワシ刺網に有利な方針が示されるようになった。

「従来各地漁業組合規約ノ下ニ此等或ル種ノ漁業若クハ漁具ヲ禁止シタルハ一ニ有力者ガ自己ノ利益ノ為メ設ケタル抑圧的制度ニ外ナラズ　真ノ愚直ナル漁業者ハ涙ヲ呑ンデ其制裁ニ屈服シタルハ斯業上至大ノ弊害ナリシカ今回漁業法ノ施行ヲ機トシ本省ニ於テハ此等ノ弊害ヲ洗滌セントノ御主意ヨリ禁止制限事項ハ凡テ行政官庁ノ職種ニ委セラレタル次第」[15]。

県のイワシ刺網使用緩和の方針は，漁村のボス支配を打破するものであると意義づけられているが，なお，これは漁業組合の共同販売事業を推進し，商人資本を排除していく水産行政と関連して小商品生産漁家の育成を図ったものといえよう。

早くも明治37年7月には，宮崎郡では「本郡下ニ於ケル鰯刺網ハ一時非常ノ高熱ヲ以テ網数著シク増加シ将サニ極度ニ達シ漁場ハ狭ヲ告ケ且当業者所説ノ如ク乗子不足シ従来二隻ヲ以テ使用シタルモノハ既ニ人員不足ヲ訴ヘ一隻使用ノ方法ニ出ツル外止ムヲ得サルモノアリ」[16]というほどの盛況を示し，網統数の制限が論議される。このイワシ刺網は，棒受網や巾着網の兼業種類として定着していく。

他府県でのイワシ刺網の取扱い方針をみておこう。愛媛県では，明治15年の漁業規則では，「鰯刺網及沖取網……ハ漁場……ヲ距ルコト凡ソ五十町以外ノ沖合ニ於テ営業スヘキモノトス　但五十町以内ト雖モ其ノ漁場ノ承諾ヲ得テ営業スルモノハ妨ゲナシ」としていたが，明治22年の漁業取締規則では「鰯刺網及沖取網……ハ従来許可ヲ得タルモノノ外之ヲ使用スルヲ得ス　但従来許可ノ者ト雖モ其関係村又ハ其部落ノ承諾ヲ得テ営業スルモノノ外ハ他ノ慣行アル漁場ヲ隔ルコト五十町以内ニ於テ之ヲ使用スヘカラス」として，新規許可の発行を停止している[17]。

大分県では，イワシ刺網が増加し，地曳網漁業者を始めとする沿岸漁業者の反対が強くなったことで，明治13年にイワシ刺網を禁止する布達を出した。それでも，イワシ刺網は小資本で営むことができる能率漁法であることから密漁が増加した。イワシ刺網に反対する理由は，イワシ刺網は魚群の一部しか漁獲せず，他の大部分のイワシは驚いて逸散し，接岸しないし，イワ

シを追ってくる他の魚も接岸しないことである。

しかし，地曳網漁業の衰退による漁村の窮状を打開するためにも刺網の有効性が認められるようになり，明治31年の大分県漁業取締規則では，距岸3カイリ以遠，漁期を限定してイワシ刺網の操業が許可されるようになった。次いで，明治37年の漁業取締規則の改正ではイワシ刺網は許可漁業となり，漁場の範囲と漁期の規定がなくなっている[18]。

宮崎県を含めて，イワシ刺網が制限禁止から緩和解禁に変わったのは，明治34年の漁業法制定を契機としており，イワシ漁法の中心も沿岸性の地曳網などから沖合性の揚繰網，刺網などへ移行しつつあった。

(4) 小台網

「本漁業ハ定置漁業中落網類小台網ニシテ鯤鯵鯖魚ソーダ鰹ノ如キ回遊スベキ魚族ハ多ク漁獲スルノミナラズ之ヲ操作スベキ漁船ハ僅カニ一艘数人乗リニテ取扱ヒ得ベキ軽便ナル漁具漁法ニシテ夙ニ富山県地方ニ於テ創始セラレシモノヲ……明治三十八年ニ至リ石川県ヨリ実業教師ヲ招キ南那珂郡南郷村ニ水産合名会社ヲ設立セシメ之ヲ指導シ敷設経営セシム」，「四十年度ニ至リテハ県下沿岸津々浦々殆ンド本網ヲ敷設セザル地ナシ勢ヒ他府県ニ向テ拡張セントシ隣県鹿児島熊本大分或ハ韓国等ヨリモ敷設経営ノ方法又ハ実業教師派遣ノ依頼ヲ受ケ……」，「四十一年度ニ至リ既ニ本県ニテ本漁業出願免許数百有余ヶ所ノ多キニ及ビ沿岸漁村至ル所ニ普及シ漸ク濫設ノ傾向ヲ呈ス」[19]。

小台網は，県水産試験場で明治38～44年度に試験され，その成績がよかったことで県下各地に設置され，明治44年には23ヵ所になった[20]。

この間の事情を若干補足しておけば，山口和雄編著『近世越中台網漁業史』（昭和14年）では，苧麻製の小台網には春網，夏網，秋網の3季網があり，フグを漁獲対象とする夏網，およびカツオ・イカ・ブリ仔を対象とする秋網は江戸中期に出現するが，イワシを対象とする春網は明治10年頃考案されたものだという。漁法は，いずれも漁船1隻，漁夫2～3人で操業でき，身網の長さは10～20尋程度であった。苧麻製の小台網は明治20～30年頃改良されて瓢網（落し網のうち運動場のないもの）に進化したという。

宮崎県に導入された小台網は，網口30尋，奥行60尋，垣網36尋の大きさで，上記のものよりかなり大きい。最初の導入地である南郷村は明治37年に目井津漁業組合，外ノ浦漁業組合，贄波漁業組合を合併させて南郷漁業組合とし，共同販売事業を開始するが，その功労者である西村伝作ら数名に諮って「目井津水産合名会社を組織せしめ藁台網及小台網漁業を為さしめたるが小台網の如きは非常の好成績を示して県下の模範となり今日の隆盛を見るに至」[21]った。

　それ以降，小台網は普及して，「県下重要漁業ノ一トナリ之ガ為メ資産ヲ起セシモノ尠カラズ　就中鰹釣出稼漁業者ハ餌魚捕獲ニ用ヒ之レヲ鹿児島県下大島及屋久島等ニ敷設シ相当ノ利潤ヲ得」[22]た。

　小台網はカツオ餌料の供給をしたため，棒受網と同様カツオ漁業地に普及している点が特徴で，大正3年には21統のうち8統が南郷村に集中し，東臼杵郡細島，門川にも各3統ずつ敷設されている。カツオ餌料用といっても棒受網と異なり，小台網は定置漁具なので，カツオ漁業者が出漁先の根拠地で自ら設営するか，餌料供給との分離をもたらした。前者の形態は，無動力漁船での沖合化＝根拠地方式の時代に採用され，後者は漁船動力化＝漁場の沖合化時代に，とくに県南部で一般化した。だが，県南部のカツオ漁船が山川港で餌料供給を受けるようになると，大正中期頃には衰退に向かう。

### (5)　改良揚繰網および巾着網

　改良揚繰網と巾着網との区別は，今では明瞭ではなく，従来，太平洋岸で使用されていた揚繰網と明治中期にアメリカから輸入された巾着網とは締括装置の有無で区別されたが，その後，揚繰網にも環綱が取り付けられ，改良揚繰網と称されるようになって両者の区別はつかなくなった[23]。

　「鰮漁業ノ如キ其群遊夥多ナル本邦中多ク其比ヲ見サルニ漁獲上ラサルハ僅ニ棒受又ハ刺網及地曳追込網等ノ小規模若ハ沿岸的漁具ヲ使用スルニ止リ他人之ヲ顧サルニ由ル　若シ他府県下ニ於テ現時盛ニ行ハルル揚繰巾着網ノ如キ大規模ノ沖取漁具ヲ使用セハ今ヨリ数倍ノ漁獲アルハ疑ワザル所ナリ」[24]。これは，明治37年の宮崎県「水産経済調査」の一節であるが，他府県下ですでに普及をみていた揚繰網・巾着網が宮崎県では未だ現れていない。

## 第6章　宮崎県におけるイワシ漁業の展開

理由は，鮮魚仲買人による仕込み支配が常態化し，その仲買人が「充分ノ資力ナキ者多キヲ占ムルヲ以而漁具漁船ノ改良又ハ新規漁業ニハ毫モ投資セントセズ所謂旧慣ヲ墨守シ姑息ニ依ルルヲ常」[25]としたためと，漁業者の資本蓄積が仕込み支配のため阻害された結果だとしている。

宮崎県では，県水産試験場が明治39〜42年に改良揚繰網の試験を行っており，網船2隻，手船1隻，計3隻と漁夫31人によって網の長さ140尋を操作した。結果は，不慣れとイワシの群来が少なかったことで予期の成績をあげるに至らなかった[26]。それでも，「当業者モ漸ク本網ノ軽便ニシテ有利ナルヲ知得シ殊ニ漁獲物ハ刺網棒受網等ニ比シ魚価一二割ノ高価ヲ示セシヨリ本網ニ倣ヒ企業ヲ見ルニ至ラン」[27]と期待された。が，大正6年度では，「餌料鰮捕獲用網具トシテ現今最モ優良ナリト認メラルルハ鰮巾着網又ハ揚繰網ナリト雖トモ本網ハ規模甚ダ大ニシテ企業費多額ヲ要スル故ニ……直ニ民間ニ普及シ難カルベク」[28]と，資本の壁によってその普及が妨げられていることを認めている。

巾着網・揚繰網の普及は，漁業者の資本蓄積とともにイワシ製品製造工程の改良，需要の増大がみられる昭和初期以降に果たされる。すなわち，巾着網は昭和5年頃始まり，7年頃には事業として成立するようになった。当初は，東臼杵郡島野浦・土々呂を根拠としていたが，うち土々呂のものは魚価低廉と技術の未熟さのために廃業となり，島野浦は「特殊ノ組織ト非常ナル努力」[29]の結果，その中心となった。

巾着網の操業は，9〜1月の夜間に，曳船1隻，網船2隻，灯船2隻，魚積船1隻の計6隻（うち曳船と魚積船が動力船）に漁夫39人が乗り，マイワシ，ウルメイワシを対象とする。刺網や棒受網に比べて魚価は巾着網で漁獲した方が1〜2割高く，棒受網からの転換もかなりあったといわれる。

東臼杵郡門川町への伝搬は昭和15年頃，島野浦からもたらされ，漁夫53人を擁する大漁業で，春から夏はカツオ釣り，八田網と兼営した[30]。

以上，主要なイワシ漁法の変遷をみてきたが，大略，明治中期頃までは地曳網，追込網，四艘張網などの大規模漁業を網元制の下で操業していたのが，明治後期になると棒受網，刺網，小台網といった小規模漁法を中心とするようになる。担い手は，封建的網元支配から脱して成長する小商品生産漁家で

あって，その成長を支えたのが，網元網子の封建的主従関係の弛緩，魚価低迷による網元制経営の破綻，漁業組合共同販売事業の整備にともなう商人資本の後退，加工業およびカツオ漁業の発展であった。

昭和期に入って，県北部を中心にイワシ漁業は，巾着網，八田網という大規模漁法を中心とするが，同じ大規模漁法とはいえ，明治中期以前とは漁法も異なれば，漁獲能率も一段と飛躍し，漁業の担い手は網元経営から共同経営ないしは資本家的経営に変化している。これら大規模漁法の担い手は，小型網漁を行っていた小商品生産漁家による共同経営と，地主・流通加工資本の漁業生産への参入によって構成されていた。

## 第3節　イワシ漁業の経営

イワシ漁業における配分方式は，明治24年は「鰮敷網棒受網追込網漁業ノ如キハ大抵網主（船ヲ有ス）六分水夫四分ノ収穫ヲ分収シ一週間毎ニ清算」[31]するものであった。明治27年頃は，「棒浮子網（棒受網—著者）ノ如キ船ト網トヲ各々二人半トシ乗組十人ナレバ船ト網トヲ加ヘ十五人ノ率トシ之ヲ分配ス　地曳網敷網追込網等亦概ネ然リ」[32]といった状況である。こうした村落を基盤とした網元経営では，前者の単純歩合制や後者の代分け制は

表6-6　イワシ漁業とカツオ・マグロ漁業との兼営状況

| 年次，地区，事例 | 漁船規模 | 漁業種類 | 漁期 | 漁獲高 | 漁獲高（円） | 乗組員数（人） |
|---|---|---|---|---|---|---|
| 昭和4年 門川村 9事例 | 9トン 12馬力 | カツオ釣り マグロ延縄 棒受網 | 3～8月 12～2月 9～11月 | 3,500 貫 3,000 貫 2,000 樽 | 3,500 3,600 3,000 | 15 |
| 昭和3年 伊形村 2事例 | 10馬力 | マグロ延縄 イワシ刺網 棒受網 | 1～4月 5～12月 8～10月 | 1,000 貫 1,500 樽 1,500 樽 | 2,000 1,050 1,500 | 7 |
| 昭和10年 門川村 3事例 | 12トン 30馬力 | カツオ釣り マグロ延縄 八田網・棒受網 | 3～10月 1～3月 周年 | 5,700 貫 3,000 貫 6,000 樽 | 5,700 3,000 12,500 | 25 |

資料：宮崎県立図書館所蔵資料より作成。

その後長く続いたが，漁船の動力化による漁労経費の増大，あるいは小規模網漁業における小商品生産漁家の成長が旧来の漁獲物配分方式を変容させていく。

ここで取りあげるのは，昭和期における東臼杵郡門川町の棒受網・八田網をカツオ漁業との関連から，もう一つは独特の経営様式をもつ島野浦の巾着網についてである。

① 門川町のイワシ棒受網・八田網

表6-6は，門川町のカツオ漁業とイワシ漁業の兼営状況をみたものである。14事例のうち12事例が門川村のものであって，上段が昭和4年のカツオ・マグロ漁業と兼営するタイプで，季節ごとに漁法を変えている。中段は昭和3年のマグロ延縄との兼営タイプ。下段は昭和10年のカツオ・マグロ漁業と兼業しつつ，イワシ漁業も八田網，棒受網を使って周年操業を行うことで，漁船規模もいくらか大きいし，乗組員数も多い。

門川町のイワシ漁業は，カツオ・マグロ漁業としばしば兼営されること，イワシ漁法では昭和初期には棒受網が使用されていたが，昭和10年頃には八田網も導入するようになった。このことから，県南部のカツオ・マグロ漁業は昭和期に入って漁船の大型化・高馬力化を進め，漁労と餌料採捕を分離させていくのに対し，県北部のカツオ・マグロ漁業の中心地たる門川村では，近くに優良なイワシ漁場を控えていることもあって，相互に組み合わせて周年稼働体制をとり，それがまた大規模化・能率漁法の採用の足かせになっている。

漁船規模は，昭和10年になっても大型化せず，ただ高馬力化によって漁場範囲の拡大，漁夫数の増加がみられ，また漁夫数の増加が多様なイワシ漁法，とりわけ八田網の導入を可能にしていく関係がみられる。漁夫と船主・網主との関係は，今や資本賃労働関係にあったが，賃金形態はその折々の経済事情に左右されて変化している。

前章で大正初期から昭和10年頃までの小型カツオ・マグロ漁業を中心とした漁夫の賃金形態（配分方法）の変化をみたが，同じ資本主義的経営といってもとくにその経営基盤が脆弱であれば，賃金形態は地域によって異なり，またその時々の経済状態に応じて変化している。配分方法は，固定給，単純

歩合制，大仲歩合制があり，単独あるいは組み合わせて使われている。カツオ・マグロ漁業を兼営する大正10年以降のケースでは，固定給中心から単純歩合制中心へ，さらに大仲歩合制中心へ変化する傾向がみられる。第一次大戦後不況，昭和恐慌を経る過程で，経営リスクの分担が志向されている。

② 島野浦の巾着網

昭和11年頃の東臼杵郡北浦村，南浦村（島野浦）のイワシ漁業をみると，北浦村には棒受網21統，流し網40統，巾着網2統があった。漁期は棒受網と巾着網が12～1月，流し網が2～9月である。1統当たり漁獲高は，棒受網は大羽イワシ600～900桶（1桶は8貫目。樽と同義）なのに対し，巾着網は5,000桶と大きな差があった。イワシの利用法は，肥料（〆粕）にする他，県外に出荷されるが，晩秋から冬季は丸干し，イワシ節に加工した。

南浦村（島野浦）のイワシ漁業は，地曳網10統（キビナゴ対象），小巾着網11統（シラス対象），巾着網13統（9～1月の大羽イワシ対象，漁獲高は1統当たり5,000桶）があった。漁獲物の6割は地元でイワシ節や丸干しに加工され，残りは高知県，愛媛県，大分県に出荷された[33]。

島野浦の巾着網をみると，昭和15年には県北部に28統あるうち12統までが島野浦に集中している。それが「特殊ノ組織ト非常ナル努力」の結果であるとしたが，「特殊ノ組織」とは「網主ト其ノ網ニ専属ノ地元乗子ヨリ成ル株組織ニシテ多クハ一統ノ網ハ四拾株ヨリ成立シ網主ハ一人或ハ数人ナリ」[34]というところにある。

そうした「特殊ノ組織」が成立する背景は，島野浦は北浦村対岸の離島であり，耕地も少なく，したがって漁業を専業とし，「抑モ当浦ハ本県ガ鹿児島県管轄ノ時然カモ刺網ノ解禁ナキ既時ニ於テ認可セラレ候モノハ浦民幾百ノ者皆漁業ニ依ルニアラズンバ口糊ノ途ナキヨリ非常ノ特典ヲ与ヘラレシ」[35]という地理的歴史的条件にあり，資本が零細であった。すなわち，漁業に全面的に依存しなければならない島野浦住民にとっては，イワシの小規模漁法から大規模漁法への転換に際し，地縁血縁結合に支えられた共同経営を展開していくのである。

昭和15年の巾着網は15統（前述の12統と差があるが，理由は不明），動力漁船は30隻だが，1人で2隻の動力漁船を所有しているのは1例しかな

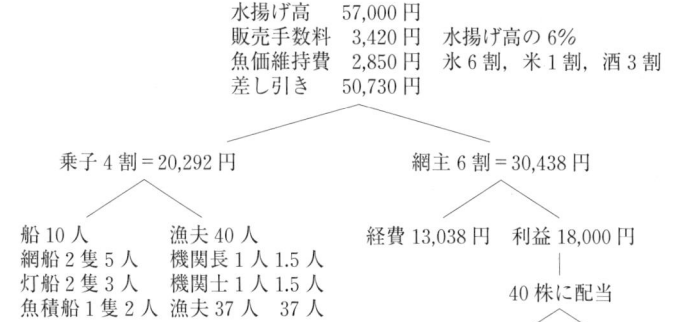

第 6 章　宮崎県におけるイワシ漁業の展開

```
                    水揚げ高    57,000 円
                    販売手数料   3,420 円   水揚げ高の 6%
                    魚価維持費   2,850 円   氷 6 割, 米 1 割, 酒 3 割
                    差し引き    50,730 円

      乗子 4 割＝20,292 円                網主 6 割＝30,438 円

  船 10 人      漁夫 40 人            経費 13,038 円  利益 18,000 円
  網船 2 隻 5 人  機関長 1 人 1.5 人
  灯船 2 隻 3 人  機関士 1 人 1.5 人                    40 株に配当
  魚積船 1 隻 2 人 漁夫 37 人  37 人
                                   4 割漁夫 16 人 7,200 円  6 割網主 2 人 10,800 円
```

資料:『宮崎県北部地方鰮漁業調査報告』（昭和 15 年）より。

図 6-1　島野浦の巾着網の配分方式

く，その他は持ち寄り（21 隻）ないし高知・愛媛県人の所有である（7 隻）。高知・愛媛県はイワシの需要先でもある。

1 統当たり平均漁獲高は 43,925 円であり，動力漁船のうち 7 隻が 4～8 月にかけてカツオ釣りに従事している。漁獲高の配分は図 6-1 のようになっている。水揚げ高 57,000 円から販売手数料と「魚価維持費」を引いた残り 50,730 円を「乗子」4 割，「網主」6 割で配分する単純歩合制をとる。「乗子」への配分は船および乗組員の代（人前）に応じて配分され，代分け制になっている。船が 5 隻で 10 人前，漁夫 39 人で 40 人前である。「乗子」への配分 4 割には，船への配分を含むので実際の労働分配率は低い。1 人前の配分額は 406 円となる。

一方，「網主」への配分から漁労経費を支払い，残った利益 18,000 円は 40 株に配当する。株の所有は，4 割（16 株）が 16 人の漁夫に，6 割（24 株）が 2 人の「網主」に所有されている。漁獲高が高いと，1 株当たりの配当は 450 円にもなり，とりわけ「網主」の配当は非常に高くなる。

配分方法は単純歩合制であるが，漁夫のうち船を提供する者もおり，また漁夫の 4 割は出資者となっている。共同経営といっても，その基本的特徴である多数漁家の平等出資・平等就労・平等分配は後退し，労働力編成と株式

による出資が分化している。

　以上，宮崎県におけるイワシ漁業の到達点は広汎な小生産漁家および共同経営の他に，一部企業的経営が出現していること，その企業的経営も経済変動に極めて鋭敏に反応せざるを得ない脆弱性を帯びていた，ということができる。

注

1）『宮崎県水産試験場百年史』（宮崎県水産試験場，2003年）130ページ。
2）日豊線の開通によって，例えば大正9年に共同販売事業を始めた東臼杵郡北浦村漁業組合（明治36年設立）は，イワシの販路として「鮮魚ノ儘又ハ鰮節，干鰮トシテ県内ニ幾分ヲ販売スルノ外，主トシテ阪神地方及四国地方ニ移出」（宮崎県立図書館所蔵資料）したし，県南部のマグロの阪神地方への輸送も便利となって，カツオ・マグロ漁業を大いに刺激した。門垣天星編『大分県水産誌』（昭和2年）。
3）『明治三十九年度　宮崎県水産試験場業務報告』1ページ。
4）政府は，明治19年5月に漁業組合準則（農商務省令第7号）を制定，宮崎県では同年6月甲第50号布達として公布されるが，漁業組合は沿海地域では20～21年に，淡水組合は24～25年に設立され，25年には12組合となったが，その存在は全く有名無実であった。降って，明治35年，漁業法発布とともに県は漁業組合を「重ナル漁村浦ニ設立ヲ奨励シ其申請ニヨリ許可ヲ与ヘタル数ハ七十九」に及んだ。「然ルニ設立日浅キ為メ未ダ成績ノ見ルベキモノ甚ダ少ナシト雖モ……魚揚場ヲ設置セシメ漁獲物ヲ其揚場ニ於テ競売ニ付シ以テ販売上ニ於ケル従来ノ弊害ヲ矯正スルト共ニ貯蓄ヲ奨励シテ漁業資金ノ融通ヲ容易ニシ斯業ノ発達ヲ期セシメントシ組合規約ニ之ヲ規定セシメタルモ実行上困難ナルニ依リ……三十八年三月県令ヲ以テ漁獲物販売取締規則ヲ発布」して共同販売事業を拡大していった。宮崎県庁所蔵資料。
5）『日高亀市翁之事蹟』（昭和30年），中高網については，日本学士院日本科学史刊行会編『明治前日本漁業技術史』（日本学術振興会，昭和34年）442～443ページを参照。
6）宮城雄太郎『日本漁民伝　下』（昭和39年）608ページ，および農商務省水産局『第二回水産博覧会審査報告　第一巻第一冊』（明治32年）255～256ページを参照。
7）任せ網は，網の中央部の幅がとくに広く，かつ縮結の割合も多くし，そこを魚溜まりとした無嚢まき網で，ボラ，セイゴ，コノシロなどを漁獲した。前掲『明治前日本漁業技術史』432～436ページを参照。
8）宮崎県立図書館所蔵資料。
9）同上。
10）同上。
11）同上。また，都井村でも大正期に入り，壊滅したといわれる。野辺幾衛『都井村史』

(昭和5年）96 ページ。
12) 昭和6年8月18日の宮崎新聞は「東臼杵郡内における棒受け網組合員が巾着網に脅かされ非常な打撃を受けて生活の安定を図ることが出来ないと……各船主約70人名は県に出頭之が陳情をなす」と報じている。
13) 宮崎県立図書館所蔵資料。
14) 同上。
15) 同上。
16) 同上。
17) 『水産業協同組合制度史 4』（昭和46年，全国漁業協同組合連合会）52～55ページ。宮崎県の明治27年2月の漁業取締規則，明治32年3月の同改正ではイワシ刺網の許可制限については規定していない。同上，55～59ページ。
18) 二野瓶徳夫『明治漁業開拓史』（平凡社，1981年）105～107ページ。
19) いずれも『宮崎県水産試験場業務概要 創立十年記念号』24～25ページ。
20) 前掲『宮崎県水産試験場百年史』51～52ページ。
21) 日州新聞 明治41年6月23日。
22) 『明治四十二年度 宮崎県水産試験場業務報告』3ページ。
23) 水産百科事典編集委員会『水産百科事典』（昭和47年）のあぐり網，巾着網の項参照。
24) 宮崎県立図書館所蔵「明治三十七年水産経済調査」。
25) 同上。
26) 『明治四十二年度 宮崎県水産試験場業務報告』1ページ。
27) 同上，3ページ。
28) 『大正六年度 宮崎県水産試験場業務報告』8ページ。
29) 宮崎県水産試験場土々呂分場『宮崎県北部地方鰮漁業調査報告』（昭和15年）。
30) 中楯興「鰮と鰹の漁業経済構造 —— 宮崎県門川漁業の経済的構造 ——」日本農業研究所九州支所編『近郊農・漁業の研究』（昭和28年）265ページ。
31) 農商務省農務局『水産事項特別調査 上』（明治27年）555ページ。
32) 宮崎県水産課所蔵資料。
33) 『大分県蒲江町ヲ中心トスル鰤鰮概況並ニ鰤蓄養及ヒ養殖計画予備調査書』（大分県水産試験場，昭和12年5月）96～101ページ。
34) 前掲『宮崎県北部地方鰮漁業調査報告』。
35) 宮崎県立図書館所蔵資料。

# 第7章

# 宮崎県を中心としたブリ定置網漁業の発達と漁場利用


## 第1節 ブリ定置網漁業とその発展段階

### 1. ブリ定置網漁業

　漁業における資本主義的発展は，漁船漁業でいえば漁船の動力化と漁場の外延的拡大で端的に示されるが，定置網漁業では網の材質と構造の変革によって担われた。

　ブリは主に定置網で漁獲されたが，その技術的発展は，網材質でいえば藁縄製→麻製→綿糸網へと変化し，漁具の構造は藁台網・建刺網→日高式大敷網→大謀網→落し網といったコースをたどり，漁獲量もそれに応じて増加していった。漁労技術の発展は必然的に旧来の漁業秩序，漁場の占有利用関係に影響を及ぼし，その再編成を伴った。漁業組合の育成強化を1つの目的とした明治漁業法（明治43年）の制定は，定置漁業権を漁業組合に集中させる方向で漁場利用の再編成を促した。昭和恐慌期には，漁場総有化の思潮が広まる中で，定置網が小型化して扱いやすくなったこともあって定置漁業権の組合集中，共同経営化が進んだ。

　本章では，全国的なブリ定置網漁業の発展過程と漁場利用の再編動向を考察するとともに，ブリ定置網の先進地であった宮崎県を取りあげ，その具体的な過程を検証する。宮崎県は日高亀市・栄三郎父子によって定置網漁法の改良が進められた地である。

　本論に入る前に定置網漁法を簡単に説明しておく（図7-1）。袋網（身網）と垣網，あるいは袋網，囲い網（運動場），垣網からなる定置網を台網とい

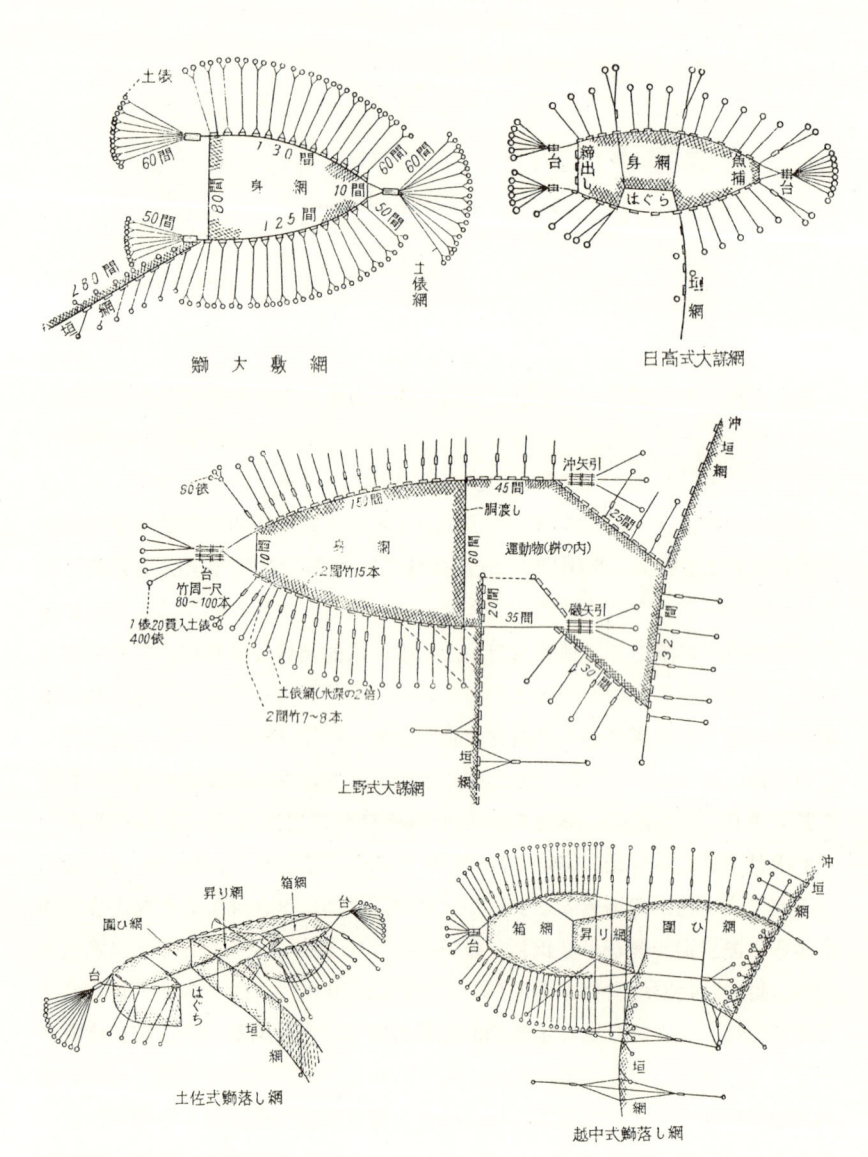

資料：宮本秀明『定置網漁論』（河出書房，昭和29年）5〜9ページ。

図7-1　ブリ定置網の種類

い，大敷網類と大謀網類からなる。台網の発展系譜は3系統あり，呼び名も違う。西南地方に伝搬したものを大敷網，北陸地方のものを台網，東北・北海道方面に伝搬したものを建網という名称で呼ぶことが多い。ブリやマグロを対象としたものでは，日高式ブリ大謀網は宮城県のマグロ大網（大謀網）を参考に，上野式（越中式）大謀網は台網を改良したものである。落し網は台網に昇り網が付いたもの。定置網の名称には開発者や地方名をつけることが多い。囲い網がないものを瓢網という[1]。

## 2. ブリ定置網漁業の発展段階

ブリ漁業は定置網漁業技術の発達に応じて以下の4段階を経過している。

### (1) 第Ⅰ期：明治24年以前

ブリの主要漁業地は日本海および西南海区で，主要な漁法は建刺網と台網である。明治24年の調査にかかる『水産事項特別調査』で示された主要なブリ漁業地のうち，富山湾は伝統的に台網，鹿児島県では明治以降に開発された薩南地域のブリ飼付け漁業，内之浦のブリ大敷網[2]であるが，他の地域は小規模な建刺網が中心であった。ブリ仔を漁獲するには囲い刺網や地曳網が用いられ，釣り漁法では曳縄，延縄も盛んに行われた[3]。

この時期のブリ漁獲量は，自然変動に加え，漁場利用の混乱や漁具の乱設によって変動が大きくなるが，平均して100万貫程度である（図7-2）。

### (2) 第Ⅱ期：明治25～42年

明治25年に宮崎県東臼杵郡伊形村の日高亀市・栄三郎父子によっていわゆる日高式ブリ大敷網が考案されて，ブリ漁業は飛躍をとげる。日高式大敷網は富山湾の藁台網と比べると，身網すべてが麻製となり，耐久性，耐波性を増し，網の大型化，漁場の沖合化を可能とした。富山湾の台網も身網の一部が麻製のものもあったが，ほとんどが藁縄製であった。

網材料の変革は，明治20年代の麻栽培の隆盛，製網技術の発達と魚価の上昇によって支えられていた[4]。網の規模は，漁場条件によって異なるが，平均的なのは身網は藁台網で奥行（長さ）70尋（1尋は1.5 m），網口35尋

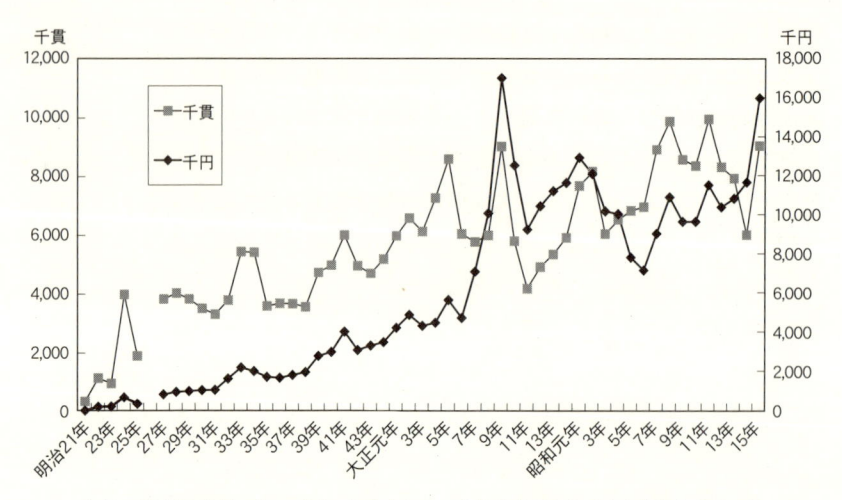

資料：『定置漁業界　第25号』，農林水産省・農林統計研究会『水産業累年統計　第2巻』（昭和54年）から作成。

図7-2　全国のブリ漁獲高の推移

であったが，日高式では120尋，144尋と2倍の大きさである。網揚げ漁船と漁夫数は，2隻，20人位から10隻，100人へと増加した。また，藁台網は夜間に網揚げしたが，日高式は昼間なので，魚群が網に入ったかどうか監視する魚見人，船番などが新たに加わり，1統（統は漁業の単位）当たりの従業者はさらに増えた。1網当たりの漁獲量も急増した。建刺網と比べればなおさらである。

当時，長崎県五島のマグロ大敷網の例では身網の奥行85尋，網口65尋で漁船7隻，漁夫44人が従事していた。佐賀県神集島のマグロ大敷網は，年々の漁獲変動が大きいが，平均12,000円の漁獲で，漁業経費を差し引いた漁業利益は4,700円であった[5]。それらと比べても日高式ブリ大敷網の規模が窺われる。

日高式大敷網は，宮崎県下全域に瞬く間に伝搬したうえ，県外にも広まっていった。明治30年の高知県を皮切りに，30年代には三重県，京都府，40年代には富山湾，新潟，長崎，山口，島根，静岡，神奈川県へと拡がった。

普及過程で, ブリ漁業地の拡大（静岡, 神奈川県), 富山湾では藁台網から, 日本海では建刺網から, 西南海区では建刺網や不漁に陥っていたマグロ大敷網からの転換がみられた。また, ブリ大敷網は, 多額の資本と大量の労働力, それに技術を要するので, それらも大敷網の普及とともに宮崎県や先進地から導入された[6]。

この時期の漁獲高は, それ以前の100万貫前後から300万貫台に飛躍し, かつ漁獲は安定するようになった。漁獲が安定したのは, ブリの回遊状況に恵まれたことによるが, 漁獲方法として日高式大敷網以外に建刺網やブリ仔を獲る囲い刺網, 地曳網, 飼付け, 曳縄, 延縄といった漁法も相当盛んに行われたことによる。

(3) 第Ⅲ期：明治43年～大正7年

明治43年に, 大敷網に続いて日高父子はブリ大謀網を考案した。もともと大謀型の定置網は東北太平洋岸に発達していたが, 藁縄製であったので専らマグロを漁獲し, 俊敏なブリを漁獲できなかった。日高式ブリ大謀網は, 身網を麻製としたのでブリの漁獲が可能となった。そもそも大敷網は, 身網の形状が三角形（箕形）で, その一辺が網口として開いているので, 魚群は入りやすいがまた出やすい構造である。これに対し, 大謀網は, 楕円形の身網で, 網口も小さいので魚の入りは悪くても一旦入れば容易に逃げにくくなっている。それゆえ, 魚群が入った時の網口の閉鎖（網揚げ）が一刻を争うということがなくなり[7], 漁獲を安定させたし, 身網を大きくすることによって大群の捕獲が可能となった。1統当たりの従事者は大敷網と大差なかった。

日高式大謀網に続き, 大正元年に富山県氷見郡阿尾村の上野八郎右衛門が日高式大敷網・大謀網をもとに, 独自の工夫を加えて上野式（あるいは越中式）を考案した。富山湾はブリ台網が発達した地域である。日高式大謀網は, 身網のすべてが有底であるのに対し, 上野式は一部が有底で, 他は魚の運動場になっている。上野式は, 漁船10隻, 漁夫120人位で操業されたので, 網の規模は一段と大きくなった。

ブリ定置網の主流が大敷網から大謀網に変わるのが大正中期以前で, 短期間によく大謀網が普及した。大正9年の段階でブリ・マグロ大敷網・大謀網

が7統以上ある府県の統数合計は，ブリ大敷網202統，ブリ大謀網313統となっている[8]。ブリ大謀網は，マグロ大謀網が発達していた東北・北海道の太平洋岸で顕著に普及したし，ブリ藁台網をほとんど消滅させた[9]。刺網も急速に衰退したし，釣り漁法も飼付けを除いて減少した。

大謀網の普及過程では，大敷網の時と同様，先進地から資本，技術，労働力が投入されている[10]。この時期の漁獲は，500～600万貫に達した。

(4) 第Ⅳ期：大正8年以降

大正8年，高知県安芸郡椎名の堀内輝重が従来の落し網をブリ漁業に適用して土佐式ブリ落し網を，北海道では箱網を両端に設けた北海道式が考案された。落し網の長所は，無底の運動場と箱網（身網）との間に昇り網を付けて，魚群は身網に入りにくいが，一旦入れば容易に出られない構造をしている。魚見人，船番を不要としたうえに，揚網作業を定時化したし，揚網にかかわる特別の技能を必要としなくなった。さらに重要なことは，網規模はいくらか小型であるうえ，揚網は箱網だけを揚げればいいので，所要漁船，漁夫，時間がほぼ半減したし，経費も大幅に軽減できた。三重県の例で，大謀網と落し網の規模を比較してみると，船数は7.6隻と3.8隻，操業人数は107人と56人，揚網の長さは178間（1間は1.8 m）と58間となっている[11]。

落し網はこうした長所をもっていたが，普及は遅々としていて，昭和初期から徐々に取り入れられ，優勢となるのは昭和恐慌期のことである。すなわち，昭和5年にはブリ大敷網117統，ブリ大謀網283統，ブリ落し網125統で大謀網が主流であったが，昭和11年にはそれぞれ62統，197統，289統に変わった[12]。

ブリ落し網の普及が緩慢であった理由は，雑魚の捕獲にはすぐれていても，ブリの大群を捕獲しにくいためで[13]，宮崎県では優良漁場には大謀網，漁場価値が低い漁場や新規漁場には落し網という使い分けがなされた[14]。日高式ブリ大敷網を県外で最初に取り入れた高知県では，ブリ建網から大敷網へ，大正4年には越中式大謀網，大正6年には北海道式落し網が導入され，昭和3年現在では，大敷網11統，大謀網20統，落し網11統であった[15]。

昭和恐慌期になると落し網が急速に増加する。不況の深化によって，ブリ

漁業に対する投機熱が減退する一方，経済更正運動が進展し，地元漁民への漁業権所有，漁業経営の集中化が図られた結果に他ならない。それは，資本，技術，労働力を地元で自給する過程を含んでいた。三重県では，昭和2年に落し網が導入され，8年には24統に達するが，漁業権を漁業組合が確保し，経営者は地元民による共同経営（大敷組合）が支配的となった[16]。そのためには少資本，少ない労働力で経営ができる落し網は極めて好都合であった。

この期間のブリ漁獲量は，600〜1,000万貫を記録するようになる。魚価は第一次大戦中に急騰し，昭和恐慌期に低落，そして昭和10年代初めに上昇と大きく変動している。

## 第2節　宮崎県におけるブリ定置網漁業の展開

全国のブリ漁獲量は，段階的に増加し，変動は比較的少ない。これは，地域ごとの豊凶差や各漁法ごとの変動が相殺された結果で，地域ごとにみれば変動が激しいことが多い。宮崎県におけるブリの漁獲変動は，一定の周期，10年ごとに増減し，必ずしも増加傾向にあるとは言い難い（表7-1）。これは，海況の変動やブリ資源の周期性といった自然要因と，漁獲努力（漁法の改良や統数の変化）や漁場利用の方法といった人為的な要因に基づくものであろう。この漁獲変動の激しさ，とくに不漁期において漁法の改良や転換，漁場利用や経営方式の変化が現れてくる。

宮崎県におけるブリ漁業の変革は，日高家によって導かれてきた。その過程を，全国で行ったと同様に4期に分けて考察する。

### 1. 第Ⅰ期：明治24年以前

藩政時代から行われていたブリ漁法は曳縄だけといってよく，これは1隻に2〜3人が乗り込んで行う小漁業であり，漁獲も一度に数尾が限度であった[17]。

慶応2（1866）年に東臼杵郡伊形村赤水の日高喜右衛門・亀市父子[18]は，地元で行われていたエビ固定刺網にヒントを得て，ブリ建刺網を考案し，麻の生産地であった安芸国加茂郡の漁網製造家に網の製作を依頼した。結果は，

表 7-1 宮崎県，日高家および日高家経営赤水漁場におけるブリ漁獲高の推移

| 年 次 | 宮崎県 千貫 | 宮崎県 千円 | 日高家 漁場 | 日高家 千円 | 赤水漁場 (千円) | 年 次 | 宮崎県 千貫 | 宮崎県 千円 | 赤水漁場 (千円) |
|---|---|---|---|---|---|---|---|---|---|
| 明治25年 | - | - | 1 | 15 | 15 | 大正6年 | 507 | 271 | 87 |
| 26年 | - | - | 4 | 43 | 30 | 7年 | 219 | 195 | 151 |
| 27年 | 356 | - | 4 | 137 | 96 | 8年 | 71 | 97 | 276 |
| 28年 | 647 | 145 | 5 | 150 | 105 | 9年 | 242 | 510 | 342 |
| 29年 | 373 | 72 | 7 | 64 | 45 | 10年 | 167 | 405 | 187 |
| 30年 | 298 | 76 | 7 | 50 | 35 | 11年 | 201 | 456 | 263 |
| 31年 | 71 | 18 | 4 | 21 | 15 | 12年 | 298 | 778 | 234 |
| 32年 | 64 | 26 | 4 | 9 | 6 | 13年 | 331 | 713 | 25 |
| 33年 | 351 | 110 | 4 | 28 | 19 | 14年 | 156 | 332 | 151 |
| 34年 | 308 | 91 | 4 | 58 | 41 | 昭和元年 | 242 | 477 | - |
| 35年 | 261 | 77 | 4 | 63 | 44 | 2年 | 265 | 504 | - |
| 36年 | 343 | 111 | 4 | 22 | 15 | 3年 | 357 | 758 | - |
| 37年 | 104 | 33 | 4 | 24 | 17 | 4年 | 399 | 841 | - |
| 38年 | 83 | 32 | 4 | 38 | 27 | 5年 | 75 | 129 | - |
| 39年 | 75 | 36 | 4 | 33 | 23 | 6年 | 109 | 130 | - |
| 40年 | 46 | 25 | 6 | 258 | 129 | 7年 | 216 | 244 | - |
| 41年 | 73 | 41 | 15 | 304 | 61 | 8年 | 162 | 279 | - |
| 42年 | 40 | 23 | 16 | 289 | 54 | 9年 | 162 | 253 | - |
| 43年 | 47 | 27 | 12 | 230 | 58 | 10年 | 198 | 285 | - |
| 44年 | 119 | 68 | 12 | 403 | 101 | 11年 | 193 | 228 | - |
| 大正元年 | 469 | 446 | 12 | 617 | 154 | 12年 | 201 | 209 | - |
| 2年 | 807 | 804 | 15 | 635 | 169 | 13年 | 383 | 504 | - |
| 3年 | 761 | 680 | 18 | 802 | 292 | 14年 | 206 | 383 | - |
| 4年 | 1544 | 771 | 17 | 417 | 244 | 15年 | 145 | - | - |
| 5年 | 178 | 88 | - | - | 152 | | | | |

資料：宮崎県については，明治30年までは農商務省『水産調査報告　第2冊』(明治35年)，それ以降は各年次『宮崎県統計書』，日高家については『日高亀市翁之事蹟』(昭和30年)，日高家経営赤水漁場については，同家所蔵「赤水漁場漁獲明細書」より作成.
注：日高家経営は，明治39年までは宮崎県下のみである.

網の構造の不備と操作の不慣れで成功しなかった.

　全国に普及していたブリ建刺網が宮崎県で定着しなかった理由は不明だが，日高父子による建刺網の失敗によって，宮崎県はブリ漁業の後進地に留まった．一方，大分県佐伯地方の漁民がブリ建刺網にヒントを得てブリ地曳網を

## 第7章 宮崎県を中心としたブリ定置網漁業の発達と漁場利用

考案している。このブリ地曳網は，明治初年に鹿児島県内之浦に持ち込まれ，17年には宮崎県南那珂郡鵜戸村でも行われていたが，地域的に拡がらなかった[19]。

明治7年に，前記日高父子は，広島県下で行われていた中高網をヒントに，イワシ沖取り追込網を考案した。海中にV字形に網を入れ，船でそこへイワシを追い込むものである。この追込網は地曳網に代わってイワシ刺網とともに明治期の宮崎県の主要なイワシ漁法に発達したが，もう一点重要なことは，日高父子の脳裏に，網を固定してブリを漁獲するのではなく，魚群を追い回して獲るという発想の転換をもたらしたことである。

そして，ついに翌8年にブリ沖廻し刺網を考案し，成功させている。これは，長さ1,000尋，幅30尋の網を3隻の漁船に積み，魚群を二重三重に囲んだうえで，船板をたたいてブリを脅し，網に掛からせるものである。夜間なら篝火で魚群を集め，これを包囲した後，突然火を消し，ブリを網に掛からせる[20]。

このブリ沖廻し刺網は，ブリ建刺網とは漁具を固定しない点で，ブリ仔を対象とする囲い刺網と比べれば規模も大きく，二重三重に魚群を囲う点で独創的であった。運用漁具であり，漁業規模からして前年に考案されたイワシ追込網に匹敵する。

ブリ沖廻し刺網は一度に2～3千尾を漁獲することができたので，日高家に倣って近隣漁村に拡がっていった。イワシ追込網では漁獲が増加しても魚価は逆に暴落し，処分にも困る事態が発生したし，イワシ追込網とブリ沖廻し刺網とは漁船，従事者数がほぼ同じであったためである。

日高家では，とくに明治13～16年が豊漁で，漁獲量は約11万尾に達し，そのために見倣う者が続出し，東臼杵郡だけで40統を超した。赤水の沖合は3ヵ村の入会漁場なので紛争が激しく，魚群が来たのを見ると200隻余の漁船が漁場に乱入したので不漁に傾き，明治23年に操業するのは日高亀市ら2人だけという憂き目にあった[21]。ところが，明治24年は再び魚群の来遊があって約10年ぶりに沖廻し刺網が復興する。

この網は県南部の南那珂郡でも盛んになった。南郷村では，従来のブリ漁業は釣りや地曳網で混獲されるだけで専業者はいなかったが，ブリ刺網を作っ

て操業したところ当初の2～3年は多少の漁獲があった。しかし，その後，続々と刺網を作り魚群が近づく前に我先にと網を入れたので，ブリが逸散してしまい，少しも漁獲できずに終わった[22]。

網の乱設，漁場利用の混乱と魚群の回遊減少によって，明治10年代前期に隆盛したブリ漁業は急速に衰退したが，明治24年頃から再び回復をみせる。この後，ブリ沖廻し刺網は幾分改良され，最初は単に刺網に掛からせるだけであったが，明治30年頃，大分県の地曳網にならって袋網をつけ，袋網に入るのと刺網に掛からせるのと両方にした[23]。明治32年の第2回水産博覧会に宮崎県漁業組合本部からブリ囲い刺網（沖廻し刺網）が出品されている。従来の囲い刺網に4～5年前から袋網を取り付けたことで漁獲量が3～4倍になった，刺網は麻製で長さは700～800尋としている[24]。

明治前期の宮崎県のブリ漁業は，ブリ沖廻し刺網を主体に，曳縄や地曳網でも漁獲されており，漁獲量は急上昇し，『水産事項特別調査』によると明治24年では，全国8位，11万貫を記録している。しかし，いずれの漁法とも運用漁具であり，漁業免許の必要もなく，かつ比較的小資本で営むことができるので，着業者が急増し，魚群の来遊を混乱させて漁獲が激減した。

### 2. 第Ⅱ期：明治25～42年

明治25年に日高亀市と長男の栄三郎がブリ大敷網を考案した。その背景は，ブリ沖廻し刺網では捕獲できない水深の深いところへ魚道が移動し，ブリ漁業が著しく衰退したことであった。明治20年頃から山口や長崎県のマグロ大謀網を視察したり，独自に研究を始めた亀市に，水産伝習所[25]の学生として宮城県のマグロ大謀網の実習をした栄三郎が，ブリが網目をくぐり抜ける話を聞いて細目の網を仕立てることを伝え，前記広島県の製網業者に網を調整させて敷設し，翌25年にようやく漁獲をみたものである。身網すべてを麻製とした点（垣は藁縄）が画期的で，これによって網の規模を一段と大きくすることができた[26]。当時，県下の網地はすべて麻糸が使われており，その供給地は郡によって異なるが，東臼杵郡では広島県が最も多く，次いで愛媛県，郡内となっていた[27]。ブリ建刺網以来の麻産地との交流が，麻製大敷網を生み出した。

網の規模は一般には，身網の奥行180尋，網口110尋，垣網240尋で，日高家によって最初に試みられたものより奥行が長く，網口は小さくなって漁獲の確実性が追求された。漁船10隻，従事者100人，網1統の材料費だけでも3千円を超すので，替網も準備すればその2倍必要になり[28]，漁業規模はブリ沖廻し刺網とは比較にならないほどのものになった。

日高家の初年度の漁獲は，漁期が短く，替網もなかったが，5万尾，15千円に達し，着業資金を一挙に回収して余りあるものであった（表7-1）。そのため，2年目から漁場を増やしていき，明治29年には県下7漁場に及んだ。漁獲量は，明治27年には42万尾を漁獲した。7漁場を経営した時，地元の赤水村をはじめ漁場の入会利用をしてきた土々呂，鯛名村から漁船240隻，従事者2,000人を雇用し，塩ブリ製造所は4棟，ブリ運搬用に汽船が横付けできる桟橋を備えるまでになった[29]。

日高家の成功をみて着業者が続出し，明治27年度は17漁場，28年度は21漁場，29年度は27漁場と急増し，ピークを迎えた。漁獲量も県全体で明治28年度は最大の647千貫に達した。そのほとんどは大敷網による漁獲であったし，また，大半が日高家によって漁獲された。

ところが，大敷網の乱設，漁場利用の混乱に加え，ブリの回遊が減少期に入ったためか，漁場数，漁獲量はその後激減した。漁場数は明治30年代後半にはわずか5～6漁場となった。漁獲量は明治30年代半ばに回復するものの，その前後は著しく少なかった。

日高家は，明治31年以降は赤水3，北浦村市振1，計4漁場に縮小したし，その漁獲量も県全体の動向と同じく，明治20年代末以降の急落，30年代半ばの回復，30年代後半の減少と大きく変動した。日高家は明治39年から県外への進出を始めるので，比較が可能な赤水漁場に限っていえば，日高式大謀網の出現まで不漁が続いた。ただ，県全体のブリ漁獲高に占める赤水漁場の地位は特に高く，日高家の優良漁場の先占と高い技術力を示している。

次に，東臼杵郡北浦村宮野浦の高島漁場でみると，明治26年にブリ大敷網が敷設され，29年度までは2～3万尾台を得たが，その後は1万尾前後に急減した。明治34年度は回復したが，35年度が不漁だったので，翌年から休業した。再び着業したのは大正元年である[30]。

同郡南浦村島野浦では，明治24年に鼻隈漁場でブリ敷網が開始されたが，翌年ブリ大敷網に改良された。ところが明治26年には島野浦の上ノ高漁場が開発され，相当な漁獲を得た反面，鼻隈漁場の漁獲が激減した。そのため鼻隈漁場側が明治28年に差止め訴訟を起こし，勝訴して，上ノ高漁場側を，休業せしめた。しかし，鼻隈漁場も不漁になって明治32年から休業した。島野浦での定置網の再開は大正2年である[31]。

　ブリ大敷網は，日高父子による着業以来，東臼杵郡，南那珂郡に急速に伝搬して従来のブリ沖廻し刺網や地曳網などを徐々に駆逐していった。ところが，ブリ大敷網が極端な不漁に陥った最中，大がかりな大敷網を創業できない漁業者によりブリ飼付け漁業が興った。明治38年に，児湯郡高鍋町の漁業者6人が共同で，鹿児島県から技術を習得して始めたが，成績不良で中止してしまった。その後を受けて，明治42～44年に宮崎県水産試験場が南那珂郡都井村地先で委託試験を行ったが，これも不成功に終わった。また，大正4年には東臼杵郡細島町の漁業者と経験のある高知県人の5人で開始するが，これも失敗した[32]。そのため，宮崎県のブリ漁業は日高式ブリ大敷網だけになったといってよい。

　その他の漁業技術上の改良といえば，日高栄三郎が明治41年に発明した化学網染料防腐剤がある。タンニンと銅を化合させたこの染料は，従来のタンニンとカッチ（主成分がタンニンである樹皮液で，漁網の防腐剤となった）によるものよりも網綱の寿命を大幅に延ばして経営費を節減できた。

　以上が宮崎県下のブリ漁業の動向であるが，漁業者の乱立で漁場が狭くなり，ブリ漁獲量も減少した明治30年代になると，日高式大敷網は県外へ伝搬していく。その最初は明治30年の高知県高岡郡上ノ加江漁場であり，次いで32年の三重県北牟婁郡島勝浦漁場であった。日高式大敷網の普及過程で，宮崎県人の果たした役割は大きかった。しかし，それは主に技術指導，漁夫の出稼ぎという形であって，資本進出は以外と少ない。

　県外への普及初期の状況をみると，明治30年，高知県上ノ加江村の窪添慶吉村長らが日高家を訪れ，漁具一式を譲り受けて自村に敷設し，大成功した。窪添は日高栄三郎の水産伝習所の後輩であったから，技術移転ができたのであろう。上ノ加江村は刺網でブリを漁獲していた。資金調達（5,094円

を調達した) とリスク回避のためにカツオ釣り漁業と組み合わせて創業した。ブリ大敷網には漁船 18 隻, 漁夫 152 人が従事した。この窪添は, 京都府伊根村に招かれ, 明治 38 年に丹後で最初にブリ大敷網を敷設した。翌 39 年には対岸の大浦村田井で日高栄三郎が, 隣りの成生では窪添が大敷組合と共同経営を行うなどして日高式大敷網が拡がった[33]。

日高家が県外に直接進出するのは, この明治 39 年が最初である。漁業権を取得し, 漁夫数名を赤水から派遣し, 船と他の漁夫は現地で雇用する形態であった。この時の成功によって, 各地に敷設され, 明治 42 年には地元 4 漁場, 県外 12 漁場, 計 16 漁場を経営するにいたった[34]。

### 3. 第Ⅲ期：明治 43 年～大正 7 年

ブリ大敷網の不漁に直面して一方で県外進出を図りながら, 日高亀市・栄三郎父子は漁法の改良に努め, 明治 43 年に日高式改良大敷網＝大謀網を完成させた。身網の奥行 180 尋, 網口 96 尋で, 大敷網に比べれば身網は大きく, 網口は小さくなって, 漁獲が確実になり, かつ身網を大きくすることで大群の捕獲もできるようにした。

この大謀網の成功によって, ブリ大敷網は大謀網に急速に転換するとともに新漁場開発が推し進められた。休業に陥った漁場で大謀網による再開もあって, 県下のブリ漁場は 5～6 漁場から十数漁場に増加し, 漁獲量も激増し, 記録を更新していった。とくに大正 4 年には 1,544 千貫にも達し, 全国漁獲高の 21％を占めるほどの豊漁であった。しかし, その後は漁獲を減少させ, 大正 12～13 年はいくらか回復した以外, 低迷した。

宮崎県のブリ漁獲高は, 大敷網時代に比べて変動幅は小さくなり, 漁場数, 漁業経営が安定した。漁場は, 東臼杵郡が中心であることは変わらないが, 南那珂郡の比重が増してきた。日高家経営の赤水漁場でみると, 大正初期に漁獲増加はあるが, 県全体の増加率に及ばず, その後も漁獲は低迷していた。赤水漁場の価値は以前より低下した。

また, 大敷網から大謀網への転換と並行して, 動力曳船が出現した。ラインホーラーなどは据え付けていなかったものの, 漁場への往復時間を短縮し, 明治 30 年代末から始まっていた塩ブリ製造から鮮魚出荷という商品価値の

増進に拍車をかけた。

　県下で大敷網から大謀網への転換が急速に進んだが、日高家は県外漁場でも迅速に漁具転換を行うと同時に、積極的に漁場開発に乗り出す。明治42年は県内外で16漁場を支配していたが、大謀網への切り替え時には12漁場まで縮小したものの、大正3年には18漁場に、大正8年には北海道から朝鮮にかけて32漁場に及んだ[35]。なお、朝鮮でのブリ定置網は、大正3年には日高栄三郎を含めて21人（法人を含む）が所有している[36]。

　日高家の積極的な漁場開発は、日高亀市が子供達を全国に派遣してあたらせたが、亀市の死後（大正6年）は長子・栄三郎によって推進された[37]。上記漁場のなかにも休業に陥ったり、着手したが失敗した例も多い。赤水漁場も4漁場のうち大正6年以降は2漁場が休業した。

　ともあれ、大正中期には日高家は名実ともに全国一のブリ漁業家となった。日高栄三郎によって推進された漁場開発は、彼の創設した明治漁業（株）によって行われたが、戦後不況と放漫経営のためにこの会社は大正13年に倒産した。日高家に残されたのは地元の赤水漁場だけであり、それも地元民からの出資を受け、資産の差押えをした日本勧業銀行から経営を委託されて残るのみとなった[38]。日高家はそれ以降、まったくの地方漁業家となり、技術革新のバックボーンを失った。

### 4. 第Ⅳ期：大正8年以降

　第Ⅳ期になると、日高家のブリ定置網経営が衰退する一方、県下のブリ漁獲高は大正末～昭和初期と昭和13年前後に増加するが、変動幅は一層小幅となった。漁場数も、12～13漁場で比較的安定していた（表7-2）。各漁場別にみても、漁獲量は比較的安定している[39]。

　宮崎県では、落し網の出現は昭

表7-2　宮崎県のブリ定置網漁場数の推移

|  | 漁場数 | 大謀網 | 落し網 | 大敷網・不明 |
|---|---|---|---|---|
| 昭和2年 | 12 | 10 | 0 | 2 |
| 3年 | 13 | - | - | - |
| 4年 | 16 | 14 | 1 | 1 |
| 5年 | 13 | 12 | 1 | - |
| 6年 | 12 | 12 | - | - |
| 7年 | 12 | 9 | 3 | - |
| 10年 | 15 | 6 | 9 | - |
| 14年 | 9 | - | 8 | - |
| 15年 | 9 | - | 8 | - |

資料：『定置漁業界　第2, 10, 14, 17, 23, 42, 45号』より作成。
注：資料によって同一年度でも漁場数が異なることがある。

和4年頃と遅いし，普及も遅々としていたが，昭和10年には支配的な漁法となった。昭和10年のブリ定置網は，大謀網6，落網9で，前述のごとく優良漁場には大謀網，経済的価値の低い漁場では雑魚の入りがよい落し網という具合に使い分けられた。ところが日中戦争期には漁場数が減少したばかりか，ほとんどが落し網に変わった。その原因は，資材の不足，労働力の不足にあったと思われる。

赤水漁場では，昭和7年頃に落し網に変わったが，その時，高知県人の指導を受けたという。漁船4隻，50人で操業しており，曳船の動力化はさらに1～2年遅れた。網材料も身網の一部に綿糸網が使われただけで[40]，いずれにしても宮崎県はかつてのブリ定置網の先進地という地位から大きく後退した[41]。

## 第3節　ブリ定置網における漁場利用の変遷

ブリ定置網漁業の発達が，漁場利用関係をどのように再編したのか，あるいは旧漁業の権利がどれだけ新漁業に継承されたのかを考えてみたい。

日高式大敷網が普及する以前の漁場利用形態を漁場の排他独占性の程度によって3つに分類する。第一の形態は，排他独占性のない自由な入会い漁場。そこではブリ大敷網の導入は制約されず，新たな漁場利用関係が形成される。宮崎県におけるブリ沖廻し刺網のような運用漁具でブリ漁業が行われていた地域がその典型である。日高式大敷網の導入が新たに漁場の占有利用関係を作り出していく。

第二の形態は，日本海，西南海区で広く行われていたブリ建刺網のように，小漁業者によって漁場の排他的占有が行われていた地域では，大敷網の導入は漁場の利用慣行を再編させる。その典型として京都府の田井・成生をあげることができる。そこでのブリ大敷網の導入（明治39年）は，定置漁業権は漁業組合が所有し，経営を委託し，経営者から漁場地代をとってブリ建刺網に漁獲減少分を補償する方式がとられた[42]。以前はブリ建刺網が盛んであったことから，大敷網の導入を契機に定置漁業権が組合有となった事例が多かったと思われる。

表7-3 定置漁業権の所有形態別の推移

|  |  | 組合有 | 個人有 | その他 | 計 |
|---|---|---|---|---|---|
| 明治43年 | 件数 | 6,287 | 18,146 | 689 | 25,122 |
|  | % | 25 | 72 | 3 | 100 |
| 大正13年 | 数 | 10,882 | 14,658 | 1,499 | 27,039 |
|  | % | 40 | 54 | 6 | 100 |
| 昭和5年 | 件数 | 11,690 | 15,271 | 1,304 | 28,265 |
|  | % | 41 | 54 | 5 | 100 |
| 昭和16年 | 件数 | 13,697 | 10,195 | 2,543 | 26,435 |
|  | % | 52 | 38 | 10 | 100 |

資料：明治43年は二野瓶徳夫『明治漁業開拓史』(1981年) 314ページ，大正13年と昭和16年は小沼勇『日本漁業経済発達史序説』(昭和24年) 135ページ，昭和5年は『定置漁業界 第15号』(昭和7年3月) 52～53ページ。

　第三の形態は，日高式大敷網が導入される以前から，富山湾のように藁台網あるいはマグロ大敷網・大謀網が発達していたか，またはブリ大敷網からブリ大謀網への転換がなされる場合で，こうした排他独占性の強い漁業が以前から存在していた場所では，漁業権は旧来の漁場占有利用関係を継承したし，新規出願者の参入余地は極めて小さかった[43]。

　表7-3は，全国の定置漁業権数を所有形態別に示したものである。定置漁業といっても台網類，落し網類，枡網類，建網類，張網類，魞簗類を含んでおり，対象魚種も種々あって，ブリ定置網だけを取り出すことは困難である。これによると，明治43年には個人有が72％と圧倒的に多かったが，昭和16年には38％にまで低下している。一方，組合有は25％から52％に増加し，その他（村落有）も3％から10％に増加している。全体として個人有から組合有あるいは村落有へ定置漁業権が移行しているが，その移行は大正初期と昭和恐慌期に著しく，定置網技術の進歩と社会経済条件の変化に応じたものであった。

　表7-4は，ブリ台網（大敷網・大謀網）のような大型定置網に限定して昭和5年の定置漁業権の所有形態をみたもので，表7-3の昭和5年と比較すると，大型定置網の漁業権は組合有が72％を占め，より一般的であった。

また，マグロ大敷網・大謀網が発達していた鹿児島・長崎県などとブリ藁台網地帯であった富山県では個人・個人共有が強固である点は，旧来の漁業権者の継承として注目すべきであろう。

次に，漁業権の組合有化が大正初期（明治43年以降）と昭和恐慌期に進展する理由を考えると，明治漁業法（旧明治漁業法を含む）には定置漁業権は専用漁業権と異なり，漁業組合に優先的に免許されるという規定はないが，実際には漁業組合の要請と行政庁の施策により漁業組合優先主義がとられた[44]。

定置漁業権が地元漁業組合に優先免許される理由として，漁業権は社会政策上より多くの人々・団体に与えられるべきで，公益法人たる漁業組合が適当である，個人有にすれば漁業組合の専用漁業権や組合員の経済に支障・影響を及ぼすため，と考えられる[45]。

表7-4 昭和5年の大型ブリ定置漁業権の所有形態

| 府県 | 計 | 組合有 | 個人有・共有 | その他 |
|---|---|---|---|---|
| 福島 | 5 | 5 | - | - |
| 茨城 | 9 | 8 | 1 | - |
| 千葉 | 32 | 26 | 6 | - |
| 神奈川 | 14 | 9 | 4 | 1 |
| 静岡 | 22 | 19 | - | 3 |
| 三重 | 31 | 31 | - | - |
| 富山 | 10 | - | 10 | - |
| 福井 | 50 | 45 | 5 | - |
| 京都 | 9 | 5 | 4 | - |
| 島根 | 2 | 2 | - | - |
| 山口 | 9 | 9 | - | - |
| 徳島 | 11 | 10 | - | 1 |
| 高知 | 38 | 36 | 2 | - |
| 宮崎 | 11 | 7 | 4 | - |
| 鹿児島 | 37 | 7 | 30 | - |
| 佐賀 | 24 | 19 | 5 | - |
| 長崎 | 38 | 11 | 27 | - |
| 熊本 | 16 | 16 | - | - |
| 大分 | 7 | 5 | 1 | 1 |
| 計 | 375 | 270 | 99 | 6 |

資料：「鰤定置漁業経営者調査（一）～（四）」『定置漁業界 第12, 15, 17, 18号』より作成。

明治43年には漁業組合の経済事業を法認し，昭和8年には経済事業の推進のために漁業法が改正された。漁村の中核たる漁業組合の育成のために，漁業組合に優先的に免許する方針がとられたのである。とくに昭和恐慌期の経済更正運動によって促進されるが，特徴は，定置漁業権を組合有としたり，村落有とするだけでなく，経営自体も地元漁民の手に帰していく点にある。そのことによって漁業組合（漁業協同組合を含む）事業の活性化をもたらしている[46]。

ブリ定置網でいえば，大謀網から落し網への転換時期にあたり，三重県で

漁業権の地元漁業組合への集中，地元内外の個人・法人経営から地元民による共同経営や組合自営への転換，漁業組合事業の活発化が典型的にみられる[47]。一方，定置漁業経営者の側にも乱設による不漁，経営の不振があって，上記の動向を受容していく状況が進行していた[48]。

　定置漁業権をめぐる問題は，誰に免許するのかということと，一定の水面を排他的に占有しなければ成立しないために，保護区域についてどのように規定されていたかも重要である。新規参入と既設者との利害調整にからむからである。旧明治漁業法では，定置漁業を為さんとする者は行政庁（府県知事）の免許を受くべしとあり（第4条），同施行規則では既に免許を受けた漁業と相容れない場合は免許されない（第8条）とあるのみで，免許の要件については各府県の漁業取締規則や行政庁の裁量に委ねられている。

　漁業法施行規則には，定置漁業権と特別漁業権については保護区域を設けることができるとしている。各府県の漁業取締規則をみると，保護区域の制度自体のない府県があったり，保護区域の範囲は各府県の実情に応じて種々で，統一されていない[49]。昭和10年現在のブリ定置網を例にみると，大分県ではブリ大敷・大謀・落し網いずれも垣網の前面1,000m，後面200m，囲い網の周囲400mを保護区域としている。宮崎県ではブリ大敷網と大謀網が網の前面1,800間，後面200間で，落し網ではそれぞれ200間，50間となっている。鹿児島県ではブリ大敷網と大謀網は前面1,820m，後面360mであり，落し網はそれぞれ360m，90mである[50]。

　3県だけをみても保護区域の範囲はまちまちであること，台網（大敷網・大謀網）に比べて落し網の保護区域は狭いこと，が明らかである。府県ごとに保護区域に広狭があると，県境に敷設された場合，紛争の種となるし，落し網の保護区域が狭いことは落し網の乱設を生む要因となる。

## 第4節　宮崎県におけるブリ定置網と漁場利用

　上述の定置漁業権の所有と漁場利用をめぐる全国的な動向と対比しながら，宮崎県の事例を検討しておこう。ブリ漁業の発展段階ごとに記述する。

第 7 章　宮崎県を中心としたブリ定置網漁業の発達と漁場利用　　　195

## 1．第Ⅰ期：ブリ沖廻し刺網による漁場利用

　幕藩期における宮崎県の主要な漁業はカツオ漁業とイワシ漁業であり，カツオ漁業の餌場の確保，イワシ漁業では地曳網が他漁業の漁場利用を規定していたが，その他の漁業は「各藩共藩内地先ニ於テハ各村浦々ノ地先タルヲ問ワス自由ニ漁業ヲナシ得タルモ藩ヲ脱シタル範囲ノ入漁権ナシ」といった入会利用が行われていた[51]。

　明治 8 年に考案されたブリ沖廻し刺網は運用漁具であって旧来の漁場利用慣行と抵触することなく登場し，普及した。新規参入者が殺到し，漁獲減少を引き起こしたり，他の漁業に影響を及ぼすようになった。明治 19 年に漁業組合準則に基づいて，20 年に設立された「古江村外六ヶ村漁業組合」の「漁業組合規約書」には「差網（刺網）ハ明治十四年一月鹿児島県丁第八号達図面朱引区画外ニ於テハ使用セサル事　但宮野浦ニ於テ差網使用スル場合ハ古江村市振村へ協議ノ上使用スルモノトス」とあるが[52]，これはイワシ地曳網との漁場紛争を調停するための条項で，ブリ沖廻し刺網は直接関係なかったものと思われる。

## 2．第Ⅱ期：日高式大敷網による漁場利用

　日高式大敷網の登場は，排他独占的漁場利用となるので，旧来の入会い漁場の利用関係を変化させる。まず，大敷網の登場によって作成された明治 27 年 2 月の宮崎県漁業取締規則と，明治 32 年 3 月の同規則の改正について検討しておこう。明治 27 年の規則はブリ大敷網に関して次のように規定している。

　「第六条　鰤大敷網ヲ設置セントスルモノハ別紙雛形ニ準シ詳細ノ図面ヲ添ヘ県庁ニ願出許可ヲ受クヘシ　前項設置ノ場所既設大敷網前面ノ魚道凡ソ直径三十町以内ノ距離ニアリト認ムルトキハ之ヲ許可セス　但既設者ノ承諾ヲ得タルモノハ此限ニアラス　鰤大敷網前面魚道三十町ノ距離以内ニ於テ鰤刺網鰤曳網ヲ使用スヘカラス　但本則発布以前ニ於テ其営業鑑札ヲ受ケタル者ハ此限ニアラス」[53]。

　次に明治 32 年の改正分をみると，

「第十条　鰤大敷網……漁業ヲ営ムモノハ図面及使用員数ヲ詳記シ県庁ニ願出許可ヲ受クヘシ

第十四条　左ニ掲クル漁業ハ其各項ニ定ムル期限ニ依リ許可ス　但……満期営業ヲ継続セントスルモノハ期限弐ケ月前継続出願スヘシ　鰤大敷網業満十ヶ年以内

第十五条　鰤大敷網鰤刺網鰤曳網鰤繰網ハ既設鰤大敷網ヲ隔ル凡ソ三十町以外ノ場所ニアラサレハ許可セス　但既設者ノ承諾ヲ得タルモノ及明治廿七年二月本県令第7号発布以前ニ於テ営業鑑札ヲ受ケタルモノ此限ニアラス

第十九条　ブリ大敷網業ノ許可ヲ得タル後二ヶ年以上営業ヲ為ササルトキハ其許可ノ効力ヲ失フヘシ　正当ノ理由ナク許可ノ効力ヲ失ヒタル免許人ハ同一場所ニ於テ更ニ出願スルヲ得ス」[54]。

　明治27年のものはブリ大敷網の設置場所図面を添えて出願し，許可を受けること，保護区域は大敷網の前面30町（1,800間）とし，その区域内でのブリ漁業は既に免許を得ている場合を除き許可しないという簡単なものであった。しかし，明治32年の改正では，新たに免許期間を10年とし，その間2年以上，休業した場合には免許の取り消しが加わった。明治29年をピークとした大敷網の設置が，以降激減したのを機に漁場利用関係を規制し直し，漁業許可をたてに他者の敷設を妨害するといった弊害を排除しようとした。

　漁業取締規則は，以上のように簡単なものであったので，具体的に許可する場合に種々の紛争を引き起こしている。

### (1) 東臼杵郡北浦村の事例

　東臼杵郡北浦村字宮野浦の山下栄蔵は，明治26年10月にブリ大敷網の出願をして許可されたが，2ヵ月遅れて出願した同村市振の酒井万太郎の申請もまた許可された。これに対してなされた山下の不服申立ては，酒井が申請した後にできた明治27年の漁業取締規則では網の前面30町以内は許可せずとあるのに，酒井の申請した場所は山下が敷設した所からわずか6～7町しか離れていない。そのため「自分敷設前程ヲ遮断シ漁業上ニ妨害ヲ与フルコト甚シク為ニ漁獲全ク減少シ最早営業ヲナス能ハサルノ苦境ニ沈淪シタ」という。

以上の実態をもとに，山下が酒井への大敷網許可の取消しを迫った法的根拠は次のようである。酒井の申請した漁場（横島漁場）は「従来ノ慣行上市振村古江村宮野浦島野浦四ヶ村ノ入会網代ナルコトハ……古江村外六ヶ村漁業組合規約ニ明定セル処ニシテ該網代ニ於テ鰤敷網ノ如キ固定漁具ヲ以テ漁業ヲ営マントスルモノハ必ス北浦村南浦村両村長及古江外六ヶ村漁業組合頭取及漁業組合世話人ノ調印ヲ経サレバ出願スヘカラサルモノ」であるが，「願書提出ニ欠クヘカラサル要件ヲ具備セサル不完全ノモノナレハ東臼杵郡長ハ当然却ス」べきであるにもかかわらず許可したのは「違法ノ行政処分ナルヲ以テ漁業ノ許可御取消相成様裁決」を求めたものである。

その後，明治27年9月に郡役所の仲介で「鑑札許可ヲ取消スルコト能ハサルモ万太郎ヲシテ……幾干ノ位置ヲ引込マメシムル」こととなったが，「二十八年二月ニ至リ双方網ヲ敷設スルニ及ヒテ万太郎ハ前日ノ承諾ノ如ク敷網ノ位置ヲ引込メサルノミナラス毫モ以前ノ位置ヲ変更セスシテ約束ノ履行ヲナササル」ため，山下も事を荒立て，酒井の許可取消しを強く主張するに至った。

漁業取締規則制定以前における漁業許可は，明治26年の宮崎県地方税営業規則に基づき，漁業組合の頭取，ならびに世話人が障害がなければ連署し，障害があれば理由を町村長に申し立てる。漁業組合がない町村では関係町村長が上記の業務を代行することになっていた。山下の不服申立ての根拠は，酒井がかかる手続きを無視したにもかかわらず，郡長が許可した点にあった[55]。酒井側の反論資料を欠くが，新規漁法であり保護区域が明定されていない段階での係争である。

### (2) 赤水と鯛名との係争

赤水と鯛名はもともと一村であったが，明治8年に分離した。その折，共有地は分割したが，漁場も分割するかどうかで紛争となり，明治13年に鹿児島県庁はこの漁場を入会い漁場とした。それに不満な赤水村は裁判に訴えたが，延岡，宮崎裁判所を経て，長崎控訴院でも入会い漁場と判決された。それでも止まらず，大審院にまで持ち込まれたが，明治27年に入会い漁場とされた。この長い紛争によって，「両村殆ント資力枯死」してしまった。

このような中で，赤水の日高亀市が明治25年からこの入会い漁場にブリ大敷網を敷設し，成功をみた。鯛名村もそれにならって出願したが，認められず，「恨ヲ呑ンテ日高亀市ノ配下ニ属シ只今漁獲配当金ノ少キヲ蔭ニ嘆キ赤水村ノ如ハ未ダ出稼漁ナスモノナキニモ不拘鯛名村ニ於テハ挙テ五島平戸地方ニ年々出漁ヲ事トスル亦生活上止ムヲ得サル」状況となった[56]。

明治8年といえば，行政区域の変更と，日高喜右衛門・亀市父子によってブリ沖廻し刺網が考案された年である。行政区域が分割されたにもかかわらず，漁場が3ヵ村入会いのままであることは赤水村にとって，地先の広い漁場を鯛名村，土々呂村にもブリ沖廻し刺網で入会いさせることになるので，訴訟に及んだのである。大審院で入会い漁場と決定した明治27年には日高家はこの漁場で3ヵ統の定置網を出願しており，鯛名村の出願は漁業取締規則でいう既設漁場の保護区域内であったので許可されず，入会漁場の地代を受けるにとどまったのである。

(3) **南浦村島野浦の事例**

島野浦では，明治24年に入会い漁場の鼻隈漁場を愛媛県の宇都宮寿平に，10年間，漁場代は漁獲量の10％という条件で貸与した。宇都宮はブリ敷網を始めたが，翌25年には日高式大敷網に切り替え，漁場代も年間60円に変更した。宇都宮との契約は明治26年で中止となり，29年からは島民の共同経営に移行した。一方，明治27年には島野浦の有志7人から鼻隈漁場の前面の上ノ高漁場でブリ大敷網を経営したいと申し出があり，村落との間で29年までの3年間，漁場代は漁獲量の10％という条件で契約された。ところが3年を経過しても漁場代が支払われなかったばかりか，なお継続する動きをみせたので，村民は「此儘ニ放任シテハ島野浦ノ入会網代場ハ永久彼等数人ノ専有スル所トナリ自分共ハ将来網代ノ使用権ヲ失却スルノ不幸ヲ来タス可キニ依リ別ニ鑑札願ヲ提出シ」て対抗するとともに，訴訟を起こした。原告勝利となったが，上ノ高漁場は明治29年以降，鼻隈漁場は32年の不漁のために休業した。こうした経過から大正2年に再開された時は，島野浦漁業組合が許可を取得し，延岡町の個人に漁場を行使させている[57]。

以上，3つの事例から明治漁業法制定以前の，しかも県漁業取締規則制定

前後の法体系が未整備な段階での許可申請手続き，許可者認定における混乱が窺える。漁業許可は，島野浦の如く離島であり，入会い漁場であったところでは村落に帰属する。村落が受け取る地代は「村ノ基本財産ヲ創設スルノ目的ニテ先ツ村社神殿新築費ニ充ル迄漁獲高ノ内ヨリ壱割」という特殊な場合はともかく[58]，許可の優先順位は全く存在しなかったといってよい。

日高式大敷網は，旧慣の漁場利用に拘束されることなく普及し，それが漁場利用秩序を新たに形成していったのである。

### 3. 第Ⅲ～Ⅳ期：明治漁業法体制下におけるブリ定置網の漁場利用

明治34年制定の旧明治漁業法は，旧来の漁場占有利用関係の上にたって，漁業権を確立すると同時に，村落単位に漁業組合を設立し，地先専用漁業権を帰属させることによって，漁業組合を漁村の中核的存在にしようとした。

宮崎県でも，明治35～36年にかけて地区漁業組合が組織された。これら漁業組合が定置漁業権の所有，行使といかにかかわっていくのか，主に係争事例をもって考察する。

#### (1) 鯛名村ブリ大敷網と赤水漁場

鯛名村は，従来ブリ大敷網の敷設が認められず，日高家経営のブリ大敷網の漁夫として従事していた。ところが，明治35年に日高亀市経営の網代が廃止されたのを契機に，鯛名村がこの網代を継承したい旨申請を行い，許可された。出願者は同村柳田龍太郎（初代鯛名漁業組合長）と日野清太郎で，この2人を乙とし，村民97人を甲として次のような漁場使用契約が作成された。

①出願にかかる費用は乙が負担したので，その「報酬トシテ大敷網ノ漁業権即チ該漁場ノ使用権ヲ向フ二十年間乙ニ貸与スル事ヲ甲ニ於テ承諾ス」

②乙は「該漁場ニ関スル諸費用及ヒ納税等ノ一切ヲ償却スル義務ヲ負フ事ヲ承認シカツ漁場代トシテ壱ヶ年ニ付百円以上五百円以下ヲ漁場所有者ニ支弁スルモノトス　但シ初年度ノ漁場料ハ壱百円トシ以後ハ其漁獲高千分ノ拾ノ比例ヲ以テ年々之ヲ定ムルモノトス」

③該漁場の「漁獲物ハ歩合配当トナシ網歩六歩ヲ引去リタル残金ハ出漁者

資格ノ定マル比例ニ依テ分配ス」[59]

　鯛名漁業組合は明治36年に設立され，この契約書は同年12月に交わされたことからして，ブリ大敷網を開始するために漁業組合が結成されたようなものである。漁業権の所有者は漁業組合とされており，乙は漁業組合設立の発起人であり，代表者であった。経営は乙が行うが，実態は村落共同である。

　一方，昭和4年，伊形村の赤水，鯛名，土々呂の3漁業組合と日高保三郎（亀市の次男）が赤水漁場の操業に影響する島下漁場の免許をしないように県知事に請願している。その理由を次のように述べる。赤水漁場は日高家が開発した由緒ある漁場であったが，大正11年頃から漁獲が激減した。原因は潮流や水温の変化，機船底曳網による漁場の撹拌，日本窒素肥料工場からの排水もあるが，最大かつ直接の原因は赤水漁場の前面にある島下漁場にブリ定置網が敷設されて，ブリの魚道が一変し，来遊しなくなったことにある。この漁場は，従来，日高家が買収して休漁し，赤水漁場の魚道を確保してきたが，大正11年の契約更新において第三者の手に渡って網が敷設された経緯がある。赤水漁場の盛衰は日高家個人の利害に留まらず，伊形村の消長にも大きくかかわり，税の滞納が累増している。この島下漁場に浦尻，石財両漁業組合からブリ漁場2ヵ所の免許出願があり，県庁は免許する方針だという。島下漁場とは相当距離が離れているが，免許されると赤水漁場は魚道が断たれ，再び廃絶の危機を迎えるので免許しないようにという内容である[60]。結果は不明だが，保護区域を越えても障害がある事例である。

### (2) 南那珂郡市木村築島漁場

　同漁場に大正10年3月，油津町所在の日南水産（株）から出願がなされたが，続いて同年4月には市木村漁業組合が，9月には福島他4漁業組合が出願し，三者競願となった。

　日南水産は，大正8年にカツオ漁業を目的として設立されたが，第一次大戦後不況によって「事業ノ成績揚ラズ在来ノ鰹釣漁業ヲ変更シテ漸次定置漁業ニ代ヘムトシ本願ヲ差出」した。

　市木村漁業組合は，組合員が半農半漁民で，漁業は地先専用漁業権に依存しているが，その地先漁場を他村者に免許されては地元漁業の障害になるの

で，漁業権は地元漁民と日南水産の共同経営に貸し付けても，漁業権は確保したいというものであった。

福島他4漁業組合の出願は，漁場が市木村漁業組合を含めた6漁業組合の共同専用漁場なので，その共同専用漁業権者が定置漁業権を獲得すべきであるという趣旨から出願したが，そのなかには市木村漁業組合が抜けており，漁業経営についての構想もなかったので，多分に権利の割込みを狙ったものであった。

これらの競願に対して，県は大正10年12月に「漁利ノ一部ヲ頒チ組合（市木村漁業組合）ヲ保護スルノ趣旨ニ依リ条件ヲ付シテ」日南水産に許可を与えた。この段階で，福島他4漁業組合は脱落するが，市木村漁業組合は「右処分ハ違法ニシテ且公益ヲ害スルモノ」という理由で免許取消しの行政訴訟を起こした。その趣旨は，原告以外の者に漁業権が免許されると原告組合員の生業が奪われる，原告組合の専用漁業権と相容れない，漁業法施行規則第24条では，免許を受けんとする者が他人が占有する漁場であれば，その占有者の同意が必要であると規定しているが，それがないというものであった。

これに対し，被告・日南水産側の反論は，大謀網の位置は魚族の出入りする湾口を閉塞するわけではないので生業を奪うことはない，定置漁業権は専用漁業権による漁業とは漁期，漁業種類が違うので相容れないものではない，したがって，原告組合の同意は不要であるというものであった。

係争期間中，日南水産は漁場調査を行い，係争中の漁場の前面に良好な漁場を発見したとして大正11年11月に係争中の漁業権を放棄し，新漁場の漁業権を出願した。新旧漁場は300～400間離れており，両者は両立しえると判断して，県は日南水産に免許を与えるとともに市木村漁業組合にも出願漁場の免許を与えることとした。

ところが，行政判決は，県が大正10年12月に行った免許処分を否定し，原告組合に免許すべきとした。これによって市木村漁業組合は免許された出願漁場にとって後から日南水産に免許された新漁場は保護区域内であり，漁業に支障となるので，免許取消し処分を求めて再び訴訟に持ち込んだ。

その結果は不明であるが，築島漁場をめぐる係争は，出願が遅れても地先

専用漁業権をもつ漁業組合に免許が優先されるかどうかに関する重要な問題で，決め手になったのは，県が日南水産に免許を与える際に「組合ヲ保護スル」ためにつけた条件であった。免許条件とは，漁獲高の35％を市木村漁業組合に分与する，漁業権を行使しなくなったら無償で組合に譲渡するというものである。このことは，県が定置漁業権が専用漁業権と対立する側面があることを認めており，定置漁業権の漁業組合優先免許から外れているわけではない。行政裁判所の判断も定置漁業権が専用漁業権，地元の漁業に影響を与えるかどうかを基準にして，漁業法には何ら規定されていない漁業組合優先免許を支持しているのである[61]。

### (3) 大分県との県境紛争

東臼杵郡北浦村波瀬川原地先の通称，芋の子漁場は，明治26年以来ブリ定置漁業を営んできたが，約1,000間離れた宇土崎に明治28年頃から大分県がブリ定置の免許を与えた。そのため北浦村から宇土崎近海の境界について問い合わせが出され，大分県知事は宇土崎漁場が休業した明治31年に県境外に張り出していなかったと回答した。明治39年に宇土崎漁場は大分県南海部郡名護屋村漁業組合に免許されたが，再開されたのは大正4年である。

これに対し，芋の子漁場側から宇土崎漁場は県境を越えていると思われるので，宮崎県に調査を要請した。ところが，翌大正5年は宇土崎漁場が休業したので問題とならなかったが，6年に再開されたので，2月26日に乱闘事件に発展し，多数の負傷者を出すに至った。27日に大分県知事に網入れ中止を申し入れたところ，その返答は「宇土崎ニ於ケル網敷設ハ正当ノ権利内ニ於ケル行為ナルヲ以テ本県（宮崎県）側ニ於テ之ニ対シ妨害セサル様取締リアリタシ」というものであった。

この後，大分県側は明治39年の漁業権図を改正したものの，以前にも増して芋の子漁場を圧迫するものであったため，芋の子漁場の漁業権者の今津弥三吉他2名（北浦村市振）は宇土崎漁場を名護屋村漁業組合から期限付きで買収し，魚道を確保しなければならなかった。この期限が切れて，名護屋村漁業組合は昭和7年に宇土崎漁場の免許出願をした。これに対し今津らの属する市振直海漁業組合と後述する古江漁業組合（北浦村）から免許停止の

陳情がなされた。また，宮崎県の申入れに対し大分県知事は，宮崎県において大謀網漁場保護区域が網の前面1,800間という規定は，大分県には適用されないと回答している[62]。

　この紛争は，県境の画定をめぐっての両県の確執であり，保護区域に関する不統一が引き起こしたものであった。

### (4) 東臼杵郡北浦村

　上記北浦村波瀬川原地先の今津弥三吉らの漁場から200間しか離れていない所に，北浦村古江漁業組合は大正3年，14年，15年の3回にわたって免許出願をした。この漁場は保護区域内にあり，かつ魚道にあたるので，免許されたら大正6年に大分県名護屋村漁業組合と演じたような「漁業者間ノ紛議格闘ノ起ルハ火ヲ見ルヨリモ明カ」であった。それで，古江漁業組合は保護区域外に場所を変更したが，今度はそこが宮野浦漁業組合有の漁場の保護区域であったので，宮野浦漁業組合の反対に直面した。そして昭和2年に，今津ら（甲）と古江漁業組合（乙）との間で協定が結ばれる。

①甲，乙とも昭和2年10月に出願した北浦村字瀬平地先漁場のブリ大謀網の位置を変更しない。甲乙間の距離は150間とする。

②甲は，大分県名護屋村漁業組合から宇土崎漁場を買収する期間を向こう10年間継続する手続きに責任を持つこと。

③甲が名護屋村漁業組合に支払うべき買収金の3割は向こう3年間乙が負担すること，それ以降は5割とする。3年以内であっても乙の漁場が甲と同程度の漁獲があれば乙の負担の増額を協議する。

④買収契約ができず，名護屋村漁業組合が宇土崎漁場へブリ網を敷設する際は，甲は10年後，網の位置を変えても乙は異議なきこと[63]。

　この事例は，新規出願者に対して，先占権者が保護区域を盾に反対したので，紛争のあった別の漁場の賠償金支払いに協力するということで，協定にこぎ着けたケースである。

### (5) 東臼杵郡南浦村岩佐瀬漁場

　昭和9年2月，南浦村島野浦漁業組合は岩佐瀬漁場に着目し，ブリ大謀網

の敷設を計画するや，後面のブリ網の漁業権者たる浦尻漁業組合が反対した。県は，地先水面の漁業権は地元漁業組合に免許する方針であったが，海面上の区分ができなかったので南浦村全体の地先とみなし，村内の島野浦，浦尻，須怒江，熊野江の4漁業組合に対し共同出願するように伝え，浦尻を除く3漁業組合が共同出願したので，浦尻漁場から相当引き離して，昭和10年4月に免許した。3漁業組合の協定は，岩佐瀬の定置漁業権は共有とし，その経営権，利権の持ち分は平等とする，事業経営は3組合の協定のうえ決定するが，初回は昭和16年11月までは島野浦が行う，漁場代は漁獲高の3.5%とし，島野浦50%，熊野江25%，須怒江25%の比率で配分する，とした[64]。

この事例は，地勢上地先を区分し得ない水面に設定する漁業権は，関係漁業組合が共有するという漁業法施行規則第21条に従ったものであった。

以上，掲げた事例をみても，明治漁業法体制下では，定置漁業権は漁業組合に対して免許することが県の方針であり一般化していくこと，漁業権者となる漁業組合は，地先専用漁業権，定置網漁業が小漁業者の操業の障害とならないように配慮すると同時に，定置網漁業の経営も地元漁民共同で行う方式を模索していたことを示している。

注

1) 宮本秀明『定置網漁論』(河出書房，昭和29年) 5, 15ページ。
2) 肝属郡内之浦村でブリ大敷網が開始されたのは明治18年で，明治初年頃大分県より伝わったブリ地曳網を改良したものである。鹿児島県水産課編『鹿児島県定置漁業誌』(昭和7年) 1ページ。
3) 山口和雄『日本漁業史』(東京大学出版会, 1976年) ブリ漁業の項参照。
4) 日本学士院編『明治前日本漁業技術史』(昭和34年) 358〜359ページ。
5) 農商務省水産局『水産調査報告　第11巻第1冊』(明治34年11月) 84〜90ページ。
6) 高知県に日高式大敷網が伝搬するのは明治31年が最初で，その後急速に普及する。建刺網漁業者が「大敷組合」を組織して漁業転換を図ったこと，宮崎県から技術指導を受けたことが特徴である。中井昭「高知県ブリ網漁業　経営史(1)」『高知短大社会科学論集　第17号』(1963年3月) 参照。三重県では明治30年代にブリ大敷網が着手された10漁場のうち4漁場はマグロ大敷網からの転換であった。また，少なく

とも6漁場は宮崎県人が経営参加，技術指導，漁夫出稼ぎという形で関与している。三重県定置漁業研究会『三重県定置鰤網漁業誌』（昭和4年）より集計。

7) ブリ大敷網の時は，「此漁業ニ於テ必要ナルハ魚見役ノ選択如何ニ在リ　若シ夫レ魚見ニシテ未熟ナルカ或ハ台上ニ惰眠ヲ貪ルモノナルトキハ終ニ網中ノ魚モ逸失スルノ慮アリ　此故ニ親方ハ他ノ漁夫ヨリモ常ニ優遇スルモノ如シ」。鹿児島県内務部『鹿児島県水産調査報告』（明治36年）110ページ。

8) 川合角也「大震災記念の定置漁業統計」『定置漁業界　第4号』（昭和3年7月）56～57ページ。

9) 三重県では，大正2年に日高式大謀網が導入され，大正4年までにすべてが大謀網に変わっている。三重県水産試験場・三重県定置漁業協会『三重県定置網漁業誌』（昭和30年）を集計。一方，鹿児島県は大謀網の導入が大正11年と遅く，大敷網統数を凌駕するのは昭和元年のことである。しかも，大敷網統数は昭和年代にも減少しなかった。その原因は，海水が透明で，一旦入網した魚も容易に脱出するためであった。前掲『鹿児島県定置漁業誌』5～7ページ。

10) 昭和4年，大謀網が支配的であった三重県下17漁場のうち，県外者で経営参加しているのが明らかなのは8漁場（高知県，富山県，東京府），県外の漁夫がいるのは11漁場（富山県，石川県，香川県，高知県など）に及ぶ。前掲『三重県定置鰤網漁業誌』より集計。

11) 前掲『三重県定置網漁業誌』49ページ。

12) 日本定置漁業研究会『定置漁業権調』（昭和14年）。

13) 河村兵三「ブリ定置漁業の不況対策偶感」『定置漁業界　第29号』（昭和11年7月）8ページ。

14) 後藤豪「宮崎県に於る鰤網免許の新例及鰤大敷網落網の動向」『定置漁業界　臨時増刊第25号鰤号』（昭和10年7月）190ページ。

15) 『高知県鰤網漁業誌』（高知県鰤網漁業同業会，昭和3年4月）1ページ。高知県高岡郡上ノ加江町では，明治31～大正3年が大敷網，大正4～12年が宮城式大謀網，大正13～昭和4年が越中式大謀網，昭和5～21年が土佐式落し網と変遷した。落し網への転換は，越中式大謀網の乱設による漁獲の激減と漁業用資材の高騰で収益性が低下したことが原因である。水産庁漁業調整第一課『漁場利用基本形態調査報告No.24』（1953年10月）24～25ページ。

16) 前掲『三重県定置網漁業誌』より集計。

17) 宮崎県企画局編『宮崎県経済史』（昭和29年）284ページ。

18) 日高家は，代々，漁業，水産製造業および海運業を営んできたが，喜右衛門（文化2～明治7年）は分家した。喜右衛門の三男の亀市（弘化2～大正6年）が家督を継ぐ。亀市の子供には，長男・栄三郎（明治2年生まれ）の他，男子6人がいて，宮崎県水産界で大きな足跡を残した。石川恒太郎『日高保太郎翁伝』（昭和27年）24～25ページ，「鰤大敷網沿革」（日高家所蔵）。

19) 宮崎県立図書館所蔵資料　明治29年。

20) 宮城雄太郎『日本漁民伝　下』（いさな書房，昭和39年）日高亀市の項参照。

21) 前掲「鰤大敷網沿革」。

22）宮崎県立図書館所蔵資料　明治28年。
23）同上，明治31年。
24）『第二回水産博覧会審査報告　第一巻第一冊』（農商務省水産局，明治32年3月）108～109ページ。
25）水産伝習所は民間の水産団体・大日本水産会の教育機関として明治22年に開学した。明治30年に農商務省直轄の水産講習所が設立されると，閉鎖してそこに引き継がれた。
26）網の構造については，『明治廿八年第四回内国勧業博覧会審査報告』（明治29年）の日高亀市出品のブリ大敷網の項参照。336～340ページ。漁船10隻，漁夫132人が従事する。
27）宮崎県立図書館所蔵資料　明治25年。
28）同上，明治31年。
29）前掲「鰤大敷網沿革」。
30）宮崎県立図書館所蔵資料　大正4年。
31）同上，大正4年，河野茂彦氏所蔵資料。
32）宮崎県立図書館所蔵資料　明治38年，大正4年。『明治四十一年度，四十二年度宮崎県水産試験場業務報告』，『宮崎県水産試験場創立十年記念号』（大正2年か）。
33）井之本泰「丹後ブリ大敷網導入前後」小島孝夫編『海の民俗文化　漁撈習俗の伝搬に関する実証的研究』（明石書店，2005年）151～160ページ，前掲『高知県鰤網漁業誌』67～69ページ，岡林正十郎『高知県定置網漁業史』（平成5年）51～61ページ。
34）水産庁漁業調整第一課『漁場利用形態調査報告　No.18』（1952年）。
35）大正3年の18漁場は，宮崎県4（赤水村3，北浦村市振1），大分県1，静岡県4，長崎県3，佐賀県1，京都府1，福井県3，石川県1である。『日高亀市の事蹟』（昭和30年）。

　　大正8年の32漁場は，宮崎県7（赤水4，市振1，宮野浦1，都井村1），大分県3，福井県1，長崎県6，静岡県3，千葉県1，岩手県1，北海道3，朝鮮7である。「明治漁業株式会社増資趣意・目論見書・定款」（大正8年，日高家所蔵）。
36）「大敷網（鰤大謀網を含む）漁業権者住所氏名調」『大日本水産会報　第381号』（大正3年6月）78ページ。
37）水産庁漁業調整第一課『漁場利用基本形態調査報告 No.19』（1953年1月）には，全国の開拓漁場として，宮崎県4，大分県2，鹿児島県3，福岡県1，佐賀県1，長崎県6，徳島県1，三重県1，静岡県5，石川県2，富山県2，福井県2，新潟県1，京都府3，岩手県3，宮城県2，北海道1，朝鮮3，計43漁場をあげている。47～48ページ。注35）であげた漁場と一致せず，変転の激しさを物語る。漁場数は大正中期をピークとし，その後，急減した。
38）日高家のブリ定置網漁業の変遷をみると，明治40年に日高栄三郎が明治漁業（株）を創設。明治43年に日高式大謀網を考案，全国で漁場の開発を進める。大正10年，明治漁業の増資のため，現物出資した赤水漁場が日本勧業銀行の抵当物権になる。昭和2年，明治漁業の債務不履行により日本勧業銀行に漁業権が移行。昭和7年，日高

栄三郎の弟・保三郎が漁民と共同名義で漁業権を取得し、直ちに養子の晴衛（五男の子）名義とする。昭和9年、着業資金を日本水産（株）から借り入れ、翌年も借り入れた。昭和11年、二重落し網に漁法を変更した。昭和12年、日本水産への債務不履行で、林兼商店に漁業権を賃貸する。昭和19年、日高保三郎が晴衛から漁業権を取得。このように、大正中期にはブリ定置網が不振となり、漁業権を抵当にした借り入れを繰り返している。前掲『漁場利用基本形態調査報告 No.19』23～35ページ。

39) 各年次『油津漁業統計』（油津漁協）、東臼杵郡島野浦のブリ漁獲高（島野浦漁協資料）参照。
40) 日高勝義氏談。
41) 金井元「越中式鰤落網漁業」『定置漁業界 第47号』（昭和17年7月）には、動力曳船、ウィンチによる手綱揚げ、綿糸網の使用がなされている例として富山県が紹介されている。
42) 渡辺宏彦「漁業権漁業組合合有化の評価——京都府田井・成生における定置を中心として——」『漁業経済研究 第8巻第1号』（1959年7月）、前掲『漁場利用基本形態調査報告 No.18』、原暉三「部落と定置漁業権」『法政大学法学志林』（昭和32年10月）参照。
43) 『能都町史・漁業編』（昭和56年）にある「能登内浦台網漁業組合規約」（明治24年）の旧慣維持体制を参照。517～520ページ。
44) 前掲「部落と定置漁業権」40～43ページ。
45) 山田生「定置漁業権は個人にも免許せよ」『定置漁業界 第12号』（昭和6年3月）31ページ。
46) 昭和恐慌期に定置漁業権が組合有となったことについては、前記以外にも原暉三「定置漁業権の所有形態と漁業組合有となすべき限界に就て」『定置漁業界 第23号』（昭和9年11月）、杉浦保吉「定置漁業権者は漁業経営者の功績を如何に見るか」『同 第29号』（昭和11年7月）、などで指摘されている。
47) 前掲『三重県定置鰤網漁業誌』、前掲『三重県定置網漁業誌』参照。
48) 小林音八「定置漁業の整理」『定置漁業界 第10号』（昭和5年7月）、勝部彦三郎「鰤大敷網漁業の整理」『同上』、日高靖「定置漁業の漁場整理」『同 第11号』（昭和5年11月）、小林音吉「改正漁業法と定置漁業」『同 第19号』（昭和8年7月）、川合角也「定置漁業権の国家管理と漁業の統計に就て」『同 第24号』（昭和9年11月）、勝部彦三郎「定置漁業権の整理」『同 第30号』（昭和11年11月）、岩崎好洋「革新を要する定置漁業」『同上』。いずれも昭和恐慌期に集中している点に注目。
49) 小林音吉「法定制限距離と保護区域」『定置漁業界 第11号』（昭和5年11月）、同「保護区域制の統一について」『同 第12号』（昭和6年3月）参照。
50) 「各県定置漁業取締規則抜萃」『定置漁業界 第26号』（昭和10年7月）。
51) 農林省水産局『旧藩時代ノ漁業制度調査資料 第一編』（昭和9年）325ページ。
52) 「漁業組合規約書」（明治20年、河野茂氏所蔵）。
53) 水産庁『水産業協同組合制度史 4』（昭和46年）55～59ページ。
54) 二野瓶徳夫『明治漁業開拓史』（平凡社、昭和56年）313ページ。
55) 宮崎県立図書館所蔵資料 明治27、28、29年。

56) 同上，明治 35 年。
57) 同上，明治 30 年，大正 4 年。
58) 同上，明治 30 年。
59) 同上，明治 36 年。
60) 「日高保三郎家文書」(日本常民文化研究所所蔵)。
61) 同上，大正 11，12，15 年，宮崎県水産課所蔵「漁業免許取消ニ関スル行政訴訟ノ件」(宮崎県水産課所蔵，大正 12 年)。
62) 宮崎県立図書館所蔵資料　大正 6，15 年，昭和 2，7 年。
63) 同上，大正 15 年，昭和 2 年。
64) 同上，昭和 9 年，前掲「宮崎県に於る鰤網免許の新例及鰤大敷網落網の動向」189～190 ページ。

# 第8章

# 長崎県・野母崎のカツオ漁業とイワシ漁業の変遷

　東シナ海に向かって突き出ている長崎半島の先端に位置する西彼杵郡野母村，脇岬村，樺島村（現在は長崎市野母崎町）は，カツオ釣りとカツオ節加工[1]，イワシ漁業とイワシ加工などが著しく発達した地区である。この地区は農村である高浜村を含めて野母崎地区と呼ばれる。戦前は陸路が整備されず，長崎市との交通は海路に頼ったし，樺島村は架橋がなく，離島であった（図8-1）。この狭い地区内でも村によって漁業発展に違いがある。

　本書では第5章と第6章で宮崎県のカツオ漁業とイワシ漁業を扱っている

図8-1　西彼杵郡野母崎4ヵ村の位置

ので，それと比較することができる。野母崎は，カツオ漁業でいうなら九州西岸のカツオ漁業地と同じく，漁船動力化の時期に衰微してしまうし，イワシ漁業では地理的条件などから漁法が異なるなどの特徴がある。

　時期区分を，無動力漁船ながら漁業が成熟した明治前期，漁業の資本主義化が進行した明治後期，カツオ漁業が動力化の過程で消滅し，イワシ漁業・イワシ加工に特化した大正期，揚繰網が動力化して生産力を飛躍的に高めてから戦時統制までの昭和戦前期に分けている。

## 第1節　明治前期 ── 漁業の成熟 ──

### 1. カツオ釣り漁業の「沖合化」

#### (1) 各村の漁業概要

　表8-1は，明治13年頃と24年の野母崎3ヵ村の漁業の概要をみたものである（漁業が未発達な高浜村を除く）。明治13年頃の野母村は，戸数，人口は最も多いが，耕地に恵まれず，総戸数の過半数が漁家（368戸）であった。商業，工業も水産関係なので，村民のほとんどが水産業に従事した。海

表8-1　明治前期，野母崎3ヵ村の漁業概況

| | | 野母村 | 脇岬村 | 樺島村 |
|---|---|---|---|---|
| 明治13年頃 | 総戸数（漁家戸数） | 642（368） | 588（202） | 299（18） |
| | 船（漁船）　　（隻） | 216（201） | 130（120） | 50（40） |
| | 水産加工品 | カツオ節，カラスミ，フカヒレ，干鰯 | カツオ節 | ― |
| 明治24年 | 漁業戸数 | 494 | 327 | 61 |
| | 採藻戸数 | 89 | 45 | 12 |
| | 水産加工戸数 | 40 | 372 | 73 |
| | 水産加工品 | カツオ節，干鰯 | 干鰯，フカヒレ，カツオ節 | 干鰯，干キビナゴ |

資料：明治13年頃は，『角川日本地名大辞典　長崎県』（昭和62年）
　　　明治24年は，農商務省農務局『水産事項特別調査　下巻』（明治27年）

産物ではカツオ漁業とカツオ節製造，イワシ漁業と干鰯(ほしか)生産を軸にカラスミ，フカヒレの加工もある。

脇岬村は，職業別では農家が最も多く，次いで漁家（202戸）であるが，農業，商業，工業も漁業や水産加工に関与していたとみられる。漁業はカツオ漁業とカツオ節製造が主体である。

樺島村は，離島で耕地は狭く，村落規模も小さい。それでも職業別戸数では農家が中心で，漁家は18戸に過ぎない。漁業はブリ，マグロ，シイラといった大型魚とボラ漁業を始めとする沿岸漁業から成り立っている。

漁船数と漁家数を比較すると，野母村と脇岬村では漁家数の方が多く，カツオ漁業，イワシ漁業といった大規模漁業に雇用される世帯が広範に形成されている。また，3ヵ村とも商業戸数が多く，荷船もあって，水産物だけでなく，日用品や旅客の輸送を行っている。工業戸数も相当あるが，ほとんどが水産加工で，カツオ節，干鰯，カラスミ製造などであった。

明治24年の統計から，野母村と脇岬村が漁業の中心地でカツオ漁業とカツオ節製造，イワシ漁業と干鰯製造が軸になっていること，樺島村は海運業の衰退によって漁業への進出が進み，イワシ漁業とイワシ加工が興っていることが確認される。

(2) **カツオ釣り漁業の「沖合化」**

カツオ釣り漁業は野母村と脇岬村で営まれた。明治初年のカツオ漁船は野母村35隻，脇岬村8隻であったが，明治35・36年には野母村26隻，脇岬村9隻となって，野母村で減少している。

明治16年の「水産博覧会報告」に長崎県のカツオ釣りのことが記されている[2]。五島沖での操業状況（本書の表紙カバーの絵はこの時の出品のために準備されたもの）は次のようである。イワシを餌桶に活かし，「潮換夫」が絶えず海水を交換する。「撒餌夫」がカツオ魚群の進行方向を見定め，船の進退の合図を送るとともに，活き餌を撒いてカツオが海面に浮かびあがるようにする。「撒餌夫」が漁獲の多少を左右する。「餌持夫」が「釣夫」の餌桶にイワシを配付する。「釣夫」は針に活き餌をつけて釣る。釣り上げるとき，カツオを左脇に抱え込む。

明治19年の「佐賀長崎福岡三県下沿岸漁業概況」によると[3]，カツオ釣りの漁期は5月下旬～11月中旬で，6月中旬までは薩南諸島，その後は五島および女島近海に出漁する。漁船は堅牢で，長さは9尋2尺（14.1m），18人が乗る。天草や鹿児島の漁船に比べ，船体は小さいが，魚群を追って広く航走する点に特徴がある。櫓は7丁，帆は6反帆を用いる。順風であれば1日で薩南諸島に達する。出漁にあたって15日分の米，味噌，塩を備え，餌を蓄養する。途中で餌が無くなれば各地で求める。餌はカタクチイワシで，生け簀籠に入れて海上に浮かべて蓄養し，出漁時に船上に移す。

漁獲物は地元に水揚げされるが，風波が強くてそれができない場合は，漁場近くで販売するので，薩南諸島や五島，女島などにはカツオ節製造所があった。

カツオ釣りに最も障害になるのはフカ釣りで，フカを釣るとカツオ魚群が逸散し，海底深く潜って釣れなくなる。フカ釣りは他漁船の障害になるので，同業者が協議してフカを釣った場合は罰金を科し，漁具を没収するという規約を結んだ（明治19年，後述）。

カツオ船の船主と漁夫は家族のような「情誼」があって，平素，漁夫は自分の漁業を営むか，出稼ぎに出るが，カツオ漁期になると全員が集まってくる。船主は日頃，漁夫を保護し，漁夫に不幸や祝い事があれば米，金，酒を贈る。漁夫が船主に従属するのは世襲的で，やむを得ず船主を変わる時には，負債などを清算してから変わる。

船主と漁夫との配分は，鹿児島や天草の場合は固定賃金であり，漁夫の技能によって金額は異なるが，月50銭～1円である。賃金雇いなので沖合では「盗魚」の悪習がある。野母崎の場合は歩合制なので「盗魚」の習慣はない。漁獲高の1割を諸器具費として差し引き，残りを22人前に分け，4人前を船主に，18人前を18人の漁夫で配分する。船主はおおむねカツオ節製造を兼ねる。1漁期で1.0～2.5万尾を漁獲する。

上述のカツオ釣り漁業者の規約は，明治19年に長崎県漁業組合準則に基づいて設立された「長崎県鰹漁業組合」の規約である[4]。漁業組合の目的は，漁船・漁具漁法などの改良，営業上の弊害の矯正であった。漁法上の制限は，餌はイワシ，アジ，サバなどを使用し，ホロ曳き以外は擬似釣りをしない，

釣り竿の長さは1丈7寸（3.2m）以内とする，カツオ漁期中はフカを捕獲しない，新規の漁具漁法で操業する場合は組合長の許可を受ける，としている。

次に明治23年調査の長崎県編『漁業誌　全』をみると[5]，県下のカツオ釣り漁業は，最も盛んなのは野母村で，奈良尾，富江（両者は五島）がそれに次ぐという。脇岬村の名前はない。漁場，漁期，乗組員，操業方法は上述と大同小異なので省略する。

カツオ釣りは，明治期に入ると魚群を求めて沖合に出漁し，漁場近くのカツオ節工場に販売するようになった。漁場が薩南海域から壱岐・対馬に拡大したことは，漁期の延長，漁船の大型化，乗組員の増員を伴なった。また，餌イワシは船に活間がなく，桶に入れ，海水を交換しながら活かしていたし，活き餌を釣り針に付けており，擬似餌釣りはなかったようである。

カツオ節は長崎，天草では野母産を最高級とし，五島，天草がそれに次ぐとされた[6]。すべて鹿児島の製法を模倣している。野母村のカツオ節は，和船で大阪方面に販売していた。波濤のため日時をロスしたり，販売機会を逸することがあったが，明治10年代に汽船が通うようになって長崎港から汽船に積むようになり，便益が増した[7]。

## 2. イワシ漁業 —— 縫切網への転換 ——

イワシ漁業は野母村を中心に脇岬村や樺島村でも行われた。主要漁法は明治初年頃から八田網(はちだあみ)から縫切網(ぬいきりあみ)に転換している。野母崎に限った資料がないので，上記『漁業誌　全』で長崎県下のイワシ漁業をみよう[8]。イワシ漁業は各地で営まれるが，漁法は湾内で操業する地曳網，小イワシ網，高網とやや沖合で操業する八田網，縫切網に大別される。

このうち八田網は，網船2隻（各15人乗り），口船（運搬船）2隻（各10人乗り），灯船2隻（各7人乗り）で構成される。一方の網船に網を積み，6隻が同時に漕ぎ出し，漁場に着くと灯船が篝火を焚いて魚群を集め，魚群が集まったら灯船を囲い込むように網を入れ，その網を手繰り寄せ，掬い網ですくう。網地は麻糸製である。漁期は旧8〜2月。

長崎県の縫切網は[9]，八田網が進歩したもので，敷網部分の左右に垣網を

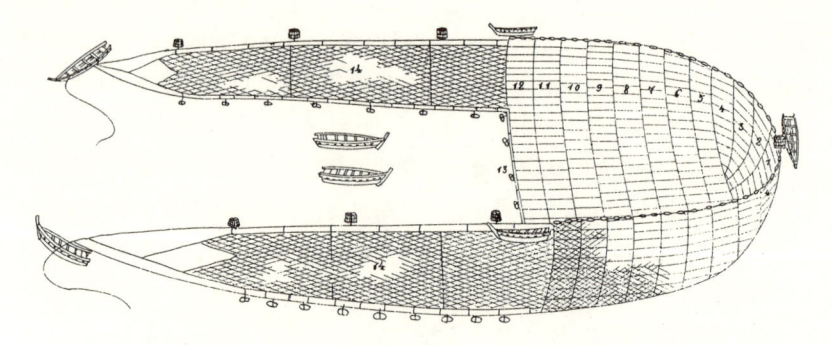

資料：農商務省水産局『第二回水産博覧会審査報告　第1巻第1冊』(明治32年) 34ページ.

図8-2　明治32年水産博覧会出品の長崎県の縫切網

出して魚群を遮断し，篝火で集めた魚群を敷網部分に誘導する。網船2隻(各15人乗り)，口船2隻(各12人乗り)，灯船3隻(各7人乗り)，計7隻，75人で構成される(図8-2は明治32年の水産博覧会に長崎県の漁業者が出品したもの)。八田網より沖合で操業するので，灯船を増強している。漁期は8～11月の闇夜。漁網は麻を熊本方面から購入して，各家庭の女子が紡ぎ，網は網大工の指導のもとで製作した。垣網は藁縄であった。明治30年頃，網地が麻糸から綿糸に変わり始める[10]。

八田網より縫切網の方が規模が大きく，また，垣網をつけて魚群の逸散を防ぐので漁獲能率が向上した。この漁法転換により大量漁獲とその加工(干鰯)が伸びてくる。

## 第2節　明治後期 ── 漁業の資本主義化 ──

### 1. 明治後期の漁業と漁業経営

#### (1) 明治後期の漁業

明治後期になると，漁業法が制定され，各漁村に漁業組合が設立された。野母村漁業組合が明治36年，樺島村漁業組合が明治39年，脇岬村漁業組合は大正9年の設立である。明治35年8月に長崎県漁業取締規則(以前の資源保護，漁業取締りの規則を統一した)が制定され，イワシ漁業の縫切網や

揚繰網を知事許可漁業としている。

野母村と脇岬村のカツオ漁業は，明治末になると漁船の動力化に立ち遅れて消滅してしまう。カツオ餌料採捕，カツオ節製造もイワシ漁業，イワシ加工へ転換した。

イワシ漁業は，縫切網が綿糸漁網や石油集魚灯の普及で発達し，網主と漁夫の関係も次第に近代的な性格に変わった。一方，家族経営による刺網が普及し，両者は漁業規制をめぐって対立する。明治末にはイワシ巾着網（揚繰網）が登場する。

水産加工は漁業経営からの分離が進み，イワシ加工では干鰯の他に塩乾加工が登場し，消費市場の拡大に対応した。

具体的に，明治34・35年の各漁村の状況を概観しよう。野母村[11]の総戸数は約690戸で，うち漁業戸数は450余。主な漁具は，縫切網3，イワシ地曳網6，ボラ敷網6，ブリ建網5，手繰網50，大敷網4，カツオ釣り26隻，ブリ釣り15～16隻。このうち地曳網はカツオ餌料用である。カツオ釣りは1隻に20人が乗る。

脇岬村[12]は，村民の8割が漁業に従事した。主な漁具は，地曳網6，ボラ敷網1，大敷網1，縫切網1，手繰網10，カツオ釣り9隻，ブリ釣り10隻，タイ延縄10隻で，釣りと延縄は兼業。カツオ釣りは1隻15～18人乗りで，野母村よりやや小規模である。

樺島村[13]は，住民の約半数が漁民であるが，島にしては漁民が少ない。五島方面からの魚類の回漕船と熊本・佐賀方面からの農産物を積んだ船の中継港なので，商業が多かったが，鉄道の開通によって大打撃を受け，商業が衰退した。主な漁具は縫切網2，手繰網7，ボラ敷網7。近海がイワシの好漁場なので，この島を根拠として操業する縫切網は30～40隻に及ぶ。入漁するのは，長崎半島の漁村，橘湾沿いの漁村，天草などである。漁獲物の多くは干鰯に製造し，一部は目刺しとして熊本，福岡，佐賀に送った。目刺しは樺島村の特産となった。

(2) 主要漁業の経営 ── 明治38年の「水産業経済調査」から ──

長崎県水産課は明治38年に「水産業経済調査」（内容は明治37年）を実施

している[14]。調査目的は水産金融の改善にあって，資金調達や必要な資金額，主要な漁業や水産加工の経営収支が調べられている。以下，「水産業経済調査」によって野母崎と関係の深いカツオ漁業とイワシ漁業についてみていこう。

カツオ釣りは野母村が最も盛んで，その資金は多額を要し，資金が不足すると借金で漁船を建造し，漁獲収入で返済する。借り入れ条件は不動産を担保とし，金利は月1.2～2.0％，返済時期は年末が多い。カツオ節製造についてもほぼ同様である。

イワシ漁業は，野母村の縫切網などは網主が漁船漁具を調達し，網子（漁夫）との間で漁獲物を網主4：網子6，または5：5の割合で配分する。網主

表8-2　野母崎の重要漁業，水産加工の経営体数と所要資本額

|  | 村名 | 漁業種類 | 営業戸数 | 所要資本額（円） |
|---|---|---|---|---|
| 重要漁業 | 野母村 | ボラ敷網 | 4 | 780 |
|  |  | 縫切網 | 2 | 3,400 |
|  |  | ブリ建網 | 1 | 200 |
|  |  | ブリ大敷網 | 2 | 450 |
|  |  | 地曳網 | 7 | 850 |
|  |  | カツオ釣り | 20 | 21,200 |
|  | 脇岬村 | 縫切網 | 1 | 1,600 |
|  |  | ボラ敷網 | 1 | 120 |
|  |  | マグロ大敷網 | 1 | 200 |
|  |  | カツオ釣り | 5 | 5,500 |
|  | 樺島村 | 縫切網 | 5 | 7,500 |
| 水産加工 | 野母村 | 干鰯 | 9 | 2,745 |
|  |  | カツオ節 | 8 | 27,220 |
|  | 脇岬村 | 干鰯 | 14 | 2,520 |
|  |  | 干キビナゴ | 12 |  |
|  |  | カツオ節 | 3 | 8,500 |
|  | 樺島村 | 干鰯 | 7 | 4,867 |

資料：「水産業経済調査」（長崎県立図書館所蔵，明治38年）

は資金が不足する場合，網商人から年2割の金利で借りる。漁獲物の一定割合を網商人と配分することもある。魚問屋からの借り入れは少なくなった。

表8-2は，野母崎3ヵ村の重要漁業と水産加工業の経営体数と所要資本額を示したものである。重要漁業として，ボラ敷網，地曳網，マグロ大敷網，カツオ釣り，ブリ建網，縫切網がある。なかでもカツオ釣りと縫切網が中心である。また，地曳網はカツオ漁業の餌料採取用で，野母村にある。水産加工業はカツオ節製造と干鰯製造に特化している。

野母村と脇岬村の重要漁業は縫切網とカツオ釣り，樺島村は縫切網で，経営体数はカツオ釣り25隻，縫切網8統となっている。上述の明治34・35年に比べると，カツオ釣りは両村とも減少し，縫切網は樺島村で大きく増加している。樺島村は海運業の衰退で漁業への転換が進んだ。

この2種類の漁業は所要資本額が大きく，カツオ釣りが1,000～1,100円，縫切網は1,500～1,700円である。資本調達は野母村は自己資金であるが，脇岬村と樺島村はその一部を借り入れている。全体として自己資本比率は高い。また，借入金はあっても個人からの借り入れで，銀行などの近代的金融機関はない。

表8-3は，野母村と脇岬村のカツオ釣りと野母村のカツオ節製造の資本額と経営収支をみたものである。カツオ釣りをみると，所要資本額（創業費）は両村とも同額で，漁船・船具，現金などからなっている。乗組員は野母村が28人，脇岬村が20人で，規模の違いは漁獲量や餌の使用量にも反映している。漁業収入は漁獲尾数が多い野母村が高い。漁業支出では餌代の割合が高い。漁夫への配分は漁獲高の40％で，1人当たりでは野母村が30円，脇岬村が31.5円となる。漁業利益は野母村が233円，脇岬村が245円。野母村の方が規模が大きいが，船主所得や漁夫への配分は脇岬村の方がやや高い。

表8-4は，野母崎3ヵ村の縫切網の経営収支を示したものである。3ヵ村とも類似した内容である。所要資本額は表8-2では1統あたり1,500～1,700円であったのに，ここでは3,600～3,800円と非常に高くなっている。運転資金を含むかどうか，新船建造なのか既存の漁船を使うのかなどで違うのであろう。カツオ釣りに比べれば，漁船数が多く，漁網経費がかかって所要資本額が高い。漁業収入，漁業支出，漁業利益とも非常に高いが，村別で

は3項目とも野母村，樺島村，脇岬村の順になる。3項目が比例的なのは，配分方法が単純歩合制をとっているからで，漁夫への配分は漁獲高の25％となっている。

表8-2で，主要な水産加工の経営体数と所要資本額をみると，野母村は干鰯とカツオ節，脇岬村は干鰯，干キビナゴ，カツオ節，樺島村は干鰯を製造している。所要資本額はすべて自己資金となっている。所要資本額はカツオ節製造が高く，1戸当たり2,800～3,400円である。干鰯製造の所要資本

表8-3 野母村と脇岬村のカツオ釣り漁業と野母村のカツオ節製造業　　　　（単位：円）

| | | 野母村と脇岬村のカツオ釣り漁業 | | | | 野母村のカツオ節製造業 | |
|---|---|---|---|---|---|---|---|
| 野母村 | 所要資本額 | 1,375 | | 所要資本額 | 1,216 | | |
| | | 420 | 漁船1隻（肩幅12尺） | | 520 | 製造場，乾燥場 | |
| | | 450 | 同付属具 | | 80 | 釜2個 | |
| | | 5 | 釣り竿600本 | | 40 | セイロ | |
| | | 500 | 現金 | | 16 | 「バラ」 | |
| | 収入 | 2,175 | | | 9 | 包丁，電球 | |
| | | 2,100 | カツオ6,000尾 | | 550 | 現金 | |
| | | 75 | シイラ500尾 | 収入 | 1,497 | | |
| | 支出 | 1,942 | | | 1,380 | カツオ節9,200本 | |
| | | 480 | 餌料 | | 35 | 塩辛 | |
| | | 840 | 漁夫28人 | | 34 | 削り滓 | |
| | | 296 | 食料－米，味噌，醤油 | | 51 | アラ粕 | |
| | | 35 | 薪，油，塩 | 支出 | 1,361 | | |
| | | 41 | 公費 | | 1,150 | カツオ2,300尾 | |
| | | 185 | 修繕費 | | 27 | 薪 | |
| | | 65 | 雑費 | | 96 | 労賃延べ320人 | |
| 脇岬村 | 資本 | 1,375 | | | 10 | 公費 | |
| | 収入 | 1,575 | カツオ4,500尾 | | 45 | 修繕費 | |
| | 支出 | 1,330 | | | 34 | 雑費 | |
| | | 350 | 餌代 | | | | |
| | | 630 | 漁獲高の4割を漁夫20人へ | | | | |
| | | 265 | 食費 | | | | |
| | | 65 | 公費，雑費 | | | | |

資料：「水産業経済調査」（長崎県立図書館所蔵，明治38年）
注1：脇岬村のカツオ釣りの事例は野母村の場合とほぼ同じなので簡略にした。
注2：円未満は四捨五入した。

額は村によって180～700円の幅がある。

　カツオ節製造は野母村8戸，脇岬村3戸で，カツオ漁船が野母村20戸，脇岬村5戸と対応する。明治前期と比べるとカツオ節製造戸数も減少した。干鰯製造は野母村9戸，脇岬村14戸，樺島村7戸で，これに対応する縫切網は2統，1統，5統である。カツオ漁業では出漁先で販売，製造したり，縫切網は他村からの入港，水揚げもあって，村内の漁業統数と比例しない。

　表8-3で野母村のカツオ節製造業の経営収支をみてみよう（脇岬村の事例は調査されていない）。表8-2でカツオ節加工の所要資本額は2,800～3,400円であったが，ここでは現金を含めて1,200円余となっている。所要資本額のうち現金が約半分を占めること，付加価値生産性が低いこと，つまり支出

表8-4　野母崎3ヵ村の縫切網

| 村 | 項目 | 金額：円 | 備考 |
|---|---|---|---|
| 野母村 | 所要資本額 | 3,789 | 計 |
| | | 966 | 網地 4,200 尋 |
| | | 60 | 同付属具 |
| | | 63 | 染料 4,200 斤 |
| | | 950 | 漁船 7 隻 |
| | | 550 | 同付属具 |
| | | 1,200 | 現金 |
| | 収入 | 4,500 | 計，漁獲 4,500 杯 |
| | 支出 | 2,800 | 計 |
| | | 1,800 | 漁夫配当　漁獲高の 25％ |
| | | 50 | 公費 |
| | | 950 | 雑費 |
| 脇岬村 | 資本 | 3,685 | 計 |
| | 収入 | 3,850 | 計，漁獲 3,580 杯 |
| | 支出 | 2,350 | 計 |
| 樺島村 | 資本 | 3,605 | 計 |
| | 収入 | 4,300 | 計，漁獲 4,300 杯 |
| | 支出 | 2,900 | 計 |

資料：「水産業経済調査」（長崎県立図書館所蔵，明治38年）
注：3ヵ村ともほぼ同じなので，脇岬村と樺島村の事例は簡略にした。

では原料代がほとんどを占め，労賃の低いことが特徴である。野母村のカツオ漁船の漁獲高は6,000尾なのに，この加工場ではその約3分の1にあたる2,300尾を加工処理している。他の3分の2は漁場付近の加工場に生売りか現地で製造されたことになる。

水産加工経営では干鰯の経営収支は金額が小さいため調査されていない。

## 2. カツオ漁業の限界

### (1) カツオ漁業の展開

明治36年の『遠洋漁業調査報告』のなかで[15]，長崎県下のカツオ漁業の概況が次のように記されている。野母村に21隻，脇岬村に9隻のカツオ漁船があるが，近年，各地のカツオ漁船が増えて1隻当たり漁獲高が減り，経営状態が悪化し，隻数が減少した。漁船の大型化，乗組員の増員によって沖合出漁を強める傾向もあって，漁船の建造費は従来の300円から350～380円に上昇した。漁船建造は天草で行われる。

明治33年度の脇岬村の事例（漁船の長さ60尺，肩幅15尺）では，5～10月の期間20航海して5,986尾を漁獲し，うち2,332尾を生売りし，自家製造向けは3,554尾であった。餌料は5～6月は鹿児島，7月は五島，8～10月は脇岬村で仕入れる。売上げ高は1,956円（生売り686円，カツオ節製造高1,269円）で，経費（餌代250円，食費その他970円）を引いた「利益」（船主と漁夫への配分分）は736円となっている。表8-3にある同村のカツオ釣り経営と比べると，明治33年度の方が売上げ高がかなり高く，支出は餌代が低くて，「利益」が非常に高かった。明治30年代後半に経営状態が悪化したのである。

明治末は，「野母村ハ鰹漁業資本主自ラ餌取網ヲ使用シテ漁獲且活場ヲ有シ漁獲物処理ノ方法備ヘレリト雖比較的漁場遠シ」という状況であった[16]。

『長崎県紀要』（明治40年）は次のように記している[17]。近年，宮崎，鹿児島，愛媛県からカツオ漁船が多数出漁してくる。県下では野母村，脇岬村，富江，奈良尾が中心である。1隻に15～18人が乗り組み，イワシを船中に活かし，漁場に着いたらこれを撒布し，活きイワシを針にかけて釣る。近年，宮崎船で擬似餌を使う船があり，長崎県船もそれに倣うものが出てきた。カ

ツオ節製造は野母，五島，大島（北松浦郡）が最も有名で，固有の製法をとっていたが，近年，高知や鹿児島などの製法をまねる者も出ている。

これを，明治前期と比べると，漁獲競争が激化した，漁場が「沖合化」してイワシを活かすのに船に活間が設けられた，擬似餌を使うようになった，カツオ節製造に改良の兆しがみえる点が変化している。

次に明治43年9月4日の「東洋日の出新聞」は[18]，野母村はカツオ節産地として知られるが，近年，魚群が陸地から遠ざかり，五島・富江方面に回遊している。それで，カツオ漁業者も現地の製造業者に生売りするようになった。カツオ節業者は昨年から製造所を富江に設けて，時期が来ると出張するようになった。富江にはカツオ漁期になると，地元のカツオ節製造業者に加えて，野母や平戸，それに高知県からも製造業者が漁船を曳いてやってくる。高知のカツオ節製造は改良式なのに，野母は旧式なので，関西方面に送ると大きな価格差が生じる。旧来の製法は経費は安いが，これでは販路を広げることはできない，と伝えている。

### (2) カツオ漁業の転換

明治末の状況は[19]，石油発動機付き船，蒸気機関付き船が増加し，無動力船は圧倒されている。県下のカツオ漁船は動力船が17隻，無動力船が33隻であり，そのうち西彼杵郡は動力船6隻，無動力船24隻で最も多い。

長崎県水産試験場は，明治42年にカツオ漁業の発展を図るために漁船の動力化とカツオ節製造の改良を説いている[20]。カツオ釣り漁船については，近年，石油発動機をとりつける漁船が増加したが，発動機はたびたび故障し，運転に多額の費用を要するなどの問題があると指摘したうえで，無動力船，石油発動機船，蒸気機関船の経営比較をしている。その内容をまとめたのが表8-5である。

無動力船の経営収支を表8-3の明治37年と比べると，収入はほぼ同じ（漁獲量もほぼ同じ）なのに，支出は食料費や餌代が大幅に増え，「差し引き」（船主と漁夫への配分分）は大きく低下している。これに対し，動力船は船価，収入，支出いずれも格段に高く，また「差し引き」も高い。石油発動機船と蒸気機関船の比較では，蒸気機関船の方が船価が高く，借入金利子負担

表8-5 無動力船と動力漁船との経営比較

| | | 無動力船 | 石油発動機船 | 蒸気機関船 | 備　考 |
|---|---|---|---|---|---|
| 船価 | （円） | 550 | 7,000 | 10,000 | |
| 乗組員 | （人） | 25 | 27 | 28 | |
| 漁獲高 | （尾） | 4,800 | 17,500 | 17,500 | 漁期7ヵ月，出漁日数130日 |
| 収入 | （円） | 2,160 | 7,875 | 7,875 | 1尾45銭 |
| 支出 | （円） | 1,563 | 5,593 | 4,547 | |
| 　食料 | | 390 | 421 | 468 | 米1石13円 |
| 　餌料 | | 800 | 1,600 | 1,600 | |
| 　漁船修繕費 | | 120 | 360 | 200 | |
| 　燃料 | | - | 1,638 | 499 | 130日 |
| 　機械油 | | - | 246 | 31 | |
| 　技術者雇用 | | - | 280 | 315 | 機関士，助手各1人×7ヵ月 |
| 　減価償却費 | | 64 | 408 | 583 | 償却期間：無動力5年，動力10年 |
| 　借入金利子 | | 39 | 490 | 700 | 船価×利子（月1％） |
| 　雑費 | | 150 | 150 | 150 | |
| 差し引き | （円） | 597 | 2,282 | 3,228 | |

資料：『明治四十二年度　長崎県水産試験場事業報告』22～25ページ。
注：動力漁船はいずれも25トン，30馬力，漁期は4～10月。

も重いが，支出，とりわけ燃料の石炭が石油（灯油）より安くて有利としている。機関部職員は月給制であるが，一般漁夫は歩合給で「差し引き」の半分が漁夫への配分とすると，漁夫1人当たり平均は無動力船が12円，石油発動機船が42円，蒸気機関船が58円と大きな差が生じる。

　無動力船は経営が悪化し，動力船の優位性が高まったことを示しているが，その後の経過は，漁獲の減少で，無動力船，動力船ともに衰退し，野母崎だけでなく長崎県のカツオ漁業は大正初期には消滅してしまう。大正2年と6年の動力カツオ漁船数を比較すると，宮崎県は13隻から27隻に倍増したのに対し，長崎県は8隻から4隻に半減し，熊本県は1隻からゼロになって，対馬暖流を北上してくるカツオを対象とした本格的なカツオ釣り，カツオ節製造は消滅していった[21]。

　カツオ節製造の改良に触れる前に，長崎県のカツオ節の製法，品質を整理しておこう。明治23年の内国勧業博覧会に出品したものは，「野母節ハ素ト

薩摩風ナリシモ後土佐風ニ倣ヒテ改良セリ　然レドモ今尚田舎節ノ区域ヲ脱スル能ハズ」[22]の状況であり，明治28年の内国勧業博覧会での評価は，長崎県のカツオ節は形状は薩摩節に似ているし，販路は大阪市場が8割，東京市場が2割で，いずれも薩摩節として需要されていた[23]。

その後，明治32年の水産博覧会においても，「肥後肥前節ハ概ネ薩摩風ノ分流」とされ，販路も大阪方面であって，「薩摩節ノ需要ト同一地方ニシテ長崎県ノ節ハ野茂節（野母節－著者）ノ名称ヲ以テ需要」されていた[24]。

明治40年に開かれた府県連合水産共進会において，西彼杵郡から出品されたカツオ節はほとんどが野母村産であるとしたうえで，「煮熟ノ不充分ナルハ通弊ナリ」としている[25]。

このように長崎県のカツオ節製造は未熟で，価格が低いため，県水産試験場は明治42年度に先進地・焼津から技術者を招いて長崎市で講習会を開いた。しかし，受講者は野母村の10人にとどまった。焼津の製法は在来法と全く違い，多少の経験者でも「素人同然」で，戸惑うことばかりであったという[26]。

これら講習もカツオ漁業が衰退して実践するに至らなかった。カツオ漁業が衰退した大正中期のカツオ節は，「長崎県ハ尚幼稚ノ域ヲ脱セス概シテ不良ニシテ黴付ノ如キ殊ニ注意ヲ欠ケルモノアリ」と旧態然としていた[27]。

### 3. イワシ漁業の展開と紛争

#### (1) 水産組合の設立

漁業法とともに制定された水産組合規則に基づき，明治37年1月に野母崎のイワシ漁業と関係する西彼杵郡長崎市水産組合が設立された[28]。組合員は4,638人で，うち漁業4,029人，製造業471人，販売業138人である。

組合事務所は西彼杵郡役所内に置いた。明治38年度から水産製品の検査事業を行っている。対象となる製品は，干鰯，エラ刺イワシ，カツオ節の3種類で，組合経費は組合員割と製品検査料で賄った。明治39年には長崎市の関係者が分離して，西彼杵郡水産組合となった[29]。

(2) イワシ縫切網と刺網との係争

　イワシ漁業は大規模な縫切網の他に家族経営による刺網が盛んとなって，両者は漁業規制をめぐって対立した。イワシ刺網が普及するのは明治30年代後半である。以下，「東洋日の出新聞」によって対立の経過をみよう[30]。新聞は，西彼杵郡水産組合は縫切網の主張を代弁している，と見ている。

　明治38年5月6日：西彼杵郡水産組合は，先月の総会でイワシ刺網の漁期制限（旧8～10月と旧正月～2月は禁止）を決議し，県に陳情した。漁期を制限するのは，その季節は産卵期であり，資源を保護するためであるとした。これに対し，脇岬を含む11ヵ村の刺網漁業者，イワシ行商人二百余名が反対請願を行った。刺網漁業者は，イワシは年3回産卵し，繁殖力が高いので，無制限に漁獲しても乱獲にはならない。イワシの生息場所は一定していないので漁期を制限しなくてもよい。乱獲というなら刺網だけでなく縫切網も規制すべきで，そうしないのは縫切網による刺網の圧迫に他ならない，と主張した。

　同年5月8日：刺網の漁期を5ヵ月に制限するのは，資本の大きな縫切網が零細な刺網を圧迫するものである。刺網は一定の大きさのイワシしか獲らないのに縫切網は大小のイワシを獲っている。もし産卵期のイワシを漁獲して資源が減少するというのなら縫切網も規制すべきである。もともとイワシは繁殖力が強く，他のイワシ漁業地でも規制していないし，漁獲も減っていない。漁獲が減っている場合は自然条件のためで，規制には根拠がない。十数名の縫切網漁業者のために二百数十人の刺網漁業者や行商人の生計を奪うのは道理に合わない。

　同年9月14日：水産組合によると，イワシは西彼杵郡の主要産物であり，42ヵ村を潤している。刺網の漁期制限の反対者は40戸に過ぎないし，刺網がイワシ漁業を妨害していることは明らかで，漁期制限の早急な実施を県に要請している。

　明治39年9月6日：刺網は魚群を探査，追尾して漁獲する進歩的な漁法で，他府県も奨励している[31]。イワシ漁業を行う23ヵ村のうち18ヵ村が刺網を行い，縫切網だけの村は樺島，野母，深掘，蚊焼，黒瀬の5ヵ村だけである。昨年，水産組合が縫切網の主張を受けて刺網の制限禁止を決議したの

は不当である。県は，本県のイワシは他府県の場合と違って広く回遊せず，生息地を移動しているだけなので，規制の必要があると考えている。

　明治40年2月2日：長崎県漁業取締規則の改正で，イワシ刺網を許可漁業にするとともに8～11月の期間，縫切網と八田網は12～2月の期間を禁漁とした。県があげた理由は，刺網はイワシの繁殖を妨げ，かつ驚いて逃げたイワシは数日間篝火に寄りつかず，縫切網に被害を与える。刺網は簡便な漁具なので毎年増加の傾向にある。これを放置すると繁殖への害が大きくなる，というものである。

　双方の禁止期間の設定は，縫切網や八田網が対象としなかった冬季の大羽イワシを刺網が漁獲することとなり，塩乾加工が発達する条件となった。

### (3) イワシ漁業の改良・発展

　西彼杵郡水産組合は，イワシ加工を干鰯だけでなく，目刺しに広げること，篝火の制限，網主と網子の関係改善，計量の統一，干鰯検査の実施などに取り組んでいた。以下，「東洋日の出新聞」による。

　明治39年2月4日：西彼杵郡のイワシ漁獲高は30万円余に及ぶが，その大部分は干鰯である。目刺しにすれば利益があがるのに，樺島村で2万円ほど製造しているだけなので，水産組合は製造方法の指導を計画している。

　同年4月13日：水産組合は，篝火の使用制限，網主と網子の関係改善を話し合った。イワシ漁業に使用する篝火は松材であったが，近年，石油となり，最初は1個と申し合わせたが，多く焚くとそれだけ漁獲が増えるので，申し合わせを破り，2個，3個を使用するようになった。この結果，漁獲は増えても石油代が嵩み，利益が少ないので対策が必要である。

　また，網主と網子の関係は，網子は賃金をむさぼり，網主の処遇も悪いので，双方にとって不利となっている。賃金を一定としたい。

　同年4月17日：水産組合は，それまでばらばらであったイワシ枡の統一を図るため，樺島村の枡（1斗2升入り）に合わせる。底と上部に穴をあけて水抜きを徹底する。干鰯の検査制度を実施し，販売は競争入札とする。篝火を2個から1個に減らすことは不利になるので，そのままとする，ことを決めた。

同年5月5日：水産組合は，網主と網子との配分は，石油篝火の漁船は網主55％，網子45％，石油以外の篝火では水揚げ高の半分ずつとする，違約した場合は100円以下の違約金を徴収する，と決めた。
　網主と網子の関係，両者の配分比率は，漁業技術の発展，労働市場の拡大，近代思想の普及などによって変化してきた。
　イワシ縫切網は，長崎県では明治36年から石油篝火を使うようになった。4ヵ月間の経費は薪の場合は770円（7,000束）なのに，石油篝火は1,400円（石油25箱と暖房用の薪）と2倍かかるが，石油篝火器は1台につき漁夫4人を削減できるので，両者の費用の差はなくなる。さらに，石油篝火器はいつでも焚けるし，光力が強いので操業日数を100日から120日位に延ばすことができ，集魚効果も高く，漁獲が5割増すといわれた[32]。
　一方，長崎県水産試験場は，明治33～37年度にイワシ巾着網の試験操業を行っている。当時の巾着網は網船2隻，口船（運搬船）2隻，灯船2隻，乗組員37～39人で構成されていた。明治37年に樺島村の漁業者がこの巾着網を操業し，その後，徐々に縫切網からの転換が進む[33]。

## 第3節　大正期 ── イワシ漁業への特化 ──

### 1. 各村の漁業・水産加工業の展開

　明治末から大正初期にかけてカツオ漁業が消滅し，それに代わってサンゴ採取が栄えるが，一時的なもので，間もなくイワシ漁業が主幹漁業として定着する。イワシ漁法は縫切網から揚繰網（巾着網）に転換し，さらに沖合操業，能率漁獲が可能になった。なかには動力漁船を使用するものも現れた。イワシ漁業の中心地は野母村で，脇岬村はサンゴ採取の失敗による打撃が大きく，機船底曳網に転じる者もいて，揚繰網への転換が進まなかった。樺島村のイワシ漁業は他からの出漁者に多くを依存していた。
　水産加工はほとんどがイワシ加工となり，その内容も肥料向け（干鰯）が縮小し，食用向けの煮干し，目刺し，丸干しが急成長を遂げ，家庭内副業が普及した。化学肥料の普及と大衆社会の出現を反映した変化である。樺島村は目刺し製造に特化し，その積み出しのために阪神方面から汽船が回航され

表8-6 大正期の野母村, 脇岬村の漁業勢力

|  | 大正2年 |  | 大正9年 |  |  |
|---|---|---|---|---|---|
|  | 野母村 | 脇岬村 | 網漁具数 | 野母村 | 脇岬村 |
| 漁業　　専業（戸） | 395 | 53 | 曳網 | 51 | 4 |
| 　　　　兼業（戸） | 46 | 159 | 台網 | 1 | - |
| 製造業　専業（戸） | - | 11 | 敷網 | 3 | - |
| 　　　　兼業（戸） | 40 | 11 | まき網 | 9 | 2 |
| 漁船数　　　（隻） | 244 | 290 | 刺網 | 13 | 30 |
|  |  |  | その他 | 25 | - |
| 漁獲高　　（千円） | 64 | 135 | 計 | 102 | 36 |
| 水産製造高（千円） | 66 | 22 |  |  |  |

|  | 野母村 |  |  | 脇岬村 |  |
|---|---|---|---|---|---|
|  | 大正2年 | 大正10年 | 大正14年 | 大正2年 | 大正10年 |
| 漁獲高　（千円） | 64 | 129 | 159 | 135 | 271 |
| 　イワシ | 27 | 97 | 77 | 10 | 127 |
| 水産製造高（千円） | 66 | 285 | 82 | 22 | 120 |
| 　塩乾イワシ | 8 | - | - | 1 | 20 |
| 　目刺し | 24 | 61 | 36 | - | - |
| 　煮干し | - | - | 31 | 1 | 26 |
| 　塩蔵イワシ | 4 | 21 | - | 6 | 1 |
| 　干鰯 | 26 | 19 | 2 | 11 | 27 |

資料：両村「現勢調査簿」,「現勢要覧」(旧野母崎町役場所蔵)

るようになった。

　大正10年発布の水産会法によって西彼杵郡水産組合は大正13年4月をもって西彼杵郡水産会に改組された[34]。事業は，水産組合と同じく，漁業組合事務講習会，水産講習会，水産製品試売，視察員の派遣，町村品評会への補助，水産品評会，遭難救恤，漁労調査である。ただ，水産組合が行ってきたイワシ網の検査を水産会が行わなかったため，大正14年8月には西彼杵郡鰯網組合が創設され，イワシ網および篝火器の検査を行った。

　表8-6は，大正期の野母村と脇岬村の漁業の変化を示したものである。

(1) 野母村

　大正2年は，漁業専業が中心で，兼業を含めると経営体は440戸に及ぶ。水産加工はいずれも兼業であるが，大正初期にイワシ食用加工が急速に広まった。漁船数も大幅に増加した。それは漁家数の増加を上回っていて，漁家経営が拡大していることを示している。

　具体的にみると[35]，カツオ漁業は大正2年に全廃した。無動力船は魚群の沖合移動で漁獲が困難となり，明治末に出現した石油発動機船は採算がとれず，蒸気船では魚群のスピードについていけなかった。カツオ船主は漁夫とともにイワシ漁業に転換した。イワシ漁業は，大正6年に動力漁船が現れ，巾着網が普及する。大正10年には動力漁船は9隻になっている。

　漁獲高と製造高を大正2年と10年を比べると，漁獲高は倍増している。中心をなすのはイワシの漁獲高で，期間中3倍増となった。漁獲量も増加したが，イワシの価格も上昇した。その一因は，イワシ加工の多様化，とくに食用向け加工の増加に求められる。水産加工は，それまでのカツオ節製造中心から一変してイワシ加工だけとなり，生産高が急増する。品目別では非食用加工から食用加工に重点が移り，なかでも目刺し，煮干しの増加が著しい。塩蔵イワシも増加しているが，明治末の水準を下回っている。しかし，大正14年になると，イワシの漁獲高は大きく低下し，水産製造高はさらに大きく低下した。とりわけ，塩蔵イワシや干鰯の生産はほとんどなくなった。

　明治後期からの野母村の水産加工の変遷を具体的にみておこう[36]。明治31年の野母村の水産加工は，カツオ節105トン，干鰯9トンなどであったが，その後，カツオ漁業は衰退し，カツオ節製造も39年15トン，40年11トンと低迷し，43年頃にはなくなった。

　カツオ節製造に代わって伸びたのはイワシ加工で，縫切網やイワシ刺網の発展に支えられた。干鰯の生産量は明治33年の56トンが39～40年には210トンに増加した。この干鰯は佐賀方面に送られ，肥料となった。また，明治39年頃に塩乾イワシが登場し，生産量が急増した。さらに明治末には〆粕（イワシを煮熟して圧搾し，脂を抜いたもので肥料になる）が現れた。これは佐賀方面では好まれず，広島・尾道へ送られた。

　大正期に入り，イワシ漁業が中心になると，水産加工業も発達し，船主の

副業的なものから家内工業的なものへと転換した。加工品としては煮干しの生産が始まり，その他，桜干し，丸干しが登場した。

大正3年は大正期を通じてもっとも豊漁で，水産加工品も多かった。目刺しは各家庭で作られ，その目刺しを集めて関西方面に送る問屋も出現した。大正3年の干鰯の生産高は1,076トンで，イワシ加工品の大半を占めたが，その後徐々にウェイトは低下した。塩乾イワシは516トン，煮干しは5トンである。野母村で煮干しの生産が始まるのはこの年である。

丸干しの生産は大正5〜6年頃，刺網の大羽イワシを製品化したのが最初で，次いで大正8〜9年頃，縫切網の中羽イワシも丸干しとするようになった。イワシ缶詰は大正6〜8年に生産されたが，その後，廃止された。

桜干しは大正11年頃，五島の奈良尾から伝わり，刺網で漁獲した大羽イワシで作ったのが最初で，その後急増して奈良尾を上まわり，また，目刺しの生産を上まわった。大正末の加工業者は専業が10〜15人，船主で兼業的に加工しているのを含めると23人である。

(2) 脇岬村

表8-6で脇岬村についてみると，大正2年の漁家は専業より兼業が多い。水産加工はイワシ加工であるが，これも専業と兼業があった。漁獲高は大正2年も10年も野母村より高いし，この間やはり倍増している。しかし，大正2年の漁獲高はその大半はサンゴ採取によるもので，サンゴ採取がなくなると，機船底曳網の台頭もあって，漁業は大きく変換した。イワシの漁獲は，大正2年の10千円から10年の127千円に伸びている。第一次大戦中の魚価の高騰とイワシの利用方法が大きく変わったことが窺われる。

具体的に漁業の変遷をみると[37]，カツオ漁業は明治43年に動力漁船が2隻登場したが，失敗して明治末に消滅した。サンゴ漁業は明治末に始まり，一時100隻近くが従事したが，大正6年には2隻となり，間もなく廃止された。「サンゴ景気」に乗って生活が贅沢となったので，サンゴ採取が衰退すると借金だけが残り，イワシ漁業への投資が遅れた。

明治末以降，カツオ漁業に代わって機船底曳網が登場し，大正6年には30隻にもなった（1艘曳き。大正末から2艘曳きになる）。大正10年頃から

他地域の機船底曳網がやってきて地先漁場を荒らすようになり，沿岸漁業者との対立が激化したが，それでも機船底曳網は漁獲能率が高いことから着業者はさらに増えた。

イワシ漁業は，大正2年頃，巾着網が製作され，次第に成績をあげて6年には有望漁業となった。

水産加工は，大正2年から10年にかけて22千円から120千円へと5倍に飛躍した。そのうちイワシ加工では塩乾（目刺し）と煮干しが新たに登場したのに対し，伝統的な塩蔵と干鰯は伸び悩むか，大きく後退した。

大正9年における野母村と脇岬村の漁網統数をみると，脇岬村は曳網，まき網，刺網（イワシ刺網が主）の3種類であるのに対し，野母村は敷網，台網（定置網）などもあり，また統数がはるかに多い。とくに規模が大きなまき網は野母村9統に対し，脇岬村は2統である。ただし，刺網は脇岬村の方が多い。

この後，脇岬村の漁業，水産加工業は激変を遂げる。脇岬村は純漁村でありながら，沖合漁業が中心で沿岸漁業資源に乏しかったことから漁業権獲得目的の漁業組合はなかった。大正9年9月になって，魚類共同販売のために漁業組合が設立された。漁業者に仕込みをしていた村内の問屋，仲買人が反対したが，漁業者は組合手数料の他に仕込み資金の返済のため1年間，水揚げ高の5％を組合に預金することにした（不足分は打ち切り）。共同販売事業（仲買人による入札）の実施で，魚価は従来より2割以上上昇した。大正11年には手数料を7％に引き上げ，3％を村へ魚市場使用料として納付し，防波堤を築造するための村債の償還財源にあてた。この大正11年には漁業組合は農工銀行から資金を借り入れて小型発動機漁船を建造し，組合員に貸し出している。サンゴ船が不振で漁船を売り払ったり，高利負債に苦しみ，漁業投資が進まないことの対策であった。しかし，結果は惨めで，多額の損失を被った。この大正11年頃からイワシが不漁で，製造業者も苦境に陥り，阪神地方の問屋や運搬業者に借金したので，利益を吸い取られるようになった。このため，昭和2年から漁業組合がイワシ製品の共同出荷を始めたが，組合員が組合に対する債務を返還できず，事業も行き詰まって休止となった。この結果，製造業者の数は半減した。

このように脇岬村では，サンゴ採取の失敗と戦後不況を受けて，漁業組合を設立し，村と一体となって共同販売事業，築堤事業，小型発動機船の貸与事業に乗り出すが，折しもイワシが不漁で，イワシ漁業，イワシ加工が窮地に陥った。一方，機船底曳網漁業に着手する漁業者もいて，一本釣りとの対立が深まった[38]。

### (3) 樺島村の水産[39]

大正6年の総戸数は416戸，うち農業132戸，漁業81戸，工業47戸，商業114戸などである。漁業は少ないが，農業，商業，工業もその大部分は漁業と兼業したり，水産加工や水産物販売を内容としている。漁業戸数81戸というのは専業で，その他に兼業が60戸ある。明治前期に比べ，漁家数の増加が著しい。海運業の衰退に代わって漁場の優位性を活かしたイワシ漁業が台頭している。

大正期に小イワシ網，イワシ刺網が急増した。イワシ漁業は，春は小イワシ，秋が最盛期で巾着網，冬は刺網（大羽イワシ）と夏季を除いて漁獲するようになった。また，秋になると他村からイワシ漁船が密集し，大変な賑わいをみせた。村民の多くは，イワシ加工と出荷で多忙を極め，秋3ヵ月で年間収入の大半を稼ぐといわれるようになった。

大正5年度の水産加工は塩乾イワシ（目刺し）だけで4万円を突破した。その他，干鰯が8,500円，イワシ〆粕が1,200円，塩蔵イワシが600円となっている。イワシ〆粕の登場が目新しい。イワシを干すための棚が空き地，海面あるいは屋上に張り巡らされた。大正期には丸干し，イワシ節製造も始まった。

特産品となった樺島村の目刺しは，日露戦争後，縫切網の復興，イワシ刺網や巾着網の勃興によって盛んになったものである。目刺し加工の隆盛は商業の発展をもたらし，以前は長崎まで送り，そこから大阪，神戸，尾道，佐賀などへ転送していたが，関西方面の汽船会社が直接入港し，直送するようになった。

樺島村鰯製造組合は大正3年に設立され，製造高は8〜9年には100万円に達したが，その後は不況と不漁で著しく減少した。組合は，事業として原

料の共同購入，製品の共同運送，電話の架設を行っている。

## 2. イワシ漁業の発達 ── 揚繰網の導入 ──

### (1) 揚繰網の導入

明治41年，野母村の漁業者が県から巾着網を借り，県の指導を受けて操業した。好成績であったことからカツオ漁業からの転換が進む。集魚灯も篝火から石油ランプに変わった。大正中期には他地方からの入漁もあり，統数が増え，動力曳船を用いるようになった。

この頃，県水産試験場が電気集魚灯，ワイヤー巻き揚げ機を備えた動力片手廻し巾着網を試験し，民間では樺島村が始めた。しかし，船が小さく，漁法に慣れていなかったので，2年位で失敗した。動力片手廻しは昭和5年頃，脇岬村と野母村に導入されて以来，着業者が増加し，外来船も増加する[40]。

このように長崎県では大正から昭和初期にかけてイワシ漁業で能率漁法への転換，動力化が進展した。その経過を述べる前に用語の解説をしておく。無動力の揚繰網（または巾着網）は小イワシや中羽イワシの漁獲，動力船1艘まき網は中羽，大羽イワシやアジ・サバの漁獲，動力船2艘まき網はアジ・サバの漁獲に適している。漁場形成や機動力の違いによる。

縫切網，揚繰網，巾着網はともに漁具分類上はまき網に属するが，縫切網は有嚢類（袋状の魚取り部がある），揚繰網と巾着網は無嚢類である。揚繰網は在来の漁具を改良したものだが，巾着網はアメリカから導入されたもの。両者の違いは，網揚げに先立ち網裾を締めるか否かという点にあり，揚繰網は魚群をまいて後，網の両端から裾を繰り上げて囲みを小さくしていくのに対し，巾着網は網裾の環を通っているロープを締めて巾着のようにし，魚群が逃げないようにする。ただし，揚繰網も網裾にロープを通して絞るようにしたので，実際上，区別は厳密ではなく，どちらも揚繰網，または巾着網と呼んだ。

また，無動力の場合は2艘まきで，和船または手押しと呼んだ。動力船といっても網船が動力船であるとは限らず，運搬船によって曳航されることがある。動力船では1艘まきと2艘まきがあり，1艘まきは片手廻し，2艘まきは両手（双手）廻しと呼ぶことがある。

さて,『長崎県水産誌』(昭和11年)によって県下のイワシ漁業をみると[41],縫切網は,明治45年に両手廻し巾着網が始まると衰退し始め,昭和10年頃にはシラスの漁獲以外に使用する者はまれで,五十余統に減少した。

動力片手廻し揚繰網は,大正11年度から5年間,県水産試験場が試験を行い,漁獲能率の高さと経済性に関心が集まり,数年のうちに県下に普及した。それについては後述する。

刺網は大正7～9年が全盛期で,その後,動力片手廻し揚繰網やイワシ定置網の普及によって大きく後退した。大正期のイワシ刺網は夜間操業で,漁船1隻に7～8人が乗り,長さ300～500尋の網を潮流を横切るように入れ,2～4時間後に揚げる。

動力巾着網などが登場して,能率の良さが証明されても縫切網や無動力揚繰網も沿岸では相当な漁獲があり,動力化するには多額の費用が必要になるので相変わらず使われた。ただし,縫切網,揚繰網は無動力のままでも漁具漁法の改良が進む。野母崎に近い土井ノ首村(昭和13年,長崎市に編入)の縫切網は,大正2～3年頃,沈子に鉛を使い,また網裾に環をつけ,船上にウィンチを設置して環締めを行うようになった。大正5～6年頃には灯船は松明(篝火)に代わって石油ランプを使用するようになる[42]。

(2) 動力巾着網の試験操業

大正10年の西彼杵郡のイワシ漁法は,刺網が最も多く(380統),曳網(127統)がそれに次ぎ,巾着網(44統),縫切網(44統)の順であった。巾着網,縫切網は無動力であった[43]。

前述したように県水産試験場は大正11～15年度の5年間,片手廻し巾着網の試験操業を行う[44]。その動機は,主要漁法である巾着網と縫切網は労働力不足と漁場が沿岸であることから漁獲が少なく,労賃は低く,船主も2艘まきでは経費が嵩んで利益が少なかった。動力1艘まきにすれば,人数が半分ですむ,経費が節減できる,無動力に比べれば漁獲能率が向上する,船主の利益も増す,と考えられた。

水産試験場が行った動力巾着網と無動力の縫切網や巾着網との年間見積もり比較は次のようになる。在来の縫切網や巾着網の1統当たり漁獲高を

6,000円とすると,漁労経費は 2,000円かかる。漁労経費の大半が集魚灯の石油代（1,800円）である。漁獲高から漁労経費を引いて,残りを漁夫と船主で折半すると 2,000円ずつとなる。漁夫を 55人とすると,1人当たり平均賃金は 36円にしかならない。一方,船主は漁船漁具修繕費 1,500円,減価償却費 500円を支払うと利益がなくなってしまう。

　動力巾着網の場合,漁獲高を同じ 6,000円としても,漁労経費は 1,750円ですむ。電気集魚灯を使用するからその油代は 100円ですむが,動力船の燃油代が 1,500円かかる。漁獲高から漁労経費を引いた残りを漁夫4,船主6の割合で配分すると,漁夫への配分は 1,700円になるが,漁夫は 28人なので,1人当たり平均は 60円となる。一方,船主はその配分 2,550円のうちから漁船漁具修繕費 1,800円,減価償却費 600円（動力船は修繕費や減価償却費が高い）を支払っても利益が 150円出る。

　漁獲高を在来漁法と同じと見積もったが,動力漁船は多少の時化でも操業ができるし,出漁日数が多くなり,また機動力もあるので漁獲高は高くなると予想される。在来漁法は石油ランプであるのに,試験操業では電気集魚灯を使用している。電気集魚灯では発動機が2基必要になるが,石油の消費量は 10分の1ですむ。また,電気集魚灯は光力が一定なので,集魚効果が高い,としている。

## 第4節　昭和戦前期 —— 揚繰網の動力化 ——

### 1. 漁船の動力化と電気集魚灯の普及

　昭和 10年末の動力漁船の名簿をみると[45],野母崎の漁業者が所有する動力漁船は,野母村9隻,脇岬村4隻,樺島村 12隻で,高浜村にはなかった。計 25隻のうち 16隻がイワシ揚繰網で,その漁船規模は 15～19トン,50～80馬力,建造費は 4,000～7,000円である。

　野母村の揚繰網は7隻（統）で,いずれも1統経営である。他の2隻は運搬船である。脇岬村の動力漁船は4隻,うち揚繰網は1隻だけで,イワシ漁業で遅れをとっていた。その代わり,底曳網や延縄で沖合に出漁していた。樺島村の揚繰網は8隻で,野母村と並ぶイワシ漁業地となっている。そのう

ち2隻が樺島村漁業組合の経営で，村をあげてイワシ漁業に取り組んでいた。その他はイワシ刺網と延縄・釣り漁船であり，数馬力の小型船である。

『長崎県水産誌』(昭和11年)によると，当時，県は石油集魚灯に換えて電気集魚灯を普及させることを課題としていた。イワシ揚繰網は最も重要な漁業としてその対象になっている。電気集魚灯の利点は，重量は約150kgで従来の灯船をそのまま利用できる。光力が約30％高まり，しかも一定である。石油消費量は1時間あたり5合で従来の7分の1ですむ点にある。

篝火から石油集魚灯に代わったのは明治38年頃であるが，昭和2年頃には電気集魚灯が入り，10年頃にはほとんどの場繰網に行き渡った[46]。

## 2. 各村の漁業・水産加工業の展開

昭和恐慌で漁村が疲弊すると，その立て直しのために昭和8年と13年に漁業法が改正され，漁業組合が信用事業を営むことができるようにし，漁業協同組合への道を開いた。野母崎の漁業組合は昭和12〜14年に協同組合となったが，信用事業は営んでいない。また，長崎県漁業組合連合会(県漁連)が設立された。

主幹のイワシ漁業は，昭和初期は不漁であったが，その後，資源の回復とまき網の動力化(1艘まき)，電気集魚灯の普及によって生産力は大幅に上昇した。野母村と樺島村が中心である。まき網以外では，機船底曳網や刺網が盛んであった。

水産加工も煮干しや丸干しといった食用加工が中心となり，魚肥製造は姿を消していく。野母村漁業組合は仲買人の仕込み支配を解消して煮干しの共同販売を始めた。水産加工は副業的経営から専業経営へと変化した。

### (1) 野母村

表8-7は，大正14年と昭和9年の漁船数，漁業者数，水産加工業者数，および昭和3年の漁具統数をみたものである。漁船数は減少したが，動力漁船が登場し，まき網が動力化したことが大きな変化である。漁業者のうち業主(経営者)はこの間，大幅に増加した。被傭者(主にまき網への雇われ)は減少している。なかでも本業(専業)雇われが減少した。まき網統数の減

表8-7 野母村の漁船数，漁業者数，水産加工業者数，漁具数

| | | 大正14年 | 昭和9年 | 漁具統数（昭和3年） | | |
|---|---|---|---|---|---|---|
| 動力漁船 | （隻） | - | 11 | 曳網 | 船曳網 | 29 |
| 無動力漁船 | （隻） | 358 | 251 | | 手繰網 | 8 |
| 漁業者 業主 専業 | （人） | 35 | 136 | まき網 | 揚繰網 | 6 |
| 副業 | （人） | 55 | 21 | | 巾着網 | 7 |
| 被傭者専業 | （人） | 650 | 181 | | 縫切網 | 2 |
| 副業 | （人） | 103 | 251 | | 縛り網 | 1 |
| 水産製造業主 専業 | （人） | 16 | 53 | 刺網 | 底刺網 | 4 |
| 副業 | （人） | 85 | 25 | | かし網 | * |
| 被傭者専業 | （人） | 30 | 184 | | 流し刺網 | 51 |
| 副業 | （人） | 250 | 302 | 敷網 | 四艘張網 | 2 |

資料：「大正十四年のも村現勢要覧」，「昭和九年野母村統計表」，昭和3年は「現勢調査簿」（旧野母崎町役場所蔵）
注：＊かし網は長さ1,344反。

少による。まき網漁夫は村外からも多数雇用され，昭和9年10月の調査によると，出稼ぎ漁夫は160人に達した[47]。県内の五島，県北，壱岐からである。期間はイワシ最盛期の10月上旬〜12月で，漁夫は漁船で寝泊まりした。

水産加工は，経営体の増加，それも本業（専業）経営の増加と専業雇われの増加が著しく，イワシ加工の専業化が進展した。水産加工の雇われはほとんどが女子である。

昭和3年の漁具統数を前節でみた大正9年と比べると，まき網と刺網が増加している。とくに刺網の増加が顕著で，漁家漁業が盛んになった。まき網は揚繰網と巾着網を主とし，縫切網，縛り網を加えると16統になっている。

昭和9年の漁獲高は大正末に比べて大幅に増加した。とくにイワシは5,000トン，17万円を超え，過去最大となった。水産加工は塩乾イワシと煮干し生産が中心となり，塩蔵と魚肥が姿を消している[48]。

漁業の発展経過をみると[49]，イワシ漁業は双手廻し巾着網は網船，灯船，口船（運搬船）各2隻の計6隻であったが，動力曳船が加わって7隻構成となり，さらに口船が動力化して再び6隻で1統となった。昭和4年に電気集

魚灯,伝書鳩通信が行われ,翌5年には動力片手廻し揚繰網が盛んになった。

　昭和恐慌による疲弊に対して,野母村は昭和7年に経済更正村として指定された。水産関係の改善計画として以下の点をあげている[50]。①港湾整備として湾港の浚渫,埋め立てによる網干し場,荷揚げ場の増設を行う。②漁業改善としてイワシ巾着網の増加（昭和10年度に20統を目標とする）,沿岸漁業の整理,動力延縄漁業の奨励,漁夫の出稼ぎ奨励を図る。③その他には,水産製品の改良として貸付金の取り立て,固定債権の解消,漁業用資材の貸付け,共同販売所の設置,漁業取締りの強化を行う。

　昭和10年頃の概況をみておこう[51]。水産業の中心はイワシ漁業で,旧9～11月の最盛期になると地元船（7統）と外来船を含めて24～25統がここを根拠にする。総戸数654戸のうち,漁業が約420戸,それに72戸のイワシ製造業を加えると約500戸が直接イワシ漁業に関係している。以前に比べて漁期は長くなり,梅雨時の2ヵ月を除いて水揚げがある。もっとも外来船は最盛期だけにやってくるので,地元船が1統3万円の水揚げであるのに対し外来船は8千円前後である。1統に35人が乗り組むとして地元船だけでも240～250人が雇われている。

　水揚げされたイワシのほとんどが煮干しに加工される。丸干しも多少あるが,〆粕は極めて少ない。昭和10年度は,イワシ水揚げ高35万円,その他鮮魚11万円,それにイワシ加工を含めて53万円の生産高である。漁夫の収入も年間650円位となっている。

　野母村漁業組合は,昭和9年5月に鮮魚,9月にイワシ製品の共同販売事業を実施した。経済更正計画にあった事業である。イワシ製品の共同販売が軌道に乗るまでには組合幹部の大変な苦労があった。製造業者は仲買人から資金を借りてイワシ代金や人夫賃を支払っていたが,共同販売では落札した仲買人から代金を回収し,製造業者に渡すまでに日数がかかり,その間の運転資金に困る業者がいた。仲買人は仕込み融資で一方的に値段を決める従来のやり方の方が利益があるとして共同販売に反対した。

　漁業組合は同村の産業組合から3万円を借りて製造業者に貸したり,代金の支払いを早めたり,仮払い制度を設けて商人支配から自立させた。また,共同販売の方が価格が高くなることが認められて事業が軌道に乗った。

水産倉庫は昭和10年に農林省の助成金を得て2棟が建設され，共同販売を始める前に建てた1棟と合わせて3棟になった。製造業者が組合が指定した日に製品を倉庫まで持ってくると，検査員がイワシの種類と等級を決め，倉庫に納める。製品がまとまった段階で入札にかける。仲買人は7人で，代金の支払いは5日以内（荷物を倉庫から搬出する期限）とした。仕向け先は，広島の福山，愛媛の伊予が多く，次いで佐賀，福岡である。

　生イワシの購入は，漁船が入港するたびにその船と関係のある製造業者が船を仕立てて買いに行き，相対で値段を決めている。

　野母村の水産加工業の展開を昭和初期と昭和10年代に分けて，具体的にみていこう[52]。

　昭和に入ると，水産加工は家内工業的な性格を脱して専業加工業者が主導するようになった。イワシ加工で最も多いのは塩乾品，次いで干鰯であるが，干鰯の生産が急減し，それに代わって煮干しが最大となる。

　また，目刺し，丸干しの大量生産が始まり，家内製造は影を潜めるようになった。大正末に削り節の原料として愛媛県伊予や広島県福山から煮干しを買いに来るようになり，その量も増えると，大正期に出現した目刺し問屋が煮干しも買い付けて船で伊予へ送るようになった。このため，加工業者は問屋から前借りをして生活費や原料代，人夫賃などに充てるようになった。丸干し，目刺し製造業者も物流会社の日本通運（以前の名称は内国通運，国際通運）や関西の問屋から前借りをするようになった。

　そうした商人支配をみかねた漁業組合が運転資金を貸し，製品を組合を通じて入札で販売するようにした。それを機に昭和9年に野母村水産加工組合が結成された。翌昭和10年，県は検査制度の実施案を作ったが，野母村水産加工組合は率先して検査制度を実施した。以前は，問屋が各工場をまわって値建てをしていたが，等級による入札制度としたのである。

　昭和10年代に水産加工の種類が多様化し，生産量も急増した。とくに煮干し生産が飛躍的に伸びた。検査制度も軌道に乗り，製品の質も向上し，入札制度が確立して発展の一途を辿る。

　昭和11年はまだ，煮干しより丸干しの生産が多かったが，12年以降は煮干し生産が急増し，全盛期を迎えた。一方，干鰯生産はほとんどなくなり，

大漁の時，処理に困った時に製造されるだけとなった。したがって，肥料は専ら〆粕であった。魚油も石鹸や肝油の原料として販売された。

昭和9年における野母村と樺島村のイワシ漁業とイワシ〆粕製造をみると[53]，イワシ漁業従事者は野母村352人，樺島村116人で野母村がはるかに多いが，まき網は野母村8統，樺島村7統でほぼ並び，刺網は4統と18統で樺島村が多く，イワシ漁獲高も6,750トンと9,636トンで樺島村が多かった。イワシ〆粕製造業者，同製造高は野母村が8人，85トンであるのに対し，樺島村は68人，225トンである。野母村はまき網統数と〆粕製造人が同数であるのに，樺島村はまき網の共同経営が破綻したこともあって零細な加工業者によって製造され，また外来船の水揚げに依存することが多かった。

昭和17年2月に水産加工品も統制下に入り，販売価格の上限が定められたが，販売・出荷統制はなく，大きな影響を受けなかった。それまでは脂の多い大羽イワシは主に〆粕にされていたが，長崎市在住の台湾人が買い付けて，台湾に送るようになったので，「台湾干し」の生産が急増した。しかし，昭和18年に統制違反で摘発を受け，煮干しを除いて大幅な減産となった。

昭和19年になると，青壮年が戦線に，女子は軍需工場へ徴用されたため漁業，水産業とも沈滞する。昭和20年には加工業者も漁船に乗ってイワシを獲りに行くようになったが，空襲が日増しに激しくなって思うように操業ができず，加工業も振るわなくなった。

(2) 脇岬村と樺島村[54]

脇岬村は，大正後期から他地域の機船底曳網をまねて着業する者が増加したが，漁場の荒廃，取締りの強化で昭和初期には衰退する。この機船底曳網と沿岸漁業との抗争によって各地で勃興している動力揚繰網を興す者がなく，イワシ漁業は全く不振に陥った。ようやく昭和14年頃復興の兆しがみえたが，戦時中の徴用などで減船した。

樺島村は，昭和2年に脇岬村の築港が完成して樺島村への入港が減少したので，地元民が漁業に進出するようになった。大正14年に県の補助を得て動力揚繰網（35馬力）を建造する者があった。昭和3年，北松浦郡大島から7隻の動力揚繰網船が来航し，4年には地元民も操業するようになり，橘

湾の茂木からの5統が加わった。しかし，昭和5年には不漁で中止するものが続出して，40統の刺網だけとなった。無動力揚繰網もなくなった。

昭和6年になると，漁業組合が中心となって2統を立ち上げた。漁業組合が県から資金を借り，40馬力の揚繰網漁船を建造したのである。続いて，水産加工業者が主体となって「共同船」が建造された。この「共同船」は昭和恐慌の打撃と不漁によって昭和8年には個人経営になった。昭和10年末の動力揚繰網は8統であったが，戦時中は軍による買い上げや徴用で5統に減少した。

## 3. 戦時統制と野母崎の漁業

### (1) 水産業統制
#### ① 漁業用燃油

県下の揚繰網漁業者は，昭和16年2月から3月にかけて県および農林省に漁業用燃油の増配を次のように陳情している[55]。イワシは大衆の健康食品で栄養価も優れている。長崎県のイワシ漁獲高は毎年2,000万円を超え，代表的漁法である揚繰網は282統である。日中戦争後，漁業用物資の統制が行われ，とくに漁業用燃油の統制が強化されて配給は必要量の3分の1にも満たない。そのため漁獲量の減少，魚価の高騰（公定価格の上限に張り付いている）で大衆の家計を脅かしている。食料確保と低価格政策に逆行している。食料増産のために燃油の増配を要望する。

#### ② 揚繰網の統制

昭和16年5月に長崎県揚繰網組合が誕生した[56]。揚繰網と縫切網の統制及び漁業経営の合理化を目的とした。具体的には，漁業用資材の統制に対する協力，労働者の調整，賃金の統制，操業の統制，漁船漁具の規格統制，企業合同などである。翌17年5月に長崎県揚繰網漁業統制組合と改称された[57]。

この統制組合が申請した揚繰網と縫切網の賃金協定を県が認可したのは昭和18年6月である[58]。戦局が悪化し，操業も不自由な状況で適用されたのかどうか疑問だが，当時の賃金体系が推測できるので掲げておく。この賃金協定の内容は地域によって若干異なるので，長崎市と西彼杵郡に適用される

ものを掲げる。

賃金協定は，動力揚繰網と無動力のもの，あるいは縫切網に分けている。動力揚繰網は，毎月の水揚げ高から漁労経費を引いた残りの40％を漁夫の歩合とする。漁夫間の配分は平漁夫を1人前として船頭2人前以内，網船の船長1.8人前以内，網船機関長1.7人前以内，……とする。最低保証給を20円とする。食事を支給する，となっている。最低保証付き大仲歩合制である。

和船揚繰網と縫切網の場合は，水揚げ高から漁労経費を引いた残りの60％を歩合とする。漁夫間の配分は船頭の2人前以内を最高にして1.5人前，1.3人前，1.0人前とする。最低保証はなく，現物給与として漁夫1人1日あたりイワシ2升以内を支給する，としている。

③ 水産物統制

昭和16年7月に長崎県水産物統制規則が制定された[59]。その趣旨は，水産物の一元流通を図るため，漁業者，水産加工業者，流通業者は知事が指定した集荷機関以外での売買を禁止するというものである。

対象水産物は素乾品，煮乾品，塩乾品，燻乾品といった加工品で，煮干し，目刺しなども含まれる。指定集荷機関は長崎県漁連であり，各漁業組合（または漁協）は地区製品のすべてを集荷し，県漁連へ出荷することになった。野母崎の漁協も同様である。県漁連は集荷した製品を指定買受人に対し入札，または相対売りを行うことになった。

生鮮魚介類については，昭和16年4月に農林省が公布した鮮魚介配給統制規則に基づいて，同年9月に長崎県鮮魚介配給統制規則が制定された[60]。それは，水揚げ地を指定して一元流通を図るもので，野母村，樺島村，脇岬村はそれぞれの漁協が集荷場として指定された。

④ 漁業組合の改組

野母崎の各漁業組合は，昭和12〜14年に漁業協同組合となった[61]。経済事業のうち，共同購買事業は低調で，主力は共同販売事業であった。昭和16年の実績は，野母村漁協が342万円（鮮魚184万円，水産加工品161万円など），脇岬村漁協が93万円（鮮魚12万円，水産加工品80万円），樺島村漁協が263万円（鮮魚107万円，水産加工品156万円）である。販売額はイワシまき網が多い野母村漁協，次いで樺島村漁協が高く，脇岬村漁協で低

い。その内容はまき網とイワシ加工の2本柱からなっている。

漁協は昭和18年3月制定の水産業団体法によって漁業会に改組され，統制機関となった。野母崎での改組はいずれも昭和19年7月である[62]。組合員は野母村漁業会が528人，脇岬村漁業会が327人，樺島村漁業会が179人で，イワシ揚繰網が復興した脇岬村でかなり増加している。

### (2) 漁業生産力の低下[63]

以下は，昭和14年1月現在のイワシ漁業を中心にした県下の状況である。

①漁業者の出稼ぎによる労働力不足はイワシ揚繰網のような好調な漁業にあっては収益性の低い漁業，あるいは村外からの雇用で埋め合わせている。最も労働力を必要とするイワシ加工は，一家あるいは村あげて婦女子，児童，老齢者を動員し，なお不足の場合は近隣の農村から補充している。しかし，労働力不足で最盛期には製品の品質が低下した。

戦時体制下の労働力移動を樺島村の事例でみよう。昭和12年の日中戦争の前後で村外出稼ぎが増加している。当時の水産業戸数は漁業75戸，水産加工120戸，半農半漁18戸であったが，男子211人，女子73人が出稼ぎに出ている。昭和14年2月になると出稼ぎ者は353人に増え，就業内容は日雇いが最も多いが，日中戦争前にはなかった軍需工業，炭坑が新たに加わった。

②漁業用資材は耐用年数が過ぎたり，消耗した場合は，古網を代用したり，使用数を減らした。漁業用重油の不足で，使用量が多いイワシ揚繰網などは出漁日数を減らしたり，出漁範囲を最小限にとどめている。燃油不足で運搬船は迅速性を欠き，魚の鮮度が低下した。煮干し加工用の煮釜は耐用年数が2年と短く，その更新のために鉄板の配給が必要とされた。

大戦中の漁業を各村ごとにみていく[64]。

野母村は，イワシ揚繰網が盛んで，地元が8統，入漁の網を加えると20統に及んだ。

脇岬村は，タイ釣りが中心で，イワシ揚繰網は2統しかない。動力漁船は30隻あるが，燃油が不足して，1ヵ月に2～3日しか出漁できなかった。昭和10年に比べると，漁船の動力化が著しく進展している。脇岬村漁業会の

鮮魚水揚げ高は、昭和19年が569トン（うち揚繰網が534トン）、20年が313トン（同295トン）に低落した[65]。主な漁業は揚繰網と一本釣り、タイ延縄、磯建網、ブリ建網などで、その水揚げ高は大正6年と比べると、どの種類とも大幅に減少している。資材や労働力不足が深刻化していたのである。

樺島村は、イワシ揚繰網12統が中心で、イワシは煮干し加工される。徴用が多く、とくに若者はほとんどが徴用された。資材が不足するので労働力不足も打撃にならず、忍んでいる状態であった。樺島村漁業会の水揚げ高は、鮮魚は昭和18年が7,332トン、19年が3,528トン、20年が3,388トンと半減した[66]。水産加工品は、順に1,034トン、681トン、313トンで激減している。

注

1）宮崎県, 長崎県, 熊本県のカツオ漁業の発達史については、拙稿「カツオ漁業史の一齣——宮崎・長崎・熊本県の場合——」『鹿児島大学水産学部紀要　第28巻』（1979年12月）がある。
2）農商務省農務局『水産博覧会第一区第二類出品審査報告』（明治17年）82〜84ページ。
3）水野正連「佐賀長崎福岡三県下沿岸漁業概況」『大日本水産会報告　第56号』（明治19年10月）40ページ。
4）「長崎県鰹漁業組合規約」（長崎県立図書館所蔵）。
5）長崎県編『漁業誌　全』（明治29年）142〜146ページ。
6）室伏定秀『水産実業録　全』（公友社, 明治28年）。
7）農商務省農務局『水産事項特別調査　下巻』（明治27年）。
8）前掲『漁業誌　全』69〜71ページ。
9）農商務省水産局『第二回水産博覧会審査報告　第一巻第一冊』（明治32年）。
10）長崎県水産試験場『縫切網漁具調査報告書（長崎市土井の首）』（昭和32年）。
11）田中享一「長崎県漁業経済誌（二）」『長崎談叢　第46輯』（昭和42年3月）。
12）田中享一「長崎県漁業経済誌（一）」『長崎談叢　第45輯』（昭和41年11月）。
13）同上。
14）「水産業経済調査」（明治38年, 長崎県水産課）長崎県立図書館所蔵, 現在は長崎歴史文化博物館へ移管されている。調査は明治37年現在。
15）農商務省水産局『遠洋漁業調査報告　第三冊』（明治36年）。
16）『明治四十二年度　長崎県水産試験場事業報告』19ページ。
17）『長崎県紀要』（明治40年）。
18）東洋日の出新聞。

19) HT生「長崎紀行」『大日本水産会報　第356号』(明治45年5月) 55ページ。
20) 『明治四十二年度　長崎県水産試験場事業報告』。
21) 大正2年は田島達之輔「発動機付漁船の現況」『大日本水産会報　第382号』(大正3年7月)、大正6年は石原虎司「発動機付き漁船の現況及所感(一)」『水産界　第431号』(大正7年8月)。
22) 第三回内国勧業博覧会事務局『明治廿三年第三回内国勧業博覧会審査報告　第四部』(明治24年3月) 68ページ。
23) 第四回内国勧業博覧会事務局『明治廿八年第四回内国勧業博覧会審査報告　第四部』(明治29年4月) 70ページ。
24) 農商務省水産局『第二回水産博覧会審査報告　第二巻第一冊』(明治32年) 316～317, 346ページ。
25) 農商務大臣官房博覧会課編『府県連合水産共進会審査復命書』(明治41年) 233～234ページ。
26) 前掲『明治四十二年度　長崎県水産試験場事業報告』。
27) 三浦郁雄「野母村水産加工業の変遷と現状(一)」『漁協　第55号』(昭和28年10月)。
28) 前掲『長崎県紀要』。
29) 長崎県議会史編纂委員会『長崎県議会史　第2巻』(長崎県議会、昭和39年)。
30) 東洋日の出新聞。
31) イワシ刺網は進歩的な漁法であるが、その取扱は府県によって異なる。福岡、山口、新潟、大阪、京都では刺網を奨励、宮城、大分、静岡、千葉では一定の場所を限って奨励、鹿児島、富山、愛知、三重、兵庫はこれを許可漁業に編入した。「東洋日の出新聞」明治39年9月6日。
32) 前掲『府県連合水産共進会審査復命書』。
33) 『長崎県鰮漁業大観』(昭和24年、長崎水産新聞社)。
34) 『西彼杵郡現勢一斑』(西彼杵郡役所、大正15年6月)、前掲『長崎県水産誌』。
35) 野母崎尋常高等小学校『野母村郷土誌』(大正7年)、野母崎町・長崎県水産試験場『野母崎町沿岸漁業の現況と問題点』(昭和34年3月)。
36) 前掲「野母村水産加工業の変遷と現状(一)」。
37) 脇岬尋常高等小学校『脇岬村郷土誌』(大正7年)、『長崎県鰮漁業大観』。
38) 「西彼杵郡脇岬村郷土史」(筆稿本、昭和8年頃のもの。日本常民文化研究所所蔵)。
39) 樺島尋常高等小学校『樺島村郷土誌』(大正7年)、前掲『長崎県鰮漁業大観』。
40) 山中熊七「野母の漁業史」(私家版、昭和56年)。
41) 前掲『長崎県水産誌』。
42) 前掲『縫切網漁具調査報告書(長崎市土井の首)』。
43) 長崎県『産業方針調査書』(大正15年6月)。
44) 斉藤三郎「長崎県に於ける片手廻し揚繰網漁業の起こりとその当時の状況について」前掲『長崎県鰮漁業大観』所収。試験操業は、網船1隻(31トン、60馬力、建造費16,516円)、灯船2隻、運搬船1隻、伝馬船1隻を使い、乗組員は32人である。網は長さ165尋、高さ42尋(製作費5,754円)。試験操業は民間のそれに比べ、動力船

第8章　長崎県・野母崎のカツオ漁業とイワシ漁業の変遷　　　　245

が大きく，乗組員も多い。

45）農林省水産局『動力附漁船々名録』（東京水産新聞社，昭和12年）。
46）九州農政局長崎統計情報事務所『まき網漁業の変遷（長崎県）』（昭和62年1月）。
47）文部省社会教育局『全国漁業出稼青年滞留情況調査概況』（昭和10年6月）。
48）「大正十四年　野母村現勢要覧」，「昭和九年　野母村統計表」（ともに旧野母崎町役場所蔵）。
49）前掲『野母崎町沿岸漁業の現況と問題点』，前掲『長崎県鰮漁業大観』。
50）福岡県水産会『福岡県漁村更正資料　第壱編』（昭和8年11月）。
51）「野母村漁業組合訪問記」『漁業組合栞　第20号』（昭和11年11月）。『漁業組合栞』は長崎県水産課の発行。
52）三浦郁雄「野母村水産加工業の変遷と現状（二）」『漁協　第56号』（昭和28年11月）。
53）『主産地ニ於ケル鰮粕及鰮油ニ関スル調査』（農林省水産局，昭和10年5月）。
54）前掲『野母崎町沿岸漁業の現況と問題点』，前掲『長崎県鰮漁業大観』。
55）「揚繰漁業用燃油の増配」『長崎之水産　第37号』（昭和16年4月）。『長崎之水産』は長崎県水産会の機関誌。
56）「本県揚繰網組合力強く誕生す」『長崎之水産　第39号』（昭和16年6月）。
57）「揚繰網漁業統制組合と改称」『長崎之水産　第51号』（昭和17年6月）。
58）「鰮網漁業労務者の賃金協定」『長崎之水産　第65号』（昭和18年8月）。
59）「水産物の販売統制規則」『長崎之水産　第41号』（昭和16年8月）。
60）「本県の鮮魚介配給統制規則」『長崎之水産　第44号』（昭和16年11）。
61）全国漁業組合連合会『全国漁業組合総覧』（昭和17年11月）。
62）長崎県漁業協同組合連合会『30年のあゆみ』（昭和55年）。
63）長崎県経済部『農山漁村労働情況調査書』（昭和14年3月）。
64）永末実「長崎県の漁村　上」『水産界　第725号』（昭和18年4月）。
65）前掲『長崎県鰮漁業大観』。
66）長崎県水産試験場『対馬暖流漁村調査報告書　長崎県西彼杵郡野母崎町樺島』（昭和32年3月）。

# 第9章

# 長崎市における漁業の発達と魚市場

## 第1節　本章の課題

　長崎市は全国有数の漁業地であり，大型産地市場を擁する。本章では，明治初期から第二次大戦時までの長崎市における魚市場の組織や運営，市場関係者の動向，鮮魚の取扱高，出荷・地元消費について，水揚げする漁業や関連産業を含めて考察する[1]。産地市場は，そこへ水揚げする漁業，漁獲物の流通消費の結節点であり，三者は連動している。資本制漁業の形成と発達は，大量漁獲物を流通・処理する市場の整備と機能がなければならず，水産物需要の拡大が前提となる。関連産業の発達や魚市場の組織再編もまた必然である。本章はこうした観点から長崎における漁業の発達と長崎魚市場の近代化の過程を辿るものである。そのなかで，商人・商業資本と漁業の関係，卸売市場制度，競売の方法，販売手数料，代金決済，問屋と仲買人の業務分化などについてもみていきたい。

　時期区分は，以下の5段階とする。

　①無動力漁船による沿岸漁業と鮮魚の地場流通を基本とする明治期。街中の川沿いにある魚問屋による漁村・漁業への仕込み支配に対し，水産組合による共同販売所の設置，代金決済機関の設置といった近代化の兆しが現れる。交通手段が未発達で，鮮魚の集荷圏，流通圏はともに狭い。

　②汽船トロール漁業の勃興で魚市場が長崎駅の隣りに移転し，氷の使用，鉄道輸送と結びついて大変革をとげた明治末から大正初期。水揚げ高，魚市場取扱高が急拡大し，大量流通時代に入った。魚市場は水産組合が管理し，

卸売業務は問屋という業務分担が確立し，また，仲買機能が強化された。

③汽船トロール漁業が長崎から姿を消すのに代わってレンコダイ延縄や以西底曳網漁業が台頭した大正期。魚問屋や仲買人による漁業への参入，漁業への仕込みが活発化した。

④以西底曳網と沿岸漁業（とくにまき網）の発達に支えられた昭和戦前期。昭和恐慌期に漁業大手・グループによる関連部門の自営化が進む。全国的な市場整備の中で，長崎魚市場の取引き方法も相対取引きからセリ取引きへ移行する。

⑤戦時統制期の漁業と水産物流通。漁業用資材の逼迫と漁船・労働力の徴用で漁業生産が凋落した。鮮魚流通も集荷，出荷，配給が一元的に統制され，公定価格制度で市場メカニズムが窒息した。

## 第2節　明治期の漁業と鮮魚流通

### 1. 長崎の漁業と鮮魚流通環境の変化

長崎の魚市場の集荷圏とみられる長崎市（明治22年市制施行）と西彼杵郡の漁業を概観しよう。この他に南松浦郡・下五島からの入荷もあった。表9-1は，長崎市と西彼杵郡の漁業戸数，漁業者数，漁船数の推移をみたものである。長崎市の漁業勢力は小さく，明治31年に市域が拡大して（淵村などを編入）漁業者が増加するが，それでも43年の沿岸漁獲高は3千円にすぎない。

一方，西彼杵郡は漁業が盛んで，漁業戸数，漁業者数，漁船数は明治中期まで増加したが，その後は停滞する。漁獲金額は明治35年の408千円から43年525千円に増加している。

明治43年には動力漁船が出現し，統計書に遠洋漁業という項目が現れる。とくに長崎市は動力漁船の登場によって漁獲高が飛躍的に上昇した。その大半は汽船トロール漁業によるものである。西彼杵郡の遠洋漁業は，無動力漁船によるものが多く，その主体は朝鮮海出漁であり，その他はカツオ一本釣りやフカ釣りなどで，長崎市の鮮魚流通との関連は薄い。

長崎市の鮮魚（一部，塩蔵魚を含む）流通は，明治期を通じて徐々に変化

第 9 章　長崎市における漁業の発達と魚市場

表 9-1　長崎市と西彼杵郡の漁業戸数，漁業者数，漁船数

| 市郡 | 長崎市 | | | 西彼杵郡 | | |
|---|---|---|---|---|---|---|
| 年次（明治） | 25 年 | 35 年 | 43 年 | 25 年 | 35 年 | 43 年 |
| 漁業戸数　（戸） | 4 | 68 | 70 | 7,923 | 8,601 | 5,137 |
| うち専業　（戸） | - | 36 | 10 | 2,546 | 3,029 | 2,995 |
| 漁業者数　（人） | 5 | 132 | 88 | 33,150 | 36,651 | 33,424 |
| うち専業　（人） | - | 87 | 28 | 10,562 | 10,327 | 8,409 |
| 漁船数　（隻） | 4 | | 169 | 4,899 | 5,114 | 6,501 |
| うち動力船（隻） | - | - | 12 | - | - | 6 |
| 漁獲金額　（千円） | | 0 | 3 | | 408 | 525 |
| 遠洋漁船　（隻） | | | 18 | | | 99 |
| 遠洋漁獲高（千円） | | | 245 | | | 73 |

資料：各年次『長崎県統計書』
注：明治 31 年に淵村などが長崎市に編入される。

してくる。流通条件の変化を中心にみていこう。

①明治初期の長崎の人口は，減少，停滞していたが，市制が施行される明治 22 年には約 55 千人に回復した。明治 31 年には市域が拡大したこともあって 113 千人，43 年には 178 千人となって，明治中期以降，人口が顕著に増加した。

②魚市場は市内を流れる中島川沿いにあったが，入荷条件が悪化した。長崎港から中島川を遡上して鮮魚を運ぶことは，その上流域に水道事業のため貯水池が造成されたことで流量が減少し，支障をきたすようになった。すなわち，明治 24〜37 年に 3 つの貯水池が完工した結果，中島川の流量が著しく減少し，満潮でなければ船の積み卸しが困難となり，大型船の運航も困難となった。

③長崎港は河川からの土砂の流入と堆積によって水深が浅くなった。明治 15〜22 年に浚渫が行われたものの，その事業規模は小さく，港湾機能を十分に発揮させることはできなかった。それで，広く湾内を浚渫し，その土砂で大規模な埋め立てをすることが計画され，明治 37 年に完成した。その後，埋め立て地は九州鉄道（株）の用地，道路，宅地などとなり，尾上町，台場町，旭町などが生まれる[2]。

250

④漁獲物の出荷状況をみると，長崎市から他府県へ鮮魚・塩乾魚を移出するのは熊本地方だけで，牛馬の背に荷を積み，山道を伝って橘湾の茂木へ送り，そこから和船で輸送していた。労力と時間を要し，販路も限られていた。明治6年から汽船の航路が開け，熊本，佐賀，福岡などにも販路を拡張し，取扱いも増加した。長崎から京，大阪への魚類の輸送が始まったのは明治17年頃のことで，その後，年々輸送・販売するものが増加した。ただし，これは塩蔵魚である[3]。

⑤明治末まで鮮魚の鉄道輸送は行われなかった。鉄道の施設は，明治31年に長崎・門司間（早岐まわり）が開通し，京阪神，東京までつながっている（関門海峡は車両の積み替え）。ただし，長崎駅といってもそれは現在の浦上駅のことで，浦上から現在の長崎駅までは海で，汽車は市中に乗り入れできなかった。上述したように，明治37年に長崎港の港湾改良工事が完了し，翌38年に台場町に長崎駅が作られた。鮮魚の鉄道輸送は，明治末に汽船トロール会社が大阪に送ったのが最初である。

⑥長崎では明治22年に長崎製氷（株）ができたが，魚の保蔵のために氷を使用することはなかった[4]。氷蔵魚は汽船トロールの登場，鮮魚の鉄道輸送とともに明治末以降に一般化する。

## 2. 明治期の魚市場

### (1) 魚市場と魚問屋

長崎の魚市場は，寛永年間（1624〜43年）に金屋町に発祥し，慶安年間（1648〜51年）に魚町へ，さらに寛文4（1664）年に材木町本通り，天保元（1830）年に材木町河岸通りに移転したといわれる[5]。魚市場といっても魚問屋の集合体である。

明治6年に魚問屋間で紛争が生じ，一部の問屋が中島川対岸の万屋町に移って新市場を開いたので，中島川を挟んで材木町と万屋町の2ヵ所となった[6]。

表9-2は，明治24年の長崎市の魚市場の状況を示したものである。材木町は魚問屋（株主と記されている）が29人，仲買人が10人で，問屋の方が多かった。年間取扱高は27千円で，口銭（手数料）は取扱高の1割であった。万屋町は5軒の魚問屋が資本金1千円で海産会社を作っており，その取

表9-2 明治24年の長崎市の魚市場

| 名称 | 所在地 | 資本金(円) | 株主(人) | 仲買人(人) | 売上高(円) | 口銭(円) |
|---|---|---|---|---|---|---|
| 魚市場 | 材木町 | - | 29 | 10 | 27,094 | 2,709 |
| 海産会社 | 万屋町 | 1,000 | 5 | - | 21,848 | - |

資料:農商務省農務局『水産事項特別調査 上巻』(明治27年) 444, 445ページ。

扱高は22千円であった。この海産会社は買取り販売であった[7]。

魚問屋は合計すると34人になる。両者の問屋数に差はあるが,取扱高は近似している。両者の取扱高の合計が49千円というのは,前述した明治35年の西彼杵郡の漁獲高408千円と比較しても少なく,集荷圏が限られていた。同年の九州各都市の魚市場取扱高は,福岡市が210千円,熊本市が100千円,鹿児島市が87千円,佐世保市が14千円なので,長崎市の魚市場の規模は小さかった[8]。長崎市の魚市場は,市内消費向けであり,しかも漁村からの行商(とくに茂木村)もあって,取扱高は少なかった。

その後,明治36年6月に材木町に資本金25千円で長崎魚類仲買(株)が設立された[9]。魚問屋と仲買人との代金決済機関で,問屋17軒で設置したものである。これに反対した問屋3軒との間で集荷競争が起こった。前述した明治24年の材木町の問屋数29軒と比べると9軒少ない。代金決済機関を設立したことで,販売代金の回収,漁業者への支払いがスムースになったことは想像にかたくない。魚市場における代金決済機関の設立は,長崎市は先駆的であった[10]。

明治30年頃の材木町の魚市場の写真をみると,中島川の川岸に10段ほどの石段があって,数隻の和船が着岸している。石段の上に石畳の広場があり,そこで魚の取引きが行われた。広場の両脇は魚問屋らしき2階建ての家が並んでいる[11]。

魚問屋と漁村の関係を明治24年についてみると,材木町の魚問屋は浜方(日見村)へ前貸しをし,鮮魚を送ってくれば,その都度販売高の1割を口銭として差し引き,残金は年末に清算する習慣であった。搬入は船で運搬する「船荷」と漁夫やその家族が担ってくる「陸荷」とがあり,後者に対して

前貸しをすることが多い。万屋町の海産会社の場合は，漁村から運搬してきたらそれを買い付け，競売にするので口銭はなかった。

　漁業者は，村内の富裕者または魚問屋から漁獲物販売額の10～25％引きを条件に資金を借りることが多かった。多くは信用貸しで，返済期限は長くて半年，短期のものは1ヵ月，金利は月1.0～2.5％であった[12]。明治37年の状況もほぼ同じで，長崎県下の大規模漁業への資金貸与は，主に魚問屋または産地仲買人が漁獲物の出荷を条件に仕込み融資を行い，魚価の1～2割引きで集荷した[13]。

### (2) 水産組合経営市場の登場

　明治39年に，西彼杵郡の漁業者は長崎の魚市場に対し，符丁を金銭呼称に改め，漁業者にも価格形成がわかるようにすべきだと申し入れた。魚問屋はそれを受け入れなかったので[14]，西彼杵長崎水産組合は資本金2万円で共同販売所の設立を準備し始めた。

　共同販売所の設置は，明治40年10月に許可され，翌11月に本紺屋町（材木町の隣り，中島川の上流側）に事務所を開設した[15]。この共同販売所は1年後には早くも苦境に陥った。魚問屋と隣接していたうえ土地が狭く，また郡下の漁業者の半数は引き続き魚問屋に水揚げしたからである。魚問屋側は共同販売所に出入りするなら魚問屋への出入りを差し止め，仕込み金を返済せよと漁業者を脅し，また早朝から船を河口外に出して客引きをしたのである[16]。

　明治42年2月，魚問屋と共同販売所の対立は妥結をみた。その内容は，①水産組合は共同販売所の事業を魚問屋側に委ねる。②漁業者の出荷は共同販売所に限っていたが，材木町，万屋町の魚問屋に販売することも認める。③魚問屋の口銭を6％とし，そのうち1％を水産組合に提供する。1％は水産組合の負債整理に充てる。④魚問屋は商習慣を矯正し，符丁での取引きをやめ，金銭で呼ぶことを約束した[17]。

　その後，漁業者の水揚げをめぐって両者の対立が高じたので，明治42年6月，調停が行われた。調停案は6点にわたる。①長崎県水産組合連合会（明治37年設立）が共同販売所と魚問屋市場を統合して，新しい魚類共同販

第9章　長崎市における漁業の発達と魚市場　　253

売所の運営を行い，魚問屋はその下で卸売業務を行う。②新しい魚類共同販売所は材木町と万屋町の2ヵ所とする。本紺屋町の共同販売所はなくし，水産組合の負債38千円は連合会が償還する（取扱高の1％を充てる）。③販売は鮮魚と塩魚の2種類とする。④組合員は新しい魚類共同販売所以外に魚類を販売することを禁ずる。ただし，自家漁獲物の行商，店舗売りは認める。⑤口銭は売上げ高の7.5％とする。⑥買受人の仲買人，小売人は連合会会長の承認を受ける[18]。

　口銭を6.0％から7.5％に引き上げた理由は，水産組合への配分1.0％と連合会への配分0.5％，それに代金決済機関への配分を含めたからであろう。この明治42年9月に，資本金25千円で長崎魚類仲買（株）が設立された。明治36年に設立された同社を改編し，代金決済業務を行った。以前は材木町の魚問屋だけであったが，今回は万屋町の魚問屋を含め，しかも連合会を通じた決済となった。残りの6.0％は魚問屋と長崎魚類仲買で3.0％ずつ配分する。魚問屋の配分が3.0％というのは低いが，この他に，2.5％の「弁当料」，1.0％の沖仲仕賃を徴収していた[19]。

　新しい魚類共同販売所は明治42年7月に開業予定であったが，魚問屋から異論が出て延期となった。異論というのは，共同販売所は自然に消滅したのだから新しい魚類共同販売所は連合会の管理下に入らずに，独立してやっていくべきだというもので，①魚類の運搬経費（1.0％の沖仲仕賃）と漁業者への酒食の供与（2.5％の「弁当料」）は従来通りとする。②水産組合が負債を償還した後は問屋の口銭取り分を引き上げる。③旧共同販売所の販売人を新しい魚類共同販売所に入所させない，とした。連合会側は，とくに③については受け入れられないとしたので，開業が明治42年9月にずれこんだ。結局，共同販売所の販売人は新しい組織の販売人に加わらなかったようである。ところが，開業直後に魚問屋側は2派に分かれて対立し，業務は一時停滞した[20]。魚問屋間の対立の理由は不明だが，当時台頭してきた汽船トロールの漁獲物の取扱い，鉄道輸送が関係しているとみられる。

　魚類共同販売所は，出だしはつまずいたが，その後，取扱高は急増する。連合会は魚市場の管理運営を行うだけで，卸売業務は問屋が行う。この時の魚問屋は23人，仲買人は36人，小売人は311人である。明治24年と比べ

ると，魚問屋が減少し，仲買人が大幅に増え，両者の分化が進んでいる。汽船トロールが出現して取扱高が増加したこと，代金決済機関が拡充して売掛金の回収が確実，迅速になったこと，人口の増加，あるいは長崎港における内外航路の整備（流通圏の拡大）によって仲買人，小売人が増加したのであろう。仲買人は人数が増えただけでなく，トロール漁獲物の鉄道輸送を行うなど役割も変化した。

　明治44年の九州各地の魚市場の取扱高をみると，長崎市が120～130万円，福岡市が148～158万円，大分市が13万円，佐賀市が8万円，熊本市が29万円，宮崎町が4.5万円，鹿児島市が38～39万円，那覇が1.8万円であって，汽船トロールの基地であった長崎市と福岡市が突出している[21]。明治24年と比べると，各市とも取扱高が急増しているが，なかでも長崎市の増加が著しい。

## 第3節　汽船トロール漁業の勃興と魚市場の移転

### 1. 汽船トロール漁業の勃興と魚市場

#### (1) 汽船トロール漁業の勃興

　日本の汽船トロール漁業は，明治37年に始まるが，41年に長崎市の長崎汽船漁業（株）の倉場富三郎がイギリスから鋼製トロール船を購入し，成功したことで創業者となった。当初から相当の漁獲をあげたので着業者が相次ぎ，明治42年には全国のトロール船は9隻となった。しかし，沿岸漁業との紛争が激化したので，政府は明治42年4月に汽船トロール漁業取締規則を制定し，沿岸域を操業禁止区域とした。このため，漁場は朝鮮海に移動した。明治44年にはトロール船は68隻に及び，漁業規模は200～250トンと大型化した。この頃が汽船トロールの黄金時代で，漁場の発見，漁獲量の増加によって多大な利益を得た。汽船トロールの水揚げ地は，漁場との距離や交通の便の点から下関を根拠にする船が7割を占め，長崎，福岡へは数隻が水揚げするに過ぎなかった。

　大正元年にトロール船は137隻まで急増し，沿岸での違反操業の防止，海底ケーブルの保護のため，政府は漁場を東シナ海に限定する。漁場が南下し

たことにより下関より長崎根拠が有利となって，長崎港水揚げが増加した。東シナ海は資源が豊富で，面積が広いといった好条件を備えていたが，漁場は遠くなった。航海日数の延長で経費が嵩むと同時に漁獲物の鮮度が低下する，乱獲で魚種がマダイからレンコダイに変わった，漁獲量の急増で魚価が暴落するようになった。こうしたことで経営が悪化したため，下関などの企業が合同して大正3年に共同漁業（株）を設立した。

ところが，第一次世界大戦が始まると，船腹の不足で船価が急騰し，トロール船は掃海船，運搬船，潜水艦の見張り用として連合国に売却されて，船主は一転，「船成金」となる。大正6年末には残ったトロール船はわずか7隻となり，トロール漁業は凋落した[22]。

このように汽船トロールは10年足らずの間に激しい変転を経験した。この勃興と凋落の過程を長崎を中心に振り返っておこう。長崎の汽船トロール（すべて長崎市）は，明治41年に始まり，44年には12隻，そして大正3年にはピークの24隻となった。トロール船の増加とともに漁獲高は飛躍的に増加し，明治41年は約5万円であったが，43年は約20万円，大正元年は約60万円，そして2〜4年は100万円を上回った。汽船トロールだけで，長崎市の漁獲高は無論のこと，西彼杵郡全体の漁獲高も上まわるようになった。汽船トロールの経営者の多くは，汽船捕鯨から転換してきた。汽船トロールのように多額の資本を要し，動力船を運航するには，在来漁業の延長ではできない[23]。

汽船トロールは，漁場を東シナ海に移動した大正元年頃から長崎港を根拠とするようになった。その理由は，以下の3点である。

①長崎の方が漁場に近い。下関に比べ長崎は，漁場の往復が1ヵ月で0.5航海（漁獲高にして600円）分有利となり，長崎－下関間の運賃を考えても長崎での水揚げが有利である[24]。

②長崎には造船所があり，氷と石炭の供給体制があった。造船は，日露戦後の不況に悩む造船所に仕事をもたらした。氷は東洋製氷（株），長崎製氷（株），石炭は三井物産，三菱合資会社から購入した。東洋製氷は汽船トロールの経営者や長崎の魚問屋などによって明治43年に設立された会社で，45年には長崎製氷を併合している。

③長崎駅が長崎港に接しており，そこに魚市場が移転した。トロール漁獲物の鉄道輸送は，明治45年2月に長崎汽船漁業（株）によって試みられ，それが成功して本格化した。すなわち，長崎汽船漁業は漁獲物を中島川沿いの魚類共同販売所まで荷車で運ぶのは非常に不便であり，また地元では捌ききれないので，汽車によって大阪市場へ輸送する計画をたて，鉄道側と交渉し，冷蔵して送ったところ長崎より高値で売れた。この販路拡張にあたって魚問屋の山田吉太郎らが尽力している[25]。冷蔵貨車は，明治41年に帝国鉄道庁が作ったのが最初で，汽船トロールの勃興期である[26]。下関では汽船トロールの創業当初から鉄道輸送が行われていた。長崎からは明治45年が最初で，この成功が根拠地を長崎に移すきっかけとなった[27]。

(2) 汽船トロールの要求と長崎魚市場側の対応

魚市場（魚類共同販売所）の長崎港への移転は，大正2年に長崎市が魚類集散所を作り，鉄道貨物の集荷場としたのに続いて，3年に実現する。こうした条件整備は汽船トロール側の働きかけと長崎市および魚市場側の対応によって実現した。

まず，汽船トロール側は，汽船トロールの長崎水揚げによって長崎の経済がいかに潤うかを提示している。それによると，長崎根拠35隻，臨時入港5隻，計40隻として年間水揚げ高は1,960千円，うち30％にあたる588千円が地元販売され，それに乗組員の消費額（1隻17人×40隻×130円）81.6千円，石炭，氷，漁具，船具の仕入れ816千円，計1,485.6千円が地元に落ちるという[28]。こうした経済効果を背景に，汽船トロール側は長崎市に便宜供与を求め，長崎市も誘致するために鉄道貨物の集荷場を設け，魚市場の長崎港移転を推進する。魚市場の長崎港移転では，県や市とともにトロール漁獲物を扱った魚問屋の山田吉太郎，森田友吉，宮永力次郎や仲買人の児玉平兵衛らが尽力した[29]。

魚市場を経営する県水産組合連合会は，汽船トロールは沿岸漁業と摩擦を起こさない遠洋漁業であり，水産物需要に応えているとして，その取扱いを推進した。汽船トロールが出現した当初，沿岸漁業に壊滅的打撃を与えるとして排斥運動を展開したことからすると，汽船トロールの操業が東シナ海に

移ったことで，その態度を変えている。

　また，汽船トロール側は魚市場に対して，魚問屋と仲買人の増加，手数料の引き下げを要求した（後述）。大正2年6月，汽船トロール側は氷価が高いとして，2つの製氷会社に対しボイコット運動を行っている[30]。こうして，汽船トロールの長崎母港化，大型産地市場としての長崎魚市場が整備された。明治42年頃からトロール漁獲物を氷蔵輸送するようになり，一般の魚商人もそれに倣うようになったし，漁船も氷を積んで出漁するようになった。鮮度保持，魚価の向上に有効なことが知れ渡った。第一次大戦前は冷蔵貨車140台と普通貨車が使われた。氷の供給が間に合わず，価格が急騰したほどである[31]。

　その後，第一次大戦の勃発によって，トロール船がヨーロッパに売却されると，長崎入港が激減したし，大正5年に長崎市のトロール会社も漁船を売却し，長崎市からトロール船はなくなった。

## 2. 鮮魚の集散状況

　表9-3は，長崎港への漁船・運搬船の入港隻数と水揚げ高および魚類共同販売所の取扱高の推移を示したものである。汽船トロールが凋落する第一次大戦までの期間についてみていこう。トロール船の入港隻数および水揚げ高は大正2～4年をピークに，その後激減した。

　大正4年頃の入港船はトロール船以外では，西彼杵郡および下五島（南松浦郡）からの入荷である。表からは読めないが，大正期に入ると沿岸漁獲物が動力運搬船によって搬送されるようになる[32]。動力運搬船の登場は，氷蔵運搬と同時である。動力運搬船によって，遠隔地から長崎魚市場への入荷が増えただけでなく，集荷品は塩蔵品から鮮魚へと変化する。

　魚類共同販売所の取扱高もこの時期に急増した。トロール船による大量水揚げ，動力運搬船の登場によって集荷圏が拡大し，集荷量が急増したこと，氷の使用で流通範囲が拡大したこと，大戦好況で市民の購買力が高まったことが要因である。

　とくに大正2～4年はトロールものと「地廻りもの」（トロールもの以外）の取扱高（金額）は肩を並べるようになった。「地廻りもの」はタイ，ブリ，

**表 9-3　漁船の長崎入港数と水揚げ高および魚類共同販売所の取扱高**

| 年次 | トロール船入港数 (隻) | 発動機船入港数 (隻) | トロール船水揚げ (千箱) | 発動機船水揚げ (千箱) | 貨車積み数 (千箱) | 市内販売数 (千箱) | 共同販売所取扱高 (千円) |
|---|---|---|---|---|---|---|---|
| 明治42年 | - | - | - | - | - | - | 546 |
| 43年 | 57 | - | - | - | - | - | 946 |
| 44年 | 153 | - | - | - | - | - | 889 |
| 大正元年 | 166 | - | 125 | - | 80 | 45 | 1,197 |
| 2年 | 419 | - | 361 | - | 252 | 109 | 1,865 |
| 3年 | 404 | - | 374 | - | 304 | 70 | 1,984 |
| 4年 | 340 | - | 359 | - | 255 | 104 | 1,818 |
| 5年 | 254 | - | 291 | - | 244 | 47 | 1,762 |
| 6年 | 39 | - | 45 | 72 | 109 | 8 | 1,574 |
| 7年 | 11 | 245 | 20 | 84 | 99 | 5 | 1,981 |
| 8年 | 11 | 500 | 18 | 146 | 157 | 18 | 3,528 |
| 9年 | 11 | 519 | 15 | 149 | 148 | 16 | 4,195 |
| 10年 | 47 | 524 | 64 | 147 | 174 | 37 | 5,926 |
| 11年 | 51 | 513 | 60 | 176 | 164 | 71 | 6,099 |

資料：長崎市小学校職員会編『明治維新以後の長崎』（大正14年）444～447ページ，『視察せる魚市場』（大正5年）14ページ。

小ダイ，トビウオなど多様，トロールものはレンコダイが半数を占め，他はタイ，グチなどであった[33]。

　出荷面では，トロール漁獲物の大部分が鉄道で県外出荷されたが，市内販売向けも大幅に増加した。その一因は，市内にもトロールものを使ったカマボコ・チクワ製造や肥料工場ができたことにある。しかし，漁獲物は鮮魚向けの高価格魚が多かったので，大量加工はされていない。

　大正元年の鮮魚流通（魚市場の移転前で汽船トロールの長崎水揚げが本格化する前）は，魚類共同販売所が100万円，行商などが20万円，トロールものの直送が50万円と推計されている。このうち地元消費分は35万円で，135万円は他地方に送られる。つまり，魚類共同販売所の取扱高の大部分は鉄道輸送されており，トロールものは直送と魚類共同販売所を経由した出荷があって，後者の方が多かった[34]。

　トロール漁獲物の販路は，トロール船が下関を根拠にしていた創業当初は，

7割が大阪，京都に送られ，3割が「地売り」されていた。明治43年から東京，名古屋，兵庫，姫路，広島に販路が拡大した。以後，下関は名古屋以西に販路を拡大するのに対し，長崎や福岡は下関より交通条件が悪いので，九州内での販売を拡大していく[35]。

魚市場が移転し，汽船トロールの水揚げが最高に達した大正3年の長崎駅からの鉄道による鮮魚出荷は23,800トンで，大阪と京都が5,000トン余，東京と熊本が2,000トン余と続き，その他は山陽方面と九州である。東京はタイなどの高価格魚以外は採算がとれないので少なく，東海地方も少ない。九州内は工業都市や産炭地向けが多い[36]。

京阪地方への輸送は高価格魚が多く，京阪向けに列車のダイヤが組まれたのに対し，九州内は低価格魚が多く，しかも到着時間が悪く，短距離なのに販売までに3日もかかるため売れ行きが伸びなかった[37]。

鮮魚価格は，第一次大戦が始まると大幅に値上がりした。大戦好況による物価高騰，汽船トロールが消滅して水揚げ高が激減したことによる。第一次大戦後に魚価は低落した。

## 3. 魚類共同販売所の移転と取引き

長崎県水産組合連合会の魚類共同販売所は，明治42年9月に材木町と万屋町の2ヵ所でスタートしたことは前節で述べた。汽船トロール創業の翌年のことである。長崎市は汽船トロールを誘致するため，水揚げし，荷造りして貨車に積み込む場所として，大正2年8月に長崎駅・長崎港に隣接した尾上町に魚類集散所を設置した。

これと同時に，連合会から市議会に「里道使用願」が提出され，可決された。それは，長崎駅海岸通りの市有地の道路および波止場175坪を魚市場として使用するというものであった。使用期限は5年間，使用料は350円とした[38]。

そして，連合会は尾上町・台場町に新しい魚市場を建て，鉄道当局に依頼して専用引込線を作り，水道，電気，電話などの設備を整えた。大正3年2月に竣工した[39]。

魚市場の移転が世間に伝わると，市場関係者の一部はこれまでの同意を翻

して材木町の市場に留まろうとした。しかし，材木町の市場は市街地に位置し，河川交通に頼っているが，満潮時にしか積み卸しができない，汽船トロール漁獲物は荷車で再び鉄道駅に運ばなければならないことから，ついに関係者全員が移動し，新市場への移転が完了したのは大正3年3月である[40]。

新しい魚市場は，事務所，第一魚揚げ場，第二魚揚げ場（市営の魚類集散所），問屋詰所，仲買人詰所，長崎魚類仲買（株）営業所があった。

魚類集散所は汽船トロール専用の水揚げ場といってよく，1函（35～40斤＝21～24 kg）につき5厘の使用料を徴収した。魚類集散所の使用料の合計は大正3年は2,000円に達したが，6年は汽船トロールの水揚げが激減して1,000円を下回った[41]。

次に，魚類共同販売所の制度について同所規則から主なものを取りあげよう。①販売物は鮮魚，貝類，塩魚，鯨肉に限る。②組合員は長崎市では共同販売所以外で売買することを禁じる。ただし，自己の漁獲物の行商または店舗で小売りする場合を除く。③販売代金は荷主へ即時支払う。④手数料は売上高の7％とする（変更後，後述）。⑤共同販売所の仲買人，小売人は連合会会長の承認を受ける。会長は必要に応じて，2名以上の保証人と300円未満の保証金を求めることがある。

魚類共同販売所設立当初の魚問屋は23人，仲買人36人，小売人311人であった。このなかではトロールものの販売，魚市場の移転によって勢力を伸ばしてくる階層と旧守的な階層との分化・対立が広がった。

大正元年には，前述したように，トロール側が問屋と仲買人の増員を連合会に要求してきた。仲買人の人数は制限していないのでどうしようもないが，問屋数はトロールものに限り増やすことで妥結している[42]。しかし，大正4年の問屋は22人，仲買人27人，小売人484人で[43]，以前と比べると，小売人は増えたが，問屋・仲買人は増えるどころか減少している。もちろん，取扱高は急増しているので，問屋・仲買人の経営規模の拡大，両者間の機能分化，あるいは同業者間の経営格差が拡大した。

仲買人は，長崎魚類仲買（株）の株を3株以上持つか，または150円を保証金としてこの会社に供託し，かつ保証人2人をたて連合会長の承認を得ることになっている[44]。

販売手数料は7.5％で、魚問屋に3.0％、長崎魚類仲買に3.0％が配分され、1.0％は西彼杵長崎水産組合の負債償還に充てられるので、連合会の運営経費は0.5％で賄われる。例えば、明治44年度における魚類共同販売所の予算は、収入は取扱高83万円の7.5％にあたる62,250円、支出は、魚問屋と長崎魚類仲買の手数料（計6.0％）が49,800円、西彼杵長崎水産組合への補助が6,225円（1％）、管理運営事務費が4,555円となっている。事務所の人員は、所長1人、書記3人、取締り2人、計6人であった[45]。

　汽船トロール側が販売手数料の引き下げを求めたので、大正2年7月から7.0％に下げられた。共同販売所が1.0％、問屋が3.3％、魚類仲買が2.7％として、三者の手数料がそれぞれ変化している。これはトロールものについてであって、「地廻りもの」は10％（共同販売所1％、沖仲仕賃1％、手数料8％）を徴収している。

　売買方法は、「地廻りもの」は100斤（60kg）建て、トロールものは函建てである。販売方法は相対取引きで、相場が決まると、魚問屋は荷主に仕切り書と代金を渡し、もう1通の仕切り書を長崎魚類仲買に回付し、3日目に支払いを受ける。長崎魚類仲買はその日に仲買人に入金させ、1.2％を歩戻しする。入金が1ヵ月遅れると歩戻しは1.0％になる[46]。長崎魚類仲買による売掛金の回収は比較的順調に行われ、延滞・不払いは少なくなり、仲買人に対する歩戻しも行われるようになった。

## 第4節　以西底曳網漁業の発達と大型産地市場の確立

### 1. 主力漁業の交替 ── 汽船トロールから以西底曳網へ ──

　第一次大戦中に汽船トロール漁業が衰退し、それにかわって動力漁船を使用したレンコダイ（キダイ）延縄が勃興し、さらにレンコダイ延縄は機船底曳網へ転換していく。レンコダイ延縄、機船底曳網は当初、五島を根拠としていたが、大正末には長崎市に移動する。第一次大戦後、汽船トロールが復活するが長崎水揚げはなく、長崎に水揚げする漁業の中心はレンコダイ延縄、そして機船底曳網に移った。

　①これら漁業は漁場と対象魚種が似ていることから競合するが、漁業の転

換過程で経営主体が変化した。汽船トロールは輸入漁法であり，資本制経営であって，汽船トロールが衰退すると経営者は漁業から離れたのに対し，レンコダイ延縄や機船底曳網は在来漁業が発達したものであり，徳島県人を主体としている。

②新規漁業に対して長崎市の魚問屋や仲買人も積極的に投資した。下関の林兼商店も長崎に進出し，漁業へ参入した。商業資本による漁業への投資や仕込みが拡がったのは，漁獲物が汽船トロールと同一であり，流通面での蓄積があったこと，汽船トロールに比べれば少ない投資ですみ，しかも高収益が期待されたことにある。

③動力船の動力源は石炭から石油に変わったが，氷を使用し，鉄道を使って遠隔地出荷する点では従来の流通体制を活用することができた。また，資本制漁業の発達とともに石油商，製氷，練り製品加工といった関連産業も整備されてくる。

(1) 汽船トロールの凋落と復活

第一次大戦中にトロール船を連合国に売却したのをきっかけに，大正6年1月に汽船トロール漁業取締規則が改正され，資源の限界を考慮して隻数を70隻に限定した。戦争が終わると高騰していた船価は低下し，大正8年にはトロール船の建造が始まり，12年には制限隻数の70隻に達した[47]。

長崎市の汽船トロールも復活して大正13年頃には8隻となった。その内訳は，長崎海運（株）4隻，山田吉太郎（山田屋商店）3隻，紀平合資会社1隻である。長崎海運は第一次大戦中に設立され，海運業を営んだ。山田は長崎の魚問屋で，トロールものの流通を扱う第一人者として急成長を遂げていた。紀平は大戦前にも汽船トロールを経営した貿易商，軍需品納入業者である[48]。

しかし，大正15年には長崎市のトロール船はなくなり，長崎港への水揚げもなくなった。山田は後述するように，漁業投資の重心をレンコダイ延縄，機船底曳網へ移したし，他の2社は収益性が悪化して汽船トロールの経営から手を引く。トロール船が大型化し，航海が長期化すると，出荷の利便性，自社加工，乗組員の保養の面から根拠地水揚げが増え，長崎港での水揚げが

なくなったのである。

　昭和5年のトロール船は70隻で,うち共同漁業及び共同漁業の系列会社が独占するようになった。共同漁業は昭和5年に根拠地を下関から戸畑に移す。

### (2) レンコダイ延縄の発達

　明治中期,徳島県人が長崎県の上五島・宇久島や北松地域に進出し,タイ釣り,タイ延縄あるいはレンコダイ延縄を始めるようになった。明治42年に発動機船を使用したレンコダイ延縄が登場し,大正元年に下五島の玉之浦を根拠とするようになり,延縄業者で徳島県九州出漁団を組織している。
　漁場は南に広がり,大正3年頃には東シナ海へ出漁するようになった[49]。この漁業を有利とみて,長崎,下関の魚問屋などが競って仕込みをし,それを受けない船はないほどになった。資金の返済条件はまちまちだが,漁獲物を売り渡すことを条件としたことは共通している[50]。そのなかに長崎・魚問屋の山田吉太郎もいて,汽船トロールが不振となったので,大正3年にレンコダイ延縄船3隻を建造し,男女群島周辺で操業している。その成功をみて,玉之浦根拠の徳島県人も動力船を使用するようになった。
　レンコダイ延縄は,明治末には40隻ほどであったが,大正6年には70隻余となり,汽船トロールによる水揚げがなくなった長崎魚市場はこの漁業によって支えられるようになった。レンコダイ延縄は,大正7～8年が最盛期であった。
　その頃,母船は30トン・80馬力,伝馬舟8隻,乗組員27～29人となり,1航海は5日間で,氷は長崎港で購入した。漁獲量が多いと長崎港へ水揚げし,少ないと玉之浦へ水揚げした。動力運搬船を使用して,東京,京阪,下関,博多へ直送することもあった。
　大正12年頃に最高の80隻位になったが,1隻あたりの生産額は,大正8年頃の7～8万円から5～6万円に低下している[51]。当時の主な船主は,山田吉太郎,森田友吉,安田猪代治,吉田国士,紀平合資会社,林兼商店長崎出張所である。山田,森田,吉田は長崎魚市場の問屋,安田は同市場の仲買人である。山田と紀平合資会社はこの時点では,汽船トロールにも投資して

いた。林兼商店は，長崎に出張所を置いて，レンコダイ延縄や機船底曳網の経営や漁獲物の集荷を進めた[52]。

一方，大正10年に機船底曳網が勃興し，また汽船トロールが復興してくると，レンコダイ延縄は乗組員が多いし，危険性が高い，配分方法の不満などで紛糾し，機船底曳網に転換していく[53]。

(3) 機船底曳網漁業の発展

大正2年，島根県で動力漁船による底曳網が成功し，6年頃に動力巻き上げ機が開発され，8年には長崎県北松地域に進出してきた。大正9年に2艘曳きが開発され，漁獲能率は1艘曳きの3倍ほどになった。そして，漁業根拠地を下五島・荒川に移すものが多かった。

大正10年9月の機船底曳網漁業取締規則で，機船底曳網を知事許可漁業にするとともに操業禁止区域が設定されたことで，漁場が東シナ海に移ってくる。その頃から五島・玉之浦を根拠にレンコダイ延縄を操業していた徳島県人が機船底曳網へ転換する。当初は1艘曳きであったが，大正12年には2艘曳きとなった。2艘曳きを先導したのも魚問屋の山田吉太郎であった[54]。大正13年頃から玉之浦は漁獲物の販売に不便なことから，消費地に近く，荷役設備の整った長崎市へ移動するようになった。

レンコダイ延縄から機船底曳網への転換，機船底曳網の発展条件は次のようになる。①レンコダイ延縄は過当競争の結果，乗組員の争奪が激化し，また生産性が低下した。②漁船発動機関の改良があった。大正10年頃まで注水式発動機で，清水を積み込まなければならなかったし，燃料の軽油は高価で，それが漁場拡大を制限していた。大正末に無水式発動機（焼玉エンジン）が国産化され，清水を必要としなくなったし，価格の安い重油を使用するようになった。③延縄から底曳網への転換には多額の資金を要するが，魚問屋，仲買人による仕込みが活発に行われた。

大正13年に機船底曳網は東経130度を境に以東と以西に分けられ，以西底曳網（東経130度以西の東シナ海・黄海で操業するもの。以下，以西底曳網という）には新規許可をしないとした。理由は，同じ東シナ海・黄海で操業している汽船トロールは隻数が制限されている，以西底曳網が急増して資

源，とくにタイ類の荒廃が著しいからである[55]。

　長崎県の以西底曳網を統計でみると，大正10年の34隻（平均14トン）から13年の191隻（平均47トン），昭和3年の526隻（平均37トン）へと急速な勢いで増加している。大正14年の長崎県の以西底曳網は，長崎市94隻，北松浦郡24隻，南松浦郡（下五島の玉之浦や荒川など）66隻，計184隻であった。レンコダイ延縄は南松浦郡に113隻（平均16トン）で，長崎市にはなかった[56]。大正14年といえば，延縄から底曳網への転換期であり，南松浦郡から長崎市への根拠地の移動が進行していた。

　大正末から昭和初期にかけて玉之浦根拠の底曳網船の大部分は長崎市へ，一部は福岡市などへ移転した。そして，徳島県人は大正15年に徳島県九州出漁団組合を結成する。大正元年に結成した徳島県九州出漁団は延縄漁業者であったが，今回は底曳網漁業者である。

## 2. 商業資本の漁業投資と関連産業の発達

### (1) 商業資本の漁業投資

　林兼商店を例として，レンコダイ延縄への仕込み，機船底曳網への転換をみていこう。林兼商店は大正5年に上五島・宇久島などに出張所を設け，レンコダイ延縄から漁獲物を買い上げ，下関へ送るようになった。大正9～10年に島根県から機船底曳網を誘致したが，11年には宇久島が手狭になったこと，漁場が南に拡がったため出漁者は根拠地を下五島・荒川へ移すようになった。島根県船の一部は林兼商店の直営となり，昭和2年に下関へ移動した。

　一方，玉之浦基地の徳島県船がレンコダイ延縄から機船底曳網へ転換し始めると，大正10年に林兼商店は長崎出張所を開設し，転換資金を貸与し，「契約船」（仕込み船）とした。同時に休業していた長崎魚市場の問屋株を借りて，問屋業務を行った。自営船の水揚げ，仕込み船の荷捌きのためである。

　林兼商店は「契約船」を3年で打ち切り，大正13年に直営化の方針を打ち出す。次の点がそのきっかけとなった。①大正13年に新規許可が停止された。②同年9月に林兼商店が株式会社となり（資本金500万円），長崎出張所は長崎支店に昇格した。鮮魚流通業者であった林兼商店が漁業へ進出し

たのは大正9年に汽船トロール，11年に汽船捕鯨を始めており，それに次ぐ投資先として以西底曳網が注目されたからである。③タイ資源の荒廃と戦後不況による経営難で「契約船」のなり手が少なくなり，直営化を迫られた。昭和2年の以西底曳網の直営船は下関，長崎，台湾・基隆の36組となった[57]。

　その頃の長崎市の以西底曳網は約240隻（120組）になったが，主な所有者は，林兼商店70隻（下関を含む），山田吉太郎60隻，森田友吉30隻，宮永卯三郎8隻，高田万吉20隻，平漁組（共同経営）20隻，藤永新七8隻である[58]。前述した大正12年頃と比べると，延縄から底曳網に変わり，経営者の出入りもあるが，①魚問屋はそれぞれ大幅に隻数を増やしている。とくに林兼商店と山田商店が突出している。②徳島県人の自営船主化，集積が進んでいる。高田，平漁組，藤永は代表的な徳島県九州出漁団組合のメンバーである[59]。

### (2) 関連産業の発達

　製氷会社は，戦後不況により，大正8年に東洋製氷（株）が日東製氷（株）に吸収された（日東製氷は他の中小製氷会社を糾合して昭和3年に大日本製氷（株）となる）。日東製氷は巨大な製氷会社であり，東京に本社を置き，全国に出張所7ヵ所，直営工場126工場を有した。長崎にも出張所があり，3工場があった。日東製氷の株主には，長崎県では銀行家，財界人の他に，水産関係者では汽船トロールの創業者，問屋業務からレンコダイ延縄や機船底曳網に進出した山田商店の山田吉太郎・鷹治兄弟，仲買人の児玉平兵衛，古賀金太郎が名前を連ねている[60]。

　冷蔵庫も使用されるようになった。全国の冷蔵庫のうち日東製氷は大きなシェアを占めていた。日東製氷長崎工場の冷蔵庫は296トンと大型であった[61]。

　徳島県九州出漁団組合は漁業用資材の自給体制を築き始めた。玉之浦から長崎市への移転が大挙しておこると，その先陣を切った高田万吉は，大正13年に石油価格の引き下げのため大阪の石油商を長崎に誘致したり，15年に徳島県から増田茂吉を呼び，魚函製造を委託している。両人はともに以西底曳網の中心メンバーである。

## 3. 鮮魚の集散状況

　前掲表9-3によって，第一次大戦後の動力漁船の長崎入港数と水揚げ高，貨車輸送と市内販売，魚類共同販売所の取扱高をみよう。汽船トロールの入港数，水揚げ量は第一次大戦中に激減し，大正10年頃からいくらか復活するものの，昭和に入ると再び皆無の状態となる。汽船トロールに代わって，大正6年頃から発動機船（レンコダイ延縄，以西底曳網，運搬船）の入港，水揚げが始まり，水揚げ量でも汽船トロールのそれを凌駕するようになった。

　魚類共同販売所の取扱高は，大正10年は10千トンで戦前水準に及ばないが，その後，急増する。金額的には第一次大戦中の価格高騰と魚種構成の変化（トロールものから延縄ものへ）もあって急上昇し，大正10年には戦前の3倍にあたる600万円に達した。その後は停滞する。

　大正11年の取扱高は600万円であるが，他都市の魚市場をみると，下関市が2,500万円で断然多く，福岡市は563万円，佐世保市は194万円，熊本市は220万円，鹿児島市は80万円である[62]。長崎市は汽船トロールを集積した下関市に大きく引き離されたが，福岡市を上まわるようになった。その後，以西底曳網の発達で，下関との差は縮小する。

　次に長崎駅からの鮮魚の鉄道輸送量をみると，汽船トロールが盛んであった大正5年は2万トンを超えていたが，6～7年は半減したものの，その後急増し，10年は3万トン，12年は4万トン，14年は5万トンに達した。表9-3の魚類共同販売所の取扱高と比較すると，鉄道輸送量の方が常に大幅に上回っている。魚類共同販売所を経由しない直送分が多かった。水揚げ高の6～7割が鉄道輸送されている。ちなみに，大正14年の50千トンという鮮魚の鉄道輸送量は，下関の126千トンに次いで多い。佐世保は8千トン，博多は7千トンである。輸送先は，前述の大正3年と比べると，東京向けが大幅に増えて大阪向けを上回るようになった。輸送先は東海，山陽，そして九州北部にも広がった。

　第一次大戦後，鮮魚の鉄道輸送が増加したのは，輸送条件が改善されたことも要因である。大正10年に東京向けは終着駅を品川駅から汐留駅に延長して魚市場に乗り入れるようになり，関西方面は下関・大阪間に鮮魚列車を

新設し，到着時間を早めた。関西は4日目，東京は5日目に上場できるようになった[63]。

長崎から鉄道輸送された鮮魚が出荷先の魚市場でどのような位置を占めたのであろうか。大正10年の大阪魚市場の入荷量は，海運で51,000トン，陸運（鉄道）で76,600トンである。陸運のうち下関は38,300トン，長崎は9,300トンで，汽船トロールやアマダイ延縄の根拠地が中心となっている[64]。九州では熊本市，鹿児島市，宮崎市，大分市の魚市場には長崎，福岡，下関などからの入荷（鉄道）が記録されている[65]。

関東以西で練り製品の原料が前浜ものからトロールもの，次いで以西ものに転換するのは，魚種構成が悪化する（原料魚割合が高まる）大正末から昭和初期にかけてで，小田原，豊橋，大阪，広島などでも原料転換が進んだ[66]。鉄道による鮮魚輸送量の増加と輸送先の拡大に対応している。

鮮魚の市内販売に目を転じよう。長崎市の人口は，大正4年の174千人から14年の189千人へ増加した。大正4年5月，材木町の旧魚市場と他の魚菜市場が併合して施設を改造した長崎中央市場が設置された。魚市場の転出に伴って不便となった市中の魚の小売市場である[67]。第一次大戦後，不況にもかかわらず物価が下落しなかったので，政府は物価対策の一環として，中央卸売市場の設置や公設小売市場の整備を進めた。長崎市では，大正8年から公設市場が設置されるようになり，大正末には10ヵ所となった。公設市場には，魚，肉，果菜，乾物の小売店が入居した。

市内の小売商の組織化も進んだ。鮮魚小売業団体としては，長崎築町魚類商組合（大正11年設立，組合員46人），大黒町魚栄組合（大正11年，29人），長崎魚類小売商組合（大正14年，24人），鮮魚小売同業組合（昭和2年，40人），他に長崎蒲鉾商組合（大正14年，34人）があった[68]。

漁獲物の利用では，長崎市の練り製品加工は停滞した。大正4年の生産高は641トン，11万円であったが，9年は汽船トロールの水揚げがなくなって143トン，8万円にまで凋落した。その後，以西底曳網の台頭によって増勢に転じ，昭和元年には331トン，22万円となった[69]。

## 4. 魚類共同販売所の取扱いと運営

　大正7年12月，長崎県市場取締規則が公布された。これは水産物だけでなく，農産物を含めた市場規則であって，他府県の市場規則と同様，衛生，交通，公共性の立場から取締りに重点が置かれている。この市場取締規則は，魚類共同販売所も対象とした。

　大正末の魚類共同販売所は，敷地総面積が1,128坪（市が設置した魚類集散所を除く）で，各種施設の他，通路，車馬置き場からなっていた。施設の内訳は，事務所（2階建て），第一魚揚げ場（175坪），第二魚揚げ場（350坪，市営の魚類集散所），問屋詰所（130坪），仲買詰所（2階建て），長崎魚類仲買（株）営業所（2階建て），第一冷蔵庫（製氷日産400トン），第二冷蔵庫があり，他に冷蔵貨車が常置200両，魚函製作所10ヵ所，魚類運送店4ヵ所がある[70]。

　魚類共同販売所には，専属の岸壁が35間，これに接続して25間の共同荷揚げ場（第一魚揚げ場），さらに魚類集散所の付属岸壁が30間あった。魚類集散所に長崎駅からの鉄道引込線があり，同時に9両の荷造りができた。冷蔵庫は日東製氷の冷蔵庫である[71]。

　魚類共同販売所の開場は未明から夕方5時（夏は6時）までで，休業は元旦，他に臨時休業があった。売買は100斤（60kg）建てが普通で，遠洋ものは函建て，取引き方法は主に相対売りである。仕切り金は長崎魚類仲買（株）が代弁するため，支払いは迅速であった。毎日の建値，出来高は公表された[72]。問屋は大阪，下関の両市場からくる日々の電報をもとに販売しており，競合する産地や消費地の入荷量や価格と連動するようになった。

　魚類共同販売所の組織は，開設者の水産組合連合会のもとに所長（連合会の副会長），書記，取締り員4人，使用人2人，取締り巡査1人，顧問3人がいた[73]。顧問の3人は有力な問屋・仲買人であり，漁業を兼業している。

　問屋は20人（営業しているのは19人）で，以前より減少した。問屋は問屋組合を組織し，水産組合連合会と協定を結んでいる。それは，①問屋数を増やさない。②市場外において問屋業務を行わない。③営業税は連合会が負担する。④販売手数料は売上げ高の7％とし，うち0.8％を連合会に（他に

営業税の財源として0.2％)，2.7％を長崎魚類仲買に支払うので，問屋の実手数料は3.3％である。問屋19人の取扱高（大正12年）は，多い順に155万円，89万円，53万円，46万円で，半数は10万円を超えるが，歴然とした格差があった。なお，問屋は仲買業務の兼業を禁止されている。

仲買人は他地方への送荷と小売人への販売を業務とし，水産組合連合会，問屋組合，仲買組合（後述）の承認を得たもので，31人に増えた。仲買人は300～2,000円の保証金を納付する。保証金は以前は150円であったが，取引き規模に応じてスライドするようになり，金額も大幅に上昇した。取扱高は多い順に125万円，48万円，23万円で，最低は1千円と非常に大きな差があった。仲買人のなかには漁業を経営する者もおり，問屋に匹敵する規模の者もいた。仲買人は魚市場内に店舗をもたず，買受品は直ちに市場内，または魚類集散所において荷捌き，荷造りして発送した。

仲買人は大正10年1月に長崎魚類仲買組合を結成している。組合の業務は，取引きの改善および紛争の仲裁・調停，需給状況の調査，魚市場の施設改善，販路および輸送の拡大，などである。設立時期が戦後不況期であり，業務内容からして，政府の物価対策に呼応するものであったと思われる。鮮魚小売商の組織化も同じ時期に進展したことは前述した通りである。

市場に出入りする鮮魚小売人は約500人いた。小売人は，問屋から買い受ける場合は保証人となる仲買人の名義で行うか，仲買人から買う。仲買人によっては30人もの小売人に名義を貸す者もいた。

代金決済機関の長崎魚類仲買（株）は，資本金が30万円（払込金13.5万円）となった。出資者は問屋，仲買人，小売人であるが，それぞれ全員が出資しているわけではない。保証金の増額とともに資本金（大正初期は2.5万円）も大幅に増額した。問屋から立替金の2.7％を手数料として受ける一方，仲買人のうち取引高が最高の者，支払いが良好な者に歩戻しをした。歩戻しの基準は，4日以内に支払う者は1.5％，半額以上を4日以内に支払い，かつ月末に完済する者は1.3％である。移転当初と比べて歩戻し率が引き上げられた。仲買人と小売人の間は現金主義で，同社は関与していない[74]。

代金決済の方法は，長崎魚類仲買が問屋から報告を受けると，仲買人に対して立替金を請求し，集金人が取りたてる。小売人が仲買人の名義を借りて

問屋から買い受ける場合は，その仲買人に請求する。不払いの場合は，会社から問屋に連絡してその仲買人，小売人の売買を停止する。この制度では，一問屋への不払いであっても売買の停止になるので，不払いは少なくなる[75]。

長崎魚類仲買の成績は非常に良かったが，営業が放漫になったこと，大戦後不況により代金回収が滞って損失を出し，大正末には負債整理が行われ，年配当は5％に低下している。

## 第5節　昭和戦前期における動力船漁業の広がり

### 1．漁業の展開と集積

#### ⑴　漁業の動向

表9-4は，昭和戦前期における長崎市の漁業動向をみたものである。昭和10年まで漁業経営者は100人未満であったが，14年に急に増えるのは，前年に西彼杵郡土井ノ首村，小ケ倉村などを編入して市域が拡大したことによる。漁業被傭者は3,000人を超え，資本制漁業が著しく集積した。

動力漁船数は，昭和初期に増えるが，その後は横ばいとなった。だが，動力漁船の構成は変化している。20トン未満の船はもともと少なく，20〜50トン層が圧倒的に多いが，その一部が漁船を大型化した結果，50トン以上の大型船が増えた。一方，昭和14年は市域の拡大によって10トン未満の小型漁船が多数登場している。

沿岸漁獲高は少なかったが，昭和14年は小型動力漁船によるイワシ漁業が含まれるようになって跳ね上がっている。

20トン以上の動力漁船は遠洋漁業に従事したが，その漁獲高は昭和恐慌期においても大幅に増えて，14年間で14千トンから40千トンへ3倍近くになった。漁獲金額は昭和元年の350万円から増加し，昭和恐慌期は停滞したが，その後，魚価が急騰して14年は1,200万円に達した。

遠洋漁業のほとんどは以西底曳網で，その隻数は昭和初期に増加するが，以後減少している。漁獲高は，昭和恐慌期に量，金額ともに減少するが，10年代には急増している。延縄などは昭和初期に復活し，昭和恐慌期に急成長するものの，10年代には縮小する。

表9-4　昭和戦前期の長崎市の漁業

|  |  |  | 昭和元年 | 昭和5年 | 昭和10年 | 昭和14年 |
|---|---|---|---|---|---|---|
| 漁業者数 | 経営主 | （人） | 45 | 43 | 92 | 265 |
|  | 被傭者 | （人） | 3,347 | 3,086 | 3,799 | 3,271 |
| 漁船数 | 無動力船 | （隻） | 73 | 51 | 2 | 138 |
|  | 動力船　計 | （隻） | 200 | 281 | 275 | 292 |
|  | 10トン未満 | （隻） | 5 | 3 | - | 48 |
|  | 10～20トン | （隻） | 25 | 16 | 10 | 1 |
|  | 20～50トン | （隻） | 168 | 254 | 237 | 216 |
|  | 50トン以上 | （隻） | 2 | 8 | 28 | 27 |
| 沿岸漁獲高 |  | （千円） | 4 | 12 | 8 | 570 |
| 遠洋漁船 |  | （隻） | 200 | 278 | 275 | 238 |
| 遠洋漁獲高 |  | （トン） | 13,703 | 24,008 | 32,295 | 39,675 |
|  |  | （千円） | 3,512 | 4,528 | 4,868 | 12,052 |
| 以西底曳網 |  | （隻） | 200 | 260 | 220 | 216 |
|  |  | （トン） | 13,703 | 20,871 | 12,764 | 35,228 |
|  |  | （千円） | 3,512 | 3,892 | 2,587 | 10,803 |
| 延縄・その他 |  | （隻） | - | 18 | 55 | 22 |
|  |  | （トン） | - | 3,137 | 19,531 | 4,447 |
|  |  | （千円） | - | 636 | 2,281 | 1,249 |
| チクワ・カマボコ製造 |  | （トン） | 331 | 468 | 789 | 949 |
|  |  | （千円） | 221 | 300 | 421 | 633 |

資料：各年次『長崎県統計書』。
注1：動力船はすべて発動機船で汽船はない。遠洋漁業はすべて動力漁船による。
　2：昭和14年の沿岸漁獲高の75％はイワシ。
　3：昭和13年に西彼杵郡土井ノ首村，小ケ倉村，小神村などが長崎市に編入された。

各漁業別にその動向をみていこう。

① 以西底曳網

大正10年に漁船規模を50トン以下に制限し，また沿岸域に禁漁区を設定した。それでも沿岸で操業して沿岸漁民との衝突を繰り返したので，昭和5年に総トン数の範囲内で大型化を認めるようになり，7年には逆に30トン未満の漁船は許可をしないようになった。許可隻数は，新規許可の停止の方針にもかかわらず増えて，昭和初期には1,000隻を超えたが，昭和恐慌期に

減少し，11年には700隻を割った[76]。

昭和10年の長崎県の以西底曳網325隻についてその建造年を調べてみると，昭和に入って積極的な投資が行われたし，昭和恐慌期にも建造ラッシュが続いたことがわかる[77]。

以西底曳網の隆盛は魚種構成の悪化を伴なっていたから，練り製品加工が成長してくる。表9-4でみるように，長崎市の練り製品生産高は，昭和元年の331トン，22万円から14年の949トン，63万円へと大きく増加している。

② レンコダイ・アマダイ・カジキ延縄

レンコダイ延縄は大正末に以西底曳網に転換してなくなったが，昭和2年から再び現れてくる。対象魚種は資源の減少でレンコダイからアマダイに移っている。アマダイ延縄が登場したのは，大正13年に以西底曳網の新規許可が停止されたこと，以西底曳網は「雑魚」の割合が高まったこと，延縄は以西底曳網より漁獲能率は低いが，高価格魚だけを対象とし，しかも鮮度がよくて高く売れたことによる。昭和5年には長崎県は26隻となった。50トン・80馬力位の動力漁船に10隻の天馬舟を積み，乗組員は35～36人で，漁具もレンコダイ延縄と同じである。昭和11年の延縄業者は30人，隻数は34隻で，1艘船主が多く，ほとんどが徳島県人であった[78]。

昭和10年頃はアマダイの不漁が続き，休漁あるいはカジキ延縄へ転換する。アマダイ延縄の利益は以西底曳網に匹敵したが，漁夫数が多いこと，適当な船頭が得られなくなったことも衰退要因となった。

カジキ延縄は長崎県にもあったが，大正中頃から鹿児島県・串木野の漁民が漁船の動力化，大型化によって五島沖に進出したため，それに押されて衰退した。他県船が増加して，長崎港へ水揚げするものだけでも昭和7年は50隻，10年頃は100隻を上まわった。一方，上五島・宇久島の漁業者で夏秋は長崎県沖合でカジキ延縄，冬春は鹿児島県沖合でマグロ延縄を行う者が増加し，昭和10年には10隻となった[79]。

③ イワシ漁業

イワシ漁業は，昭和初期は不漁であったが，その後は資源の回復，まき網の動力船利用，1艘まきや電気集魚灯の普及によって漁獲量は大幅に増加した。昭和10年現在，長崎市にはイワシ漁業はなかったが，近郊（西彼杵郡）

のイワシ漁業の動力船を調べてみると,式見村にイワシ揚繰網,イワシ刺網,土井ノ首村に縫切網,香焼村と小ケ倉村にイワシ刺網がある。橘湾方面では,茂木町にイワシ揚繰網があった。

昭和10年代におけるイワシの豊漁,土井ノ首村や小ケ倉村が長崎市に編入されて,長崎市の沿岸漁獲高は飛躍的に増加し,長崎港への水揚げも急増する。そして,魚市場の中にイワシ専用水揚げ場が設置される。

### (2) 漁業の集積

昭和10年の長崎市の動力漁船270隻の漁業種類と所有者をみると[80],漁業種類別では以西底曳網が203隻,75％を占め（2隻1組），レンコダイ延縄が35隻でそれに続き,他にアマダイ延縄,運搬船,サンゴ船などがある。

動力漁船の所有者は,林兼商店の中部幾次郎が84隻と群を抜いて多く,次いで山田吉太郎,森田友吉,宮永卯三郎といった長崎の魚問屋,高田万吉,濱崎浅次郎,藤永新七,豊崎亀太郎といった徳島県人である。これら8人が184隻,全体の68％を占めた。業種別にはレンコダイ延縄,サンゴ船,「その他」では集積度は低く（1艘船主が多い），反対に以西底曳網は151隻（74％）が8人の所有,アマダイ延縄は8隻すべてが8人の所有である。前節で昭和2年頃の以西底曳網の所有状況をみたが,昭和恐慌期を経ると,林兼商店を除く魚問屋経営の後退,徳島県人のなかの有力者の集積が進んでいる。

昭和10年頃の林兼商店長崎支店の漁業は,以西底曳網は直営が34組,契約（仕込み）が6組,アマダイ延縄は直営が3隻,契約が20隻,カジキ延縄は直営が1隻,契約が5隻となっている。以西底曳網は,昭和2年は22組であったから,さらに集積が進んでいる。アマダイ延縄やカジキ延縄は直営船より契約船が多かった[81]。

商業資本の漁業自営や徳島県九州出漁団組合の商業資本からの自立化をみていこう。昭和に入ると以西底曳網に対する問屋仕込みは後退する。問屋仕込みは,問屋が船を建造し,船頭にそれを貸し,漁具,食料,氷,函,燃油などを仕込むものである。船頭は仕込み代を皆済すれば自営船主になれるが,実際に自立した例は少ない。漁獲高から1割の販売手数料と仕込み代を引き,船主6割,船頭4割で配分する仕組みであった。1航海の仕込み代は2,000

円内外で，漁獲高が4,500円あれば船頭の自立も可能であったが，漁獲が不振であれば債務が積もる。大正13〜14年の漁獲高は7,000〜8,000円で，高い利益が得られたが，その後，漁獲高は資源の減少と魚種構成の悪化によって低下した[82]。

　魚種構成の悪化についてみると，汽船トロールに加えて以西底曳網が大挙進出してレンコダイ資源が荒廃した。大正15年は「雑魚」1に対しレンコダイは2.64であったのに，昭和2年は0.94，4年は0.41にまで低下している。レンコダイの減少によって経営が悪化し，仕込みをしていた商業資本は手を引くか，直営するかに迫られた。こうしたなかで，一部の有力商業資本が漁業直営化を強め，徳島県九州出漁団組合も自立の道を目指した。

　長崎県では，徳島県の出漁者が大正15年1月に徳島県九州出漁団組合を創設した。九州出漁団組合は，一部の船が福岡，大阪に出荷していたこともあって，昭和恐慌期には福岡，下関，大阪に荷捌き所を設けた。

　玉之浦に残っていた以西底曳網は，昭和9〜11年に根拠地を福岡市，伊万里市，下関市に移している。販売市場に近く，教育や娯楽施設の整ったところというわけであり，それぞれが熱心な誘致運動を展開している[83]。

## 2. 関連産業の自営化

　昭和10年頃の長崎市の漁業関連産業をみてみよう。製氷関係では，日本食料工業（株）の製氷冷蔵工場が3工場あり，製氷能力270トン，冷蔵能力318トンを有した[84]。また，以西底曳網漁業者によって昭和5年9月に長崎製氷（株）が設立された。

　漁業用燃油は，長崎近郊では，林兼商店，ライジングサン石油会社，三菱，三井物産，旭石油会社が重油を供給し，取扱店は県下に14店，長崎市に9店があった。長崎市9店のなかには山田商店，林兼商店，高田商店（高田万吉），増田商店（増田茂吉）といった以西底曳網会社のものもあった。昭和7年7月に13社で長崎砿油商組合を結成した。

　魚函は魚市場所属の製造者が8人いて，年間150万函を製作し，主として以西底曳網，レンコダイ延縄に供給した。そのなかには林兼商店，山田商店，増田商店も含まれている[85]。昭和10年7月に長崎魚市場製函組合を組織した。

漁具船具商,漁船を建造する造船所は,それぞれ数ヵ所があった。機関製作修理工場は多数あったが,多くは小型エンジンを製作するだけで,大型のものは他所より購入した[86]。

関連企業として注目されるのは,昭和2年5月に長崎合同運送（株）が長崎駅前の台場町に設立されたことである。資本金100万円で,山田商店の山田吉太郎の弟である山田鷹治が社長となった。これは鉄道省が提唱した一駅一店主義により,長崎の海運,陸送店を合併してできたものである。かつて長崎魚市場に運送店は4店あった。長崎合同運送は魚類集散所の一角に事務所を置き,鉄道輸送にあたった[87]。

徳島県人が大正末に結成した徳島県九州出漁団組合は,漁業用資材の共同購入を推進した。最初に,最大の漁業経費である重油について一括購入を条件にライジングサン社との直接取引きによって価格の引き下げを図ったが,逆に値上げを通告され,三井物産の長崎誘致運動をすすめた。三井物産長崎支店の設立によって外資系との間でダンピング競争が起こり,長崎の重油価格は他港より安くなった。

燃油が軽油から重油に変わるのは,大正12年頃からである。昭和7年に増田茂吉（徳島県出身の以西底曳網経営者）は石油商を始め,翌年から三井物産から重油の九州地区販売権を確保し,長崎本店の他,福岡,玉之浦,荒川などに支店を置いた[88]。

製氷関係については,日東製氷（株）は昭和3年に大日本製氷（株）となるものの,昭和恐慌で行き詰まり,9年に日本産業（株）と合併して日本食料工業（株）となり,さらに12年に日本水産（株）となる。大日本製氷は昭和3年に氷代を値上げしたことから徳島県九州出漁団組合で製氷工場を建設することになり,4年に下五島・荒川に長徳製氷（株）（日産45トン。社長は増田茂吉）を設立した。次いで昭和5年に長崎市に長崎製氷（株）を設立した（日産80トン）[89]。

昭和恐慌からの回復過程で,林兼商店長崎支店も積極的に関連産業に投資し,自給体制を構築している。すなわち,昭和7年に鉄工所を,8,10年にイワシ缶詰工場を建設し,10年に造船所を,11年に石油会社を買収した。長崎支店は従来,日本食料工業から氷を購入していたが,昭和12年には製

氷冷蔵工場を建設した（日産100トン）。この他に製函工場もあった[90]。

山田商店も自給体制を築きつつあった。山田商店は藩政時代からの魚問屋であったが，山田吉太郎と弟の鷹治の代になって，汽船トロール，レンコダイ延縄，以西底曳網に進出し，大正14年に株式組織とした。山田商店の業務組織は，問屋業務，漁業部を中心に，製函部，鉄工部，船漁具部，石油部，コークス部などがある[91]。

## 3. 鮮魚の集散状況

図9-1は，昭和10年頃の長崎港における鮮魚流通を鳥瞰したものである。長崎港には，年間48,000トン，750万円の水揚げがある。長崎市の漁獲高を上回っており，郡部から相当の搬入があった。水揚げ高の内訳は，①遠洋ものが450万円で，以西底曳網（約100組）が350万円，レンコダイ延縄（実態はアマダイ延縄，約50隻）が100万円，②近海ものは80万円で，カジキ延縄（約100隻）が主体，③沿岸ものは220万円で，各地のイワシ漁業，西彼杵郡や南松浦郡のブリ大敷網や飼付け漁業，一本釣り漁業などで，運搬船によって搬入される。大正期に比べて，汽船トロールが姿を消し，カジキ延縄が登場しているし，沿岸漁業も大きなウェイトを占めるようになった。

水揚げ高の35％にあたる16,800トン，250万円は漁業者が直送（以西ものが主体）し，市場（名称は魚類共同販売所から水産物卸売市場に変更）に上場されるのは31,200トン，500万円である。そのうち100万円が小売人によって市内で販売され，400万円は仲買人によって県外に出荷（以西もの，延縄ものが主体）される。

地元消費と関連して長崎市の人口をみると，昭和5年には20万人を突破し，10年は21万人，15年は市域の拡大もあって25万人に達している。

県外輸送は直送分を含めると全水揚げ高の87％に相当する650万円になる。このうち，船舶によって大連，上海などに送られるのが140万円，トラックで九州北部に輸送されるのが50万円，鉄道輸送が460万円である。大正期と比較すると，海外輸出が急増したこととトラックによる近県への輸送が特徴である。

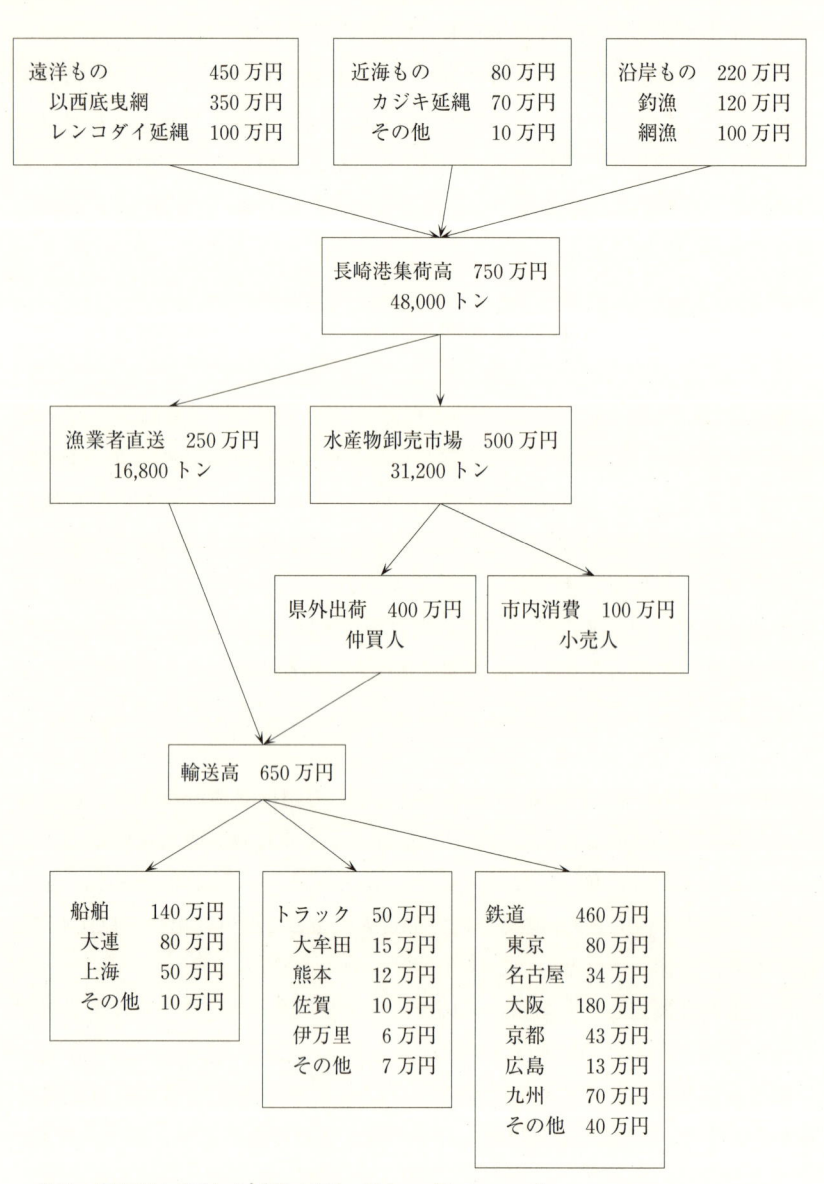

```
┌─────────────────────────────┐  ┌─────────────────────────────┐  ┌─────────────────────────────┐
│ 遠洋もの      450万円      │  │ 近海もの      80万円       │  │ 沿岸もの     220万円      │
│   以西底曳網  350万円      │  │   カジキ延縄  70万円       │  │   釣漁       120万円      │
│   レンコダイ延縄 100万円   │  │   その他      10万円       │  │   網漁       100万円      │
└─────────────────────────────┘  └─────────────────────────────┘  └─────────────────────────────┘
                           ┌─────────────────────────────┐
                           │ 長崎港集荷高    750万円    │
                           │        48,000トン          │
                           └─────────────────────────────┘

┌─────────────────────────┐     ┌─────────────────────────┐
│ 漁業者直送  250万円    │     │ 水産物卸売市場 500万円 │
│      16,800トン        │     │      31,200トン         │
└─────────────────────────┘     └─────────────────────────┘

                    ┌─────────────────┐   ┌─────────────────┐
                    │ 県外出荷 400万円│   │ 市内消費 100万円│
                    │    仲買人       │   │    小売人       │
                    └─────────────────┘   └─────────────────┘

              ┌─────────────────────┐
              │  輸送高   650万円   │
              └─────────────────────┘

┌───────────────────────┐  ┌───────────────────────┐  ┌───────────────────────┐
│ 船舶      140万円    │  │ トラック    50万円   │  │ 鉄道       460万円   │
│   大連     80万円    │  │   大牟田    15万円   │  │   東京      80万円   │
│   上海     50万円    │  │   熊本      12万円   │  │   名古屋    34万円   │
│   その他   10万円    │  │   佐賀      10万円   │  │   大阪     180万円   │
│                      │  │   伊万里     6万円   │  │   京都      43万円   │
│                      │  │   その他     7万円   │  │   広島      13万円   │
│                      │  │                      │  │   九州      70万円   │
│                      │  │                      │  │   その他    40万円   │
└───────────────────────┘  └───────────────────────┘  └───────────────────────┘
```

資料：『長崎県水産誌』（長崎県水産会，昭和11年）71ページ。

**図 9-1　長崎港の水産物流通（昭和10年頃）**

## 第9章 長崎市における漁業の発達と魚市場

　輸送条件の変化をみると，海運関係では大正13年に長崎港に大型船舶が接岸できる出島岸壁が完成し，その前年から日華連絡船が就航した。また，昭和5年には長崎駅から出島岸壁に至る臨港線が開通し，鉄道と航路が連絡した。図9-1は，船舶によって大連，上海などに140万円を輸送するとあるが，鮮魚の海外輸出を『長崎県統計書』でみると極めて少なく，上記の数値は疑わしい[92]。

　鉄道では，昭和2年末から下関・東京間に鮮魚特急列車が走るようになり，従来に比べて京阪神は11～12時間，東京はさらに10時間短縮されて，都市市場への上場が1日繰り上がった[93]。長崎駅発の鮮魚列車は1日2便で，午後4時40分発の便は兵庫に2日目の午後11時30分，大阪に3日目の午前0時52分，丹波口（京都）に3時15分，そして汐留（東京）に午後9時43分に着いた[94]。

　次に，表9-5で昭和6～11年の長崎港への入港数，水産物卸売市場，長崎駅からの鮮魚発送をみよう。長崎港に入港する以西底曳網は隻数を減らしているのに対し，レンコダイ延縄・カジキ延縄船は増加をたどっている。レンコダイ延縄といってもアマダイ中心に変わっている。運搬船の入港は，昭和恐慌期に減少し，昭和11年にようやく6年の水準に戻している。

　水産物卸売市場の取扱高は，昭和7，8年を底に回復に向かう。量は19～23千トン（図9-1では31千トンとなっていて大きく食い違う），金額は300～500万円である。昭和恐慌期は，売れ行きが鈍く，魚価も低迷したため，以西底曳網などで大阪方面へ直行する船もあった[95]。

　長崎駅からの鮮魚発送高は，昭和7～8年は貨車数およびトン数が落ち込み，9年に回復して，その後急速に伸びていく。昭和11年には大正末と同じ4万トンに達した。

　出荷先の特徴は，①東京向けが激減したのに対し，大阪向けは昭和恐慌期にかえって増加して，東京向けとの差を広げている。出荷経費の軽減と高価格魚の減少が遠隔地出荷を抑えたのである。②その他地方への輸送も伸び，それまでは少なかった北陸，山陰方面にも向けられるようになった。③九州では福岡県下は減少したままであり，九州のウェイトは低下している。トラック輸送によって代替されたことも一因である。

表9-5　長崎港への入港数，水産物卸売市場取扱高，鉄道輸送量

| | | | 昭和6年 | 昭和7年 | 昭和8年 | 昭和9年 | 昭和10年 | 昭和11年 |
|---|---|---|---|---|---|---|---|---|
| 入港船(隻) | 計 | | 5,204 | 4,487 | 4,627 | 5,100 | 5,092 | 5,586 |
| | 以西底曳網 | | 2,241 | 2,061 | 1,826 | 1,681 | 1,861 | 1,898 |
| | レンコダイ延縄 | | 356 | 473 | 473 | 485 | 542 | 585 |
| | カジキ延縄他 | | 572 | 659 | 864 | 951 | 943 | 976 |
| | 運搬船 | | 2,035 | 1,264 | 1,464 | 1,983 | 1,746 | 2,127 |
| 卸売市場取扱高 | | (トン) | 23,027 | 19,694 | 19,213 | 19,651 | 21,236 | 23,634 |
| | | (千円) | 3,567 | 3,079 | 3,514 | 3,686 | 4,876 | 5,006 |
| 鮮魚の鉄道発送 | 貨車数 | (両) | 3,348 | 2,952 | 3,050 | 3,387 | 3,980 | 4,271 |
| | 合計 | (トン) | 32,770 | 28,107 | 29,397 | 30,641 | 37,229 | 40,086 |
| | 東京 | (トン) | 9,064 | 4,777 | 4,811 | 4,589 | 5,740 | 7,568 |
| | 京都 | (トン) | 3,552 | 3,274 | 2,925 | 2,824 | 3,808 | 3,642 |
| | 大阪 | (トン) | 9,986 | 10,000 | 11,244 | 11,589 | 14,729 | 14,126 |
| | 広島 | (トン) | 891 | 424 | 708 | 1,040 | 1,622 | 1,249 |
| | 福岡 | (トン) | 2,942 | 1,232 | 1,635 | 1,710 | 1,742 | 1,312 |
| | 佐賀 | (トン) | 1,889 | 1,504 | 1,312 | 1,812 | 2,014 | 1,912 |
| | その他 | (トン) | 4,446 | 6,896 | 6,762 | 7,077 | 7,574 | 10,277 |

資料：『長崎市制五十年史』(長崎市役所，昭和14年) 119, 120ページを一部修正した。

## 4. 水産物卸売市場の動向と取引き

### (1) 水産物卸売市場への再編

　大正10年4月に水産会法が公布され，水産組合は水産会に再編され，8つの郡市水産会は13年5月に長崎県水産会を設立する[96]。長崎県水産組合連合会が経営していた魚類共同販売所も長崎県水産会に移籍された。魚市場は名称を長崎県水産会水産物卸売市場と改め，昭和2年6月に市場開設の許可を得，7月から開業した[97]。

　「長崎県水産会水産物卸売市場規程」によると[98]，①取扱う水産物は魚介類と塩蔵品とする。②開場は，5～11月は未明から午後6時まで，12～4月は未明から午後9時まで。定休日は正月の2日間。③委託売買業者(問屋)は知事の許可を得たもので，長崎市内では本市場外での取引きの禁止，買い取りや相対売りの原則禁止，毎日の取引きを長崎魚類仲買(株)を経て県水

産会に報告すること。④取引きは競売による。販売手数料は10％以内とする。市場使用料として販売額の0.7％（トロールものは0.35％）を県水産会に納付する。⑤売買代金の受け渡しは即日決済とする。⑥買受人（仲買人，小売人）は県水産会の承認を得る。2人以上の保証人と保証金300円以上を長崎魚類仲買に供託すること。原則として長崎市内では市場外で買い付けしないこと。⑦委託売買業者と買受人は長崎魚類仲買を経て売買代金の受渡しすることを原則とする。

　これを，前節で述べた「長崎魚類共同販売所規則」と比べると，問屋は知事の許可を要し，買い取りや相対売りを原則として禁止したこと，買受人は市内では市場外買い付けを禁止したこと，県水産会の取り分が0.1％低下したことが注目される。大正7年の「長崎県市場取締規則」に則って作られている。

(2) 卸売市場の施設と組織

　卸売市場の施設や組織について，昭和10年頃の状況を図9-2を参照しながらみていこう。敷地は2,078坪で，大正末の1.8倍となっている[99]。水産会の事務所は，県水産組合連合会から移管した。魚揚げ場は3ヵ所あり，第一魚揚げ場は構内を十数区に分け，各セリ台で問屋が販売する。第二魚揚げ場（市営の魚類集散所）は，専用引込線に接し，貨車への積み込みを行う。市役所は監視員をおいて，使用料を徴収する。

　第三魚揚げ場（176坪）は，昭和10年8月，イワシ専用の水揚げ場として完成した。これまでイワシは露天で取引きされ，卸売市場の管轄外にあった。昭和初期にイワシの来遊が多く，また氷を使うようになって鮮度が高まったことで，元船町の波止場でイワシを専門に荷捌きする業者（仲買人を名乗る）が現れた。その取扱量が増加し，衛生上も，統制上も好ましくないとして，関係者の要望もあって「長崎鰮市場」という名称の建物が建設された。100坪ほどの建物で，イワシの水揚げ場，セリ場とし，2階は「イワシ問屋」の事務所，食堂とした。建設費を長崎魚類仲買（株）が出し，10％の手数料をとった。うち，2％は長崎魚類仲買が家賃・使用料として，7％は「イワシ問屋」の手数料，1％は問屋名義料（山田商店の名義を使用）とした[100]。

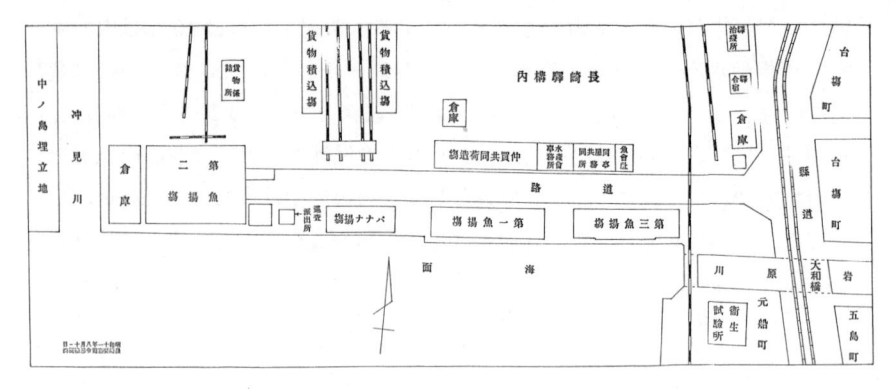

図9-2　長崎県水産会の水産物卸売市場

　この他，問屋共同事務所（詰所），仲買共同荷造り場（詰所），長崎魚類仲買（株）事務所，食堂，売店，製氷，燃油，魚函などの配給所があった[101]。水産会事務所，仲買共同荷造り場などは昭和5年に市場内で発生した火災で焼失し，建て直されている。

　次に卸売市場の組織をみると，管理者として，場長（県水産会長）1人，書記2人（県水産会書記），取締り員3人，事務員若干名（掃除係を含む）がいた。市場開設当初とあまり変わっていない。

　県水産会の事業収支は，歳入，歳出ともに一般会計と特別会計に分かれ，特別会計のうちの多くが，歳入は「使用料および手数料」，歳出は「市場費」でそれぞれ卸売市場の歳入・歳出を指している。「使用料および手数料」は販売高の0.7％で，昭和5～9年度の期間中，5年度の33千円が7年度には22千円に低下し，9年度は27千円にまで回復している。一方，「市場費」は，昭和5年度が最も高い20千円で，8年度が最低の14千円，そして9年度は15千円となっている。昭和恐慌期における取扱高の減少が，「使用料および手数料」の低下をもたらし，「市場費」を圧縮した状況が読み取れる[102]。

　問屋は19人，買受人は仲買人が30人，小売人が500人で，以前と比べて大きな変化はない。表9-6は，主な魚問屋および仲買人とその取扱高などをみたものである。問屋の資本金は山田屋商店，森田屋商店がずば抜けて大きく，宮永商店がそれに次ぐ。この三者は，以西底曳網やレンコダイ延縄を

兼業している。一方,資本金1万円未満は8人で,階層差が大きい。取扱高が10万円を超えるのは8人で,うち山田屋商店,森田屋商店,山源商店(林兼商店の代理店)が突出している。また,多くの問屋の取扱高は,昭和8～10年のうちでは年々増加しており,昭和恐慌の落ち込みから脱出しつつあった[103]。

買受人のうち仲買人の買付け額は取扱高の約8割,小売人は約2割である。この他,市場内で買付けができない小売人(行商の女子)が約300人いて,仲買人に5～10％の口銭を払って購入する。

仲買人の資格は,水産会と長崎魚類仲買が承認し,長崎魚類仲買の株60

表9-6 主な魚問屋および仲買人とその取扱高

|  | 店 名 | 店 主 | 資本金<br>(千円) | 取扱高 (千円) |||
| --- | --- | --- | --- | --- | --- | --- |
|  |  |  |  | 昭和<br>8年 | 昭和<br>9年 | 昭和<br>10年 |
| 魚問屋 | 山田屋商店 | 山田吉太郎 | 1,000 | 1,022 | 1,132 | 1,324 |
|  | 森田屋商店 | 森田友吉 | 700 | 660 | 587 | 720 |
|  | 山源商店 | 山本源市 |  | 603 | 587 | 768 |
|  | 宮永商店 | 宮永卯三郎 | 50 | 349 | 436 | 440 |
|  | 小川屋商店 | 小川悦次 | 50 | 331 | 330 | 435 |
|  | 紙屋商店 | 紙屋己代治 | 10 | 243 | 232 | 350 |
|  | 末富商店 | 末富與四郎 | 20 | 94 | 137 | 167 |
|  | 網場屋商店 | 太田角太郎 | 20 | 95 | 110 | 121 |
|  | 久米商店 | 久米亀代治 | 25 | 53 | 51 | 39 |
|  | 寿志屋商店 | 小牟田米吉 | 5 | 55 | 60 | 63 |
| 仲買人 | 古賀金商店 | 古賀金太郎 |  | 854 | 841 | 788 |
|  | 原商店 | 原幸一 |  | 380 | 378 | 444 |
|  | 渡辺商店 | 渡辺助次郎 |  | 324 | 250 | 312 |
|  | 古大商店 | 古川大蔵 |  | 296 | 294 | 270 |
|  | 小川商店 | 小川要三 |  | 169 | 198 | 208 |
|  | 古源商店 | 古川源次郎 |  | 138 | 137 | 124 |
|  | 本安商店 | 本田安次郎 |  | 110 | 148 | 167 |
|  | 長井商店 | 長井春吉 |  | 88 | 76 | 139 |
|  | 山勇商店 | 山下勇次郎 |  | 92 | 103 | 102 |
|  | 川瀬商店 | 川瀬佐助 |  | - | 102 | 258 |

資料:前掲『長崎県水産誌』54～59,202～213ページ。

株以上を所有するか，3,000円以上を保証金として供託し，仲買組合から資格を付与された者となっている[104]。保証金の額がさらに高騰している。仲買人のうち，取扱高が10万円を超えるのは10人いて，問屋より多い。うち，古賀金商店が突出している。表には児玉平兵衛（児玉商店）の名前がないが，両者は日東製氷の株主である[105]。問屋，仲買人の取引き銀行は十八銀行とするものが多い。

買受人としての小売人も水産会と長崎魚類仲買の承認が必要で，身元保証金500円以上を供託する[106]。長崎魚類仲買は年8％の配当を行うなど，好成績をあげていた。

(3) 取引き方法

昭和10年頃の卸売市場の風景をみておこう。早朝，市場に来る漁船は19軒の問屋のいずれかに水揚げする。実際には仕込みの関係もあり，問屋に関係のない船はないといってよい。問屋の沖仲仕によって荷は市場に揚げられ，船の到着順に競売にかけられる。問屋ごとに売場を持ち，問屋のセリ人によって競売が行われる。19軒の問屋が全て毎日入荷し，競売するわけではなく，毎日決まって入荷するのは7～8軒なので，多いときでも売場は10ヵ所ほどである[107]。

競売が終わると，直ちに仕切り書を作成し，所定の手数料（7％または10％）を差し引いて出荷者に即時現金で支払う。同時に，長崎魚類仲買と水産会に魚種，数量，価格，買受人を報告する。

取引き方法は，かっては相対売りであったが，昭和9年8月からセリ売りとなった。林兼商店が相対売りをやめ，セリ売りにしたところ好結果を得たので，市場内の沿岸もの（小口もの）はすべてセリ売りになった[108]。

仲買人は，東京，大阪，京都，横浜などに中央卸売市場が開設されたので，代金の取り損ない，仕切り書の配達の遅延がなくなった。中央卸売市場での取引きが終わると仕切り書とともに現金を為替，小切手で送ってくる。

沿岸ものの販売手数料は10％で，市場使用料0.7％，立替手数料2.7％を引いた問屋の手数料は6.6％になる。しかし，市外の茂木，福田などからの委託品の販売手数料は7％に下げているし，出荷量の多い荷主には2～3

%を歩戻しした。

直送ものは第二魚揚げ場に水揚げされ，貨車に積み込まれる。市場使用料として以西ものは2函あたり1.5銭を市役所が徴収する。

## 第6節　戦時統制下の漁業と魚市場

### 1. 漁業生産の崩壊

表9-7は，太平洋戦争が始まる昭和16年から敗戦までの長崎港への入港隻数と水揚げ量を示したものである。まず，昭和16年と10年（図9-1，表9-6）を比較すると，入港隻数は1,500～2,000隻も増加している。内訳では遠洋漁船が約3分の1に激減したのに対し，沿岸漁船は大幅に増加している。沿岸漁業にも漁船の動力化が普及し，長崎港水揚げが増えた。水揚げ量は昭和10年頃の48千トンからすれば，さらに増加している。遠洋ものは減少したのに，沿岸ものが大幅に増加して，両者の割合はほぼ半々となった。

しかし，昭和16年以降の入港隻数は，遠洋漁船，沿岸漁船ともに大幅に減少した。水揚げ量は昭和16年は6万トンを超えたが，19年にはその半分となり，20年には1万トンを割り込んだ。遠洋ものも沿岸ものも同じように減少した。

遠洋漁業の代表である以西底曳網の許可隻数は，昭和12～14年は680～690隻であったが，15～19年は580～600隻となり，20年は151隻にまで激減した。実際の操業隻数は徴用などがあってさらに大きく減少した。すな

表9-7　長崎港への入港隻数と水揚げ量　　　　　　　　（隻，トン）

|  |  | 昭和16年 | 昭和17年 | 昭和18年 | 昭和19年 | 昭和20年 |
|---|---|---|---|---|---|---|
| 入港隻数 | 計 | 6,902 | 4,211 | 4,570 | 2,957 |  |
|  | 遠洋 | 1,244 | 1,189 | 874 | 366 |  |
|  | 沿岸 | 5,658 | 3,022 | 3,696 | 2,591 |  |
| 水揚げ量 | 計 | 63,743 | 57,941 | 50,441 | 13,451 | 8,071 |
|  | 遠洋 | 32,666 | 35,948 | 26,565 | 10,204 | 4,436 |
|  | 沿岸 | 31,076 | 21,990 | 23,876 | 20,063 | 3,975 |

資料：『長崎市制六十五年史　中編』（長崎市役所，昭和34年）408，409ページ。

わち,昭和15年は438隻であったが,毎年ほぼ100隻ずつ減少し,20年には24隻を残すのみとなった。

昭和15年の長崎市の以西底曳網の許可隻数をみると,林兼商店を除くと212隻であり,山田屋商店10隻の他は徳島県九州出漁機船底曳網漁業水産組合(旧徳島県九州出漁団組合。以下,徳島県九州出漁水産組合という)の所有である。昭和10年と比べると,山田屋商店はほとんど変わらないが(18隻から10隻に減っているが,8隻は委託経営に出した),森田や宮永といった魚問屋・仲買人の名前はなくなっている。また,徳島県九州出漁水産組合は全体としては変わっていないが,有力メンバーの隻数はいくらか減少し,格差が縮まっている。

つまり,以西底曳網は昭和恐慌時に林兼商店や魚問屋,徳島県九州出漁水産組合の有力メンバーの集積があったが,昭和10年代になると許可隻数の制限のなかで,その動きは止まっている。

徳島県船の長崎根拠は,昭和16年2月は102隻,20年2月は87隻,同年5月は26隻,そして終戦時は8隻であった。昭和20年の減り方が著しい。林兼商店は,昭和14～15年は30組前後であったが,17～18年は20組前後,19年後半からは9組となった[109]。

### 2. 漁業の統制

日中戦争が勃発すると,昭和13年4月に国家総動員法が制定され,戦時統制が進められる。漁船の徴用は昭和13年9月から始まった。漁業生産にとって,昭和14年9月の石油統制令の公布(漁業用燃油の規制が始まるのは15年11月から),15年5月の漁網綱配給統制規則の公布が大きく影響した。昭和16年には漁船や漁船機関の配給統制も実施された。昭和18年3月の石油専売法の公布で,販売価格も統制され,自由な入手が不可能になった。

こうしたなかで,昭和13年に多くの組合が設立認可されている。水産関係では,長崎船具商業組合(組合員16人),長崎県重油特約店商業組合(同12人),長崎製氷卸商業組合(同30人),長崎木造船工業組合(同26人)などである[110]。長崎県重油特約店商業組合は,昭和7年に設立された長崎砿油商組合(設立時13人)を改組したものである。練り製品製造では,大正

14年に34人で長崎蒲鉾商組合が設立されたが,昭和15年5月に長崎蒲鉾工業組合となった。組合員は51人で,以前より増加している。工業組合の業務は,各種の統制,原材料の保管と運搬,必要物資の供給,営業指導などである[111]。

長崎県のイワシ揚繰網漁業者は,昭和16年2,3月に燃油の増配を県や農林省に陳情している。日中戦争以来,漁業用資材は規制を受け,とりわけ燃油の規制が厳しく,所要量の3分の1以下となり,漁獲量が日に日に減少していたのである[112]。このイワシ揚繰網漁業者は,昭和16年5月に長崎県揚繰網組合を結成する。この組合は,漁業用物資の統制協力,乗組員の調整と賃金の統制,操業の統制,漁船漁具の規格統制,企業の合同などを業務とした。同組合は昭和17年5月に長崎県揚繰網漁業統制組合と改称した[113]。

資材の確保と配給を目的として,昭和15年5月に日本遠洋底曳網水産組合連合会が発足した。以西底曳網の4水産組合による連合会で,その所属船は602隻(昭和16年末)である。内訳は,山口県機船底曳網水産組合(昭和6年設立)226隻,福岡県遠洋底曳網水産組合58隻,長崎県遠洋底曳網水産組合(大正14年設立)126隻,徳島県九州出漁機船底曳網漁業水産組合(昭和10年設立,長崎根拠)192隻であった。連合会の業務は,以西底曳網の指導・統制,漁業用資材の配給調査,漁獲物の配給改善,乗組員の雇用関係と素質の改善,船型および機関の統一などであった[114]。

昭和18年になると,配給の漁業用燃油が不足して,操業が大きく制約された。以西底曳網は漁場往復に250缶の油を消費するが,配給は150缶しかなく,増産はおろか漁獲量の維持も不可能になった[115]。

昭和17年5月に水産統制令が公布された。その目的は,中央統制機関として帝国水産統制(株)を設立し,船舶などの主要生産手段の集中と販売・購買の独占権を確保し,その下に海洋漁業を独占する海洋漁業統制(株)を作るというものである。しかし,海洋漁業統制は,大手水産会社が統合に反対したために一元化できず,日本水産,林兼商店,日魯漁業という資本系列ごととなった。帝国水産統制は以西底曳網も出資して昭和17年12月に設立されたが,船舶,冷凍冷蔵施設の集中ができず,初期の目的を果たせなかった[116]。

以西底曳網，汽船トロール，遠洋延縄，まき網も統制の対象となったが，以西底曳網などは個人企業が多いので，海洋漁業統制とは別に第二次統合に加わることになった[117]。大手を除く以西底曳網業者は，農林省の指導のもとに，昭和19年9月に資材の共同購入，配給組織として西日本機船底曳網漁業水産組合を結成した。発足時の組合員は137人で，実稼働隻数は193隻である。林兼商店などの大手企業を除いているが，昭和15年と比べて隻数は大幅に減少している。

　漁業用資材の配給割当ての削減，漁船・漁夫の徴用，漁獲物の出荷統制により個別経営が困難となって，昭和18年10月に，任意組合・丸徳漁業団が発足した。徳島県九州出漁水産組合で1つの共同経営体としたのである。実稼働隻数は30組で，昭和15年の96組に比べ，3分の1に激減していた。

　丸徳漁業団は共同経営体といっても，船舶は個人所有であり，個人経営的な色彩を残していた。しかし，戦局が悪化するなかで，統制をさらに進め，法人に組織替えするために，昭和20年2月に丸徳海洋漁業（株）の設立認可申請がなされた。漁船186隻の所属地は，長崎市と福岡市を中心とした。

　設立認可申請では32,000トンの漁獲を予想したが，すでに制海権を失い，漁場は九州近海に限られ，しかも重油は最低必要量の1～2割しか配給されなかった。その後，沖縄戦などに123隻が徴用され，残った船も遭難や空襲で罹災した。昭和20年7月に同社の設立が認可されたが，終戦までわずか1ヵ月であり，終戦時に残ったのは16隻，うち長崎は8隻に過ぎず，それも老朽船であった[118]。山田屋商店はすでに漁船全部を整理して，軍需工場に転換していた[119]。

### 3. 鮮魚流通の統制

　政府は国家総動員法により，昭和13年10月の価格等統制令で，9月18日の水準で物価を凍結させた。これには生鮮食料品が含まれていなかったので，水産物価格はその後も異常な高騰を続けた。それで，昭和15年8月には塩乾魚，9月には鮮魚（77品目）について公定価格を設定した。次いで，昭和16年4月に鮮魚介配給統制規則を公布・施行した。これは，農林大臣が全国の主要な出荷地と消費地を指定して，計画的出荷，計画的配給をする，

出荷面では陸揚げ地と集荷場を指定し，陸揚げ地の関係者をもって出荷統制組合を組織させ，出荷計画に基づいて出荷する，運搬船についても同様の措置をとる，というものである。長崎県で大臣が指定した陸揚げ地は長崎市，集荷場は県水産会水産物卸売市場であった。出荷統制組合は長崎市鮮魚介出荷統制組合で，実績に基づいて出荷先（指定消費地とそれ以外の消費地），魚種グループ別に出荷計画を立て，荷割を行った。実際の出荷は集荷機関が行う[120]。

　昭和16年9月から公定価格の改訂を行うと同時に，鮮魚介類の統制品目として100品目を追加している。昭和17年1月に水産物配給統制規則を制定して，水産加工品，冷凍品の配給ルートを整備した。これによって，全水産物の配給，統制機構は整備されたが，一方で漁業生産力が崩壊し，統制会社は集荷能力を失い，配給会社は配給すべきものがなくなってきた。政府は統制を強化すべく，昭和19年11月に水産物配給統制規則を制定している。これは，鮮魚介配給統制規則と水産物配給統制規則を一本化し，地方長官の統制権限を強め，集出荷の一元化をさらに進めるものであった。

　鮮魚介の出荷統制組織として，昭和16年4月に長崎市鮮魚介出荷統制組合が設立された。これによって市内の魚問屋は従来の個別営業体制を放棄し，長崎鮮魚介集荷組合が組織され，鮮魚商は長崎市鮮魚小売商業組合を組織している[121]。

　同年5月に鮮魚介運搬船組合も発足した。運搬船組合は主にイワシの運搬業者からなっている。昭和17年になると，イワシの現地買い付け公定価格に運搬経費を加えると，消費地公定価格を上回るようになった。運搬船組合は買い付け価格の引き下げを求めたが，生産者の反発を買うだけで，買い付けも難しくなった。産地にしてみれば，加工イワシの価格が高く，加工にまわした方が有利だったので，鮮魚の集荷力が低下した[122]。

　昭和18年5月になると，魚市場の機構が改められ，出資金50万円で長崎鮮魚介荷受配給組合が誕生した。これまで卸売業務を行ってきた長崎鮮魚介集荷組合，イワシ配給組合，山源商店（林兼商店関係）の三者が統合した。これによって，金融決済機関の長崎魚類仲買（株）は不要となり，解散した。また，手数料は6％（うち0.5％は県水産会）から5％に引き下げられた。

組合長は山田鷹治,副組合長は中部悦良(林兼商店),森田友吉(仲買人)である。山田が死亡すると後任に中部が就いた[123]。魚市場の運営統制が一元化したことで,県の統制が行き届き,また手数料の引き下げで集荷力を高め,さらに末端の整備も容易になった[124]。市内の小売商は配給所に切り替えられた一部を除き転廃業した。

　昭和18年9月に水産業団体法が公布され,長崎県水産会は県漁業組合連合会と統合して長崎県水産業会となり,魚市場の事業を引き継いだ。

　昭和20年,漁獲量の顕著な減少,集荷,輸送能力の低下によって県内各地の集出荷を強力に統制するために鮮魚出荷統制規則が制定され,4月には長崎県魚類出荷組合を創設し,鮮魚の集出荷事務をとることになった。この組合は,県下の漁業会(水産業団体法で漁業組合を改組したもの)で組織された。したがって,長崎市鮮魚介出荷統制組合の統制下で,長崎港への鮮魚出荷は長崎県魚類出荷組合と鮮魚介運搬船組合が担当し,魚市場での出荷配給は長崎鮮魚介荷受配給組合が行い,長崎地区に配給する業務は長崎市鮮魚介藻配給統制組合があたった[125]。

　一方,大戦末期になると長崎市の公設小売市場は疎開を余儀なくされるようになった。昭和19年12月を皮切りに,5つの公設市場が疎開した[126]。長崎市の空襲は昭和19年8月が最初で,20年になると度重なり,そして8月9日の原爆投下にいたる。原爆投下で,魚市場も灰燼に帰した。

　戦時中の具体的な鮮魚流通組織の活動状況や集出荷成績は不明である。

**注**

1) 長崎の魚市場の歴史については,『魚市場物語——長崎魚市株式会社創立50年誌——』(長崎魚市株式会社,平成10年)がある。
2) 『長崎市制五十年史』(長崎市役所,昭和14年)250〜280ページ,『長崎市議会史　記述編第1巻』(長崎市議会,平成7年)88〜90ページ。
3) 農商務省農務局『水産事項特別調査　上巻』(明治27年)419〜420ページ。
4) 越中哲也・白石和男『写真集　明治大正昭和　長崎』(国書刊行会,昭和54年)64ページ,『明治四十三年　長崎県統計書　下編』。
5) 『長崎魚類共同販売所紀要』(長崎県水産組合連合会,大正14年)1ページ。魚市場の場所の変遷については異説がある。渡辺武彦「長崎魚類集散場(魚市場)沿革略

誌（一）」『海の光　第85号』（昭和34年）。
6) 前掲『長崎魚類共同販売所紀要』。山田吉太郎口述「長崎市魚市場ノ変遷」（長崎県立図書館所蔵）では，明治初年に代表者6人が材木町魚市場の設置出願をし，6年に施設ができたとしている。
7) 前掲『水産事項特別調査　上巻』238～246ページ。
8) 同上，445，464～466ページ。
9) 『明治四十三年　長崎県統計書』。
10) 福岡は，明治13年に2つの魚市場が集金機関を設け，25年にそれを統合しているので，福岡の方が早い。橋詰武生『明治の博多記』（福岡地方史談話会，昭和46年）107，182ページ。
11) 前掲『写真集　明治大正昭和　長崎』59ページ。
12) 前掲『水産事項特別調査　上巻』469，518ページ。
13) 「明治三十八年　水産業経済調査」（長崎県水産課，長崎県立図書館所蔵）。
14) 東洋日の出新聞　明治39年5月5日。
15) 同上，明治40年4月13日，10月16日，11月14日。西彼杵長崎水産組合は，長崎市と西彼杵郡の一部を範囲として明治37年に設立され，翌年から水産加工品の検査業務を行った。『長崎県紀要』（明治40年）120，124ページ。
16) 東洋日の出新聞　明治41年10月3日。
17) 同上，明治42年2月23日。
18) 同上，明治42年6月9日，6月29日。
19) 同上，明治42年12月16日。
20) 同上，明治42年8月7日，8月9日，9月13日。
21) 農商務省水産局『魚市場ニ関スル調査』（生産調査会，明治44年12月）29～42ページ。
22) 「トロール漁業ニ関スル調査」『長崎県産業施設調査』（長崎県，大正3年8月）281～316ページ。
23) 長崎における汽船捕鯨は，明治42年に汽船捕鯨の独占会社となる東洋捕鯨（株）に吸収合併される。捕鯨会社を整理した資金で，汽船トロールに進出した。『本邦の諾威式捕鯨誌』（東洋捕鯨株式会社，明治43年）18，189～192，228～230，239～240ページ，「長崎汽船トロール調」『水産時報　第9号』（明治44年5月）49ページ。
24) 前掲「トロール漁業ニ関スル調査」281～316ページ。
25) 前掲「長崎魚類集散場（魚市場）沿革略誌（一）」8ページ，東洋日の出新聞　明治45年2月7日，同年2月23日。
26) 鉄道省運輸局『活鮮魚，鮮肉ニ関スル調査』（大正15年9月）67～68ページ。
27) 山田吉太郎「魚市場視察談」『水産時報　第11号』（明治44年7月）40ページ。
28) 前掲「トロール漁業ニ関スル調査」281～316ページ，倉場富三郎談「トロール漁業の観察」『水産時報　第27号』（大正元年11月）8ページ。
29) 前掲『長崎魚類共同販売所紀要』3ページ。
30) 東洋日の出新聞　大正2年6月10日。
31) 丹治経治「長崎に於ける鮮魚の輸送」『水産　第8巻第12号』（大正9年7月）2

ページ。
32)　九州鉄道管理局運輸課『九州重要貨物　第三巻魚介』（大正5年9月）111、113ページ。
33)　「長崎港に於ける大正四年中鮮魚集散の概況」『水産時報　第56号』（大正5年1月）23～24ページ。
34)　大石「長崎魚市場の現状に就て」『水産時報　第29号』（大正2年1月）17～21ページ。
35)　前掲「トロール漁業ニ関スル調査」281～316ページ。
36)　前掲『九州重要貨物　第三巻魚介』112ページ。
37)　前掲「長崎魚市場の現状に就て」17～21ページ。
38)　前掲『長崎市議会史　記述編第1巻』509～510ページ。
39)　「長崎魚類共同販売所及共同事務所落成」『大日本水産会報　第380号』（大正3年5月）70ページ。
40)　『長崎県水産誌』（長崎県水産会、昭和11年10月）50ページ。
41)　『長崎市政要覧』（長崎市役所、大正9年）28～29ページ。
42)　大石「魚類共同販売所問題の顛末」『水産時報　第24号』（大正元年8月）17～18ページ。
43)　前掲『九州重要貨物　第三巻魚介』114ページ。
44)　前掲『魚市場ニ関スル調査』62ページ。
45)　「明治四十四年度　長崎県水産組合連合会長崎魚類共同販売所経費予算」『水産時報　第6号』（明治44年2月）24～27ページ。
46)　『視察せる魚市場』（大正5年5月）9～13ページ。
47)　農商務省水産局『汽船「トロール」漁業ノ沿革及概況』（昭和5年）5～6ページ。
48)　前掲『明治維新以後の長崎』442ページ、『長崎商工名録』（長崎商業会議所、大正13年）。
49)　中楯興・秋山博一「以西底曳網漁業の経済分析」『産業労働研究所報　第47号』（1969年1月）5、32ページ。
50)　渡会絹三郎「母船式連子鯛延縄漁業の前途に就いて」『水産界　第418号』（大正6年7月）14～15ページ、飯山太平「母船式連子鯛延縄漁業　上」『同　第426号』（大正7年3月）41～46ページ。
51)　「母船式あまだい縄」『水産界　第583号』（昭和6年6月）21ページ。
52)　『長崎市制六十五年史　中編』（長崎市役所、昭和34年）304ページ。
53)　レンコダイ延縄の発展経過は、渡辺武彦『長崎近代漁業発達誌（六）母船式連子（甘）延縄漁業誌』（長崎市水産振興協会、昭和40年）26～31ページ参照。
54)　山田吉太郎「長崎県下ニ於ケル機船底曳網漁業」『明治三大漁業図及説明』（長崎県立図書館所蔵、昭和5年）所収。
55)　古島敏雄・二野瓶徳夫『明治大正年代における漁業技術の発展に関する研究』（水産庁、昭和35年3月）48ページ。
56)　『長崎県水産統計　大正14年』（昭和2年3月）43ページ。
57)　徳山宣也編『大洋漁業・長崎支社の歴史』（平成7年）1～2、13～30ページ。

58) 長谷川安次郎「長崎の機船底曳網漁業と其の金融情況」『経済論叢　第28巻第4号』（昭和4年）38ページ。
59) 徳島県九州出漁団の中心的メンバーである高田万吉，増田茂吉の略歴は，松竹秀雄『長崎稲佐風土記』（くさの書店，平成8年）182～187ページ，『長崎県人物事業大鑑』（東京商業興信所長崎支所，昭和7年）73ページ。
60) 日東製氷株式会社『第八回営業報告書並株式名簿』。
61) 前掲『活鮮魚，鮮肉ニ関スル調査』71～73ページ。
62) 同上，157～158ページ。
63) 斉藤真徹「鉄道に於ける鮮魚輸送上の施設」『水産界　第486号』（大正12年3月）8～10ページ，同「列車時刻改正後の鮮魚列車」『同　第490号』（大正12年7月）5～6ページ。
64) 大阪市役所商工課『大阪魚市場調査　全』（大正12年12月）30～31ページ。
65) 商工省商務局『全国主要都市ニ於ケル食料品配給及市場状況　其ノ四九州及四国地方』（大正15年3月）131, 152, 173, 192ページ。
66) 吉木武一『以西底曳漁業経営史論』（九州大学出版会，1980年）323～327ページ。
67) 「長崎中央市場開業式」『水産時報　第57号』（大正4年5月）42～44ページ。
68) 前掲『長崎市制六十五年史　中編』528ページ。
69) 各年次『長崎県統計書』。
70) 前掲『長崎魚類共同販売所紀要』5～6ページ。
71) 前掲『全国主要都市ニ於ケル食料品配給及市場状況　其ノ四　九州及四国地方』98～99ページ。
72) 前掲『長崎魚類共同販売所紀要』14～16ページ。
73) 同上，6～7ページ。
74) 前掲『水産金融ニ関スル調査』100ページ。
75) 前掲『全国主要都市ニ於ケル食料品配給及市場状況　其ノ四九州及四国地方』95～97, 100～102, 107～111ページ。
76) 前掲『底曳網漁業制度沿革史』93, 97, 150, 151ページ。
77) 農林省水産局『機船底曳網漁業関係統計』（昭和12年2月）。
78) 「母船式あまだい縄」『水産界　第583号』（昭和6年6月）21～22ページ，長崎県水産試験場『母船式れんこ縄漁業』『阿波人開発支那海漁業誌』（同刊行会，昭和16年）所収，41～50, 63～66ページ，前掲『長崎近代漁業発達誌（六）母船式連子（甘）延縄漁業誌』31ページ。
79) 大森佳圭由「本県に於ける旗魚，鮪の延縄漁業に就て（一）」『長崎之水産　第3号』（昭和13年6月）28～29ページ，『昭和九年八月開催　水産事務協議会要録』（農林省水産局）271ページ。
80) 農林省水産局『動力附漁船々名録　昭和十二年版』（昭和12年12月）560～563ページ。
81) 前掲『長崎県水産誌』209～210ページ。
82) 前掲「長崎の機船底曳網漁業と其の金融情況」37～42ページ。
83) 『遠洋底曳網漁業福岡基地開設廿周年誌』（福岡基地開設二十周年記念会，昭和29

年) 5, 9, 35 ページ。
84)　日本食料工業長崎出張所は、この他に、佐世保市、伊万里町、島原町、牛深町、五島・玉之浦、富江の工場を管轄していた。前掲『長崎県水産誌』213～215 ページ。
85)　同上、100～103, 224～225 ページ。
86)　帝国水産会『魚市場ニ関スル調査』(昭和 11 年 3 月) 263～264 ページ。
87)　前掲『長崎県水産誌』215～216 ページ。
88)　前掲『阿波人開発支那海漁業誌』85, 180 ページ。
89)　前掲『以西底曳漁業経営史論』162～175 ページ、『徳島翁追慕録』(徳島岩吉翁追慕編纂刊行会、昭和 37 年) 4～5 ページ。長徳製氷は昭和 15 年に林兼商店が買収した。
90)　前掲『長崎県水産誌』220～224 ページ。
91)　前掲『長崎県人物事業大鑑』87 ページ。
92)　『長崎県統計書』によると、鮮魚の海外輸出は、昭和初期は 400～500 トン、30 万円程度、昭和恐慌期には 200～300 トン、10～20 万円に縮小し、その後は 400 トンに回復したが、金額は 10 万円余で停滞している。
93)　「鮮魚特急列車」『水産界　第 542 号』(昭和 3 年 1 月) 103～104 ページ。
94)　『長崎港勢要覧』(長崎市役所港湾課、昭和 6 年 6 月) 73 ページ。
95)　「昭和八年中魚類集散状況　長崎県水産会水産物卸売市場」『水産界　第 615 号』(1934 年 2 月) 32～33 ページ。
96)　長崎県学務部社会教育課『長崎県水産要覧』(昭和 11 年 12 月) 32 ページ。
97)　前掲『長崎県水産誌』3 ページ。
98)　『長崎県水産会会則並諸規程』(昭和 10 年 4 月) 7～11 ページ。
99)　『昭和十二年度　全国魚市場要覧』(全国漁業組合連合会、昭和 14 年 3 月)。
100)　小谷栄次『裸の人生』(裸の人生刊行会、昭和 56 年 1 月) 111～121 ページ。
101)　前掲『長崎県水産誌』53 ページ。
102)　同上、127～138 ページ。
103)　『帝国魚菜商大鑑　改版』(博文社、昭和 5 年) 48～52 ページ。
104)　前掲『長崎県水産誌』54～60 ページ。
105)　児玉は、鮮魚仲買、海産物貿易、日魯漁業の冷凍販売、漁場経営を行っている。前掲『長崎県人物事業大鑑』158 ページ。
106)　前掲『長崎県水産誌』61～64, 69 ページ。
107)　「長崎魚市場訪問記」『漁業組合栞　第 19 号』(昭和 11 年 10 月) 12～14 ページ。
108)　前掲「昭和八年中魚類集散状況　長崎県水産会水産物卸売市場」33 ページ。
109)　前掲『以西底曳経営史論』297, 300 ページ。
110)　『長崎市勢要覧　昭和十四年版』(長崎市役所、昭和 14 年 10 月)。
111)　「長崎蒲鉾工業組合誕生」『長崎之水産　第 27 号』(昭和 15 年 6 月) 35 ページ。
112)　「鰯揚繰網漁業用燃油の増配」『長崎之水産　第 37 号』(昭和 16 年 4 月) 13 ページ。
113)　「本県揚繰網組合力強く誕生す」『長崎之水産　第 39 号』(昭和 16 年 6 月) 2, 4 ページ。「揚繰網漁業統制組合と改称」『同　第 51 号』(昭和 17 年 6 月) 24 ページ。

114) 前掲『長崎近代漁業発達誌（十）二艘曳機船底曳網漁業誌②』15 ページ，『日本水産年報　第 5 輯　水産業新体制の展開』（水産社，昭和 16 年）212～214 ページ，岡本正一『革新的生産体制の構想』（霞ヶ関書房，昭和 17 年）270 ページ。
115) 永末実「長崎県の漁村　上」『水産界　第 725 号』（昭和 18 年 4 月）69 ページ。
116) 山口和雄『現代日本産業発達史　第 19 巻水産』（交洵社出版局，昭和 40 年）385～387 ページ。
117) 前掲『長崎近代漁業発達誌（十）二艘曳機船底曳網漁業誌②』16 ページ。
118) 前掲『遠洋底曳網漁業福岡基地開設廿周年誌』42～53 ページ。
119) 高田万吉刊行会編『高田万吉伝』（昭和 34 年 10 月）323～335 ページ。
120) 神山峻『鮮魚介出荷配給統制の実相』（水産経済研究所，昭和 16 年）13～18, 38～85 ページ。
121) 「鮮魚小売商業組合誕生」『長崎之水産　第 51 号』（昭和 17 年 6 月）25 ページ。
122) 前掲『長崎市制六十五年史　中編』342 ページ，前掲『魚市場物語 —— 長崎魚市株式会社創立 50 年誌 ——』116～117 ページ。
123) 中部悦良は，大洋漁業の創始者・中部幾次郎の娘婿で，大正 13 年，林兼商店長崎支店が開設されると，支店長になる。戦前には長崎製氷社長，長崎県揚繰網組合長，長崎鮮魚介荷受配給組合副組合長などの要職に就いた。前掲『大洋漁業・長崎支社の歴史』316 ページ，木原義岳「中部悦良」『月刊長崎　人と事業 No.1』（1964 年）6 ページ。
124) 「長崎魚市場の機構改む」『長崎之水産　第 62 号』（昭和 18 年 5 月）11～12 ページ。
125) 前掲『長崎市制六十五年史　中編』344 ページ。
126) 同上，558 ページ。

# あとがき

　1977年に鹿児島大学水産学部へ赴任し，授業科目として「水産史」，「水産経済学」，「海洋社会科学」などを担当した。「水産史」の中身は，近代の漁業発達史ともいうべきもので，実績のない私は講義の傍ら，近代漁業史の調査を行い，まとめては学部紀要，学会誌に投稿してきた。調査先は地理的に近く，研究も少なく，また異質な社会構造をもつ九州南部・沖縄方面が多かった。

　1992年に長崎大学水産学部に異動してからも，担当授業科目に「水産史」はないものの，水産史の調査研究を引き続き行っている。調査は九州北部，とりわけ長崎県漁業が対象となり，対象時期も近代にとどまらず，現代に及ぶようになった。戦後60年も経つと，現代と近代との落差が大きくなって，近代史の研究が現状と結びつかなくなってきた。とくに，国際関係が漁業を規定する東シナ海・黄海の漁業については，戦後史が決定的に重要になっているからである。

　本書は，これまでに発表してきた九州の近代漁業史に関する論考に書き下ろしを加えた9編を，地域漁業という視角で選び，編集したものである。長年にわたってまとめたきたものなので，書式，課題の設定，現代漁業とのかかわりは首尾一貫しているわけではなく，加筆修正の努力をしたが，完全に体裁を整えることはできなかった。

　私は2011年3月で定年退職を迎えるので，この著作はこれまでの研究を整理し，一応の区切りとなる。最後になって，独立行政法人日本学術振興会平成22年度科学研究費補助金（研究成果公開促進費，課題番号225234）に採択されて，このように刊行に至ったことは大変うれしい。ここに収録できなかった長崎県に関係するものは，戦後史を含めて，別途，まとめたいと思っている。

この間，水産史研究にあたって，多くの方々から協力，支援をいただいた。一々名前をあげるわけにはいかないが，鹿児島大学水産学部と長崎大学水産学部の先生方，共著論文執筆者の上田不二夫氏（沖縄大学），伊藤康宏氏（島根大学），調査先の漁業者と関係者，史料の閲覧先の協力と支援に深く感謝申し上げたい。

　水産史研究は，2008年に立ち上げた水産史研究会（伊藤康宏・小岩信竹氏代表）で続いている。水産史研究は，研究者層が薄く，発表の機会も少ないだけに，研究会は貴重な機会となっているし，様々な分野の方から討議されて刺激を受けている。

　水産史研究と地域漁業の分析・振興課題の考察は，研究の方法，視角，地域条件の設定などで共通するものがあり，今後も歴史的アプローチから地域漁業問題にかかわっていきたい。

　2010年9月

著者記す

**著者紹介**

**片岡千賀之**（かたおか・ちかし）

1945 年　　　愛知県生まれ
1977 年　　　京都大学大学院農学研究科博士課程単位修得退学
1977 年より　鹿児島大学水産学部講師及び助教授
1992 年より　長崎大学水産学部教授　現在に至る
　　　　　　専門分野は海洋社会科学，農学博士（京都大学）

主要著書・論文

単著：『南洋の日本人漁業』（1991 年，同文舘），「新漁業秩序の形成と漁業管理」『地域漁業研究 45 (3)』（2005 年 2 月），他

共著：中楯興編著『日本における海洋民の総合研究 ── 糸満系漁民を中心として ── 上巻・下巻』（1987 年・1989 年，九州大学出版会），漁業経済学会編『漁業経済研究の成果と展望』（2005 年，成山堂書店），「グローバル化時代のカツオ節製造業」『漁業経済研究 54 (3)』（2010 年 2 月），他


近代における地域漁業の形成と展開

2010 年 10 月 31 日　初版発行

　　　著　者　片岡　千賀之
　　　発行者　五十川　直行
　　　発行所　㈶九州大学出版会

〒812-0053 福岡市東区箱崎7-1-146
　　　　　　九州大学構内
電話 092-641-0515(直通)
振替 01710-6-3677
印刷／城島印刷㈱　製本／篠原製本㈱

Ⓒ 2010 Printed in Japan　　　ISBN978-4-7985-0028-7

## 日本における海洋民の総合研究（上・下）
――糸満系漁民を中心として――

中楯 興 編著　　Ａ５判・（上）412頁・7,000円／（下）584頁・4,800円

日本を代表する海洋民である沖縄の糸満系漁民の生成発展を総合的に分析し，日本における海洋民の本質に迫る。諸専門分野の調査・研究を集大成した本書は学際的成果の交換による新しい知見の論文集であり，全体としての体系的な成果が期待される。

## 半島地域農漁業の社会経済構造

小林恒夫　　　　　　　　　　　　　　Ｂ５判・196頁・4,500円

佐賀県東松浦半島でのフィールドワークによって得られた豊富なデータをもとに，半島における農業の発展とその要因，半農半漁の根強い存続と重層的構造を明らかにし，農漁業の持続的展開条件を提示する。

（表示価格は本体価格）　　　　　九州大学出版会